高等职业教育专业教材

试验设计与统计分析

主　编

罗红霞　　林少华

中国轻工业出版社

图书在版编目(CIP)数据

试验设计与统计分析/罗红霞,林少华主编.—北京:中国轻
工业出版社,2022.7
高等职业教育"十三五"规划教材
ISBN 978-7-5184-2067-4

Ⅰ.①试… Ⅱ.①罗… ②林… Ⅲ.①试验设计—高等职业
教育—教材 ②统计分析—高等职业教育—教材 Ⅳ.①O212

中国版本图书馆 CIP 数据核字(2018)第 179062 号

责任编辑:张 靓 秦 功
策划编辑:张 靓 责任终审:李克力 封面设计:锋尚设计
版式设计:砚祥志远 责任校对:晋 洁 责任监印:张 可

出版发行:中国轻工业出版社(北京东长安街 6 号,邮编:100740)
印　　刷:三河市万龙印装有限公司
经　　销:各地新华书店
版　　次:2022 年 7 月第 1 版第 4 次印刷
开　　本:720×1000　1/16　印张:18.5
字　　数:370 千字
书　　号:ISBN 978-7-5184-2067-4　定价:48.00 元
邮购电话:010 – 65241695
发行电话:010 – 85119835　传真:85113293
网　　址:http://www.chlip.com.cn
Email:club@ chlip.com.cn
如发现图书残缺请与我社邮购联系调换
220813J2C104ZBW

编写人员名单

主　编　罗红霞（北京农业职业学院）
　　　　　林少华（北京农业职业学院）

副主编　贾红亮（北京农业职业学院）
　　　　　潘　妍（北京农业职业学院）

参　编　戴照琪（江苏农林职业技术学院）
　　　　　霍应鹏（顺德职业技术学院）
　　　　　赖运平（成都农业科技职业学院）
　　　　　李　豪（马鞍山师范高等专科学校）
　　　　　刘晓丹（上海城建职业学院）
　　　　　曲春波（上海城建职业学院）
　　　　　吴　琦（温州科技职业学院）

前　　言

当前，我国职业教育正全面快速发展，人才培养的要求也越来越高，亟需改革和创新高职高专职业院校的课程体系和教学内容。《试验设计与统计分析》作为贯穿食品生产、营养与检验相关专业的课程体系的基础课程，根据高职高专培养目标的要求，内容以"必需、够用、实用"并同时兼顾学生知识和技能拓展的原则进行编写。

本书主要介绍优化试验设计与统计分析的方法和原理，结合丰富的案例详细介绍其在食品、生物、环境、畜牧等众多领域中的应用，并通过增加实训内容，强化了读者运用计算机处理试验数据的能力。本书的主要内容包括试验设计与数据处理的基本概念及误差控制、假设检验、方差分析、直线回归与相关及正交试验设计方法与结果分析等内容。

本书共分为三章。其中第一章重点介绍试验设计与数据整理的基本概念，包含4个项目，模块一介绍试验设计与统计分析的发展概况；模块二介绍试验设计与实施的常用术语、基本原则和方法、步骤与具体实施方案；模块三介绍数据整理的方法，包括资料的来源、分类、性质及整理等内容；模块四介绍真值、平均值、误差、试验数据的精准度及有效数字等数据处理的基础知识。第二章重点介绍数据的处理与分析，也包含4个项目，模块五介绍数据资料的统计假设检验，包括假设检验的含义、基本原理和步骤，样本平均数的假设检验和总体参数的区间估计；模块六介绍多重比较以及单因素和双因素试验的方差分析；模块七介绍一元线性回归方程的建立及回归效果的显著性检验；模块八介绍正交试验设计的原理和基本步骤，并根据试验确定最优方案，通过方差分析确定因素对试验结果的显著性。第三章从实训练习方面进行介绍，包括模块九使用 Excel 绘制相关图表；模块十使用 Excel 对单因素试验和双因素试验进行统计分析；模块十一使用 Excel 绘制标准曲线，并算得一元线性回归方程并进行方差分析；模块十二使用正交小助手设计多个因素多个水平的试验，并分析试验结果；模块十三使用 SPSS 软件分析解决科研和生产实际的试验方案、数据处理、误差的估计及对试验结果的评价等。

全书由北京农业职业学院主持，多所职业院校教师共同合作编写。本书由罗红霞、林少华任主编，林少华负责全书统稿。

本书同时得到了北京农业职业学院、中国农业大学等单位领导的关怀和指导。承蒙任发政教授、许文涛副教授审阅，对本书提出了许多宝贵意见。在本书的编写过程中，参考了一些文献资料，在此表示由衷的感谢。

由于编者水平和经验有限，书中难免会有不妥甚至错误之处，敬请专家、同行以及广大读者批评指正。

编　者

目 录 CONTENTS

第一章

试验设计与数据整理

试验设计与统计分析发展概况

学习目标

1. 了解试验设计与统计分析发展概况。
2. 了解试验设计与统计分析的目的与意义。
3. 掌握食品科学与生物工程试验的特点和要求。
4. 掌握试验设计与统计分析的概念。

任务描述

1. 通过对试验设计与统计分析发展历史的认知，理解其作为一门交叉学科，已成为广大技术人员与科学工作者必备的基本理论知识。

2. 通过学习试验设计与统计分析的概念，培养学生在实践中运用有关原理和方法，正确无误地设计试验，并对获取的数据资料进行正确的统计分析，从而得出可靠的结论，进而正确地指导实践。

3. 通过学习食品科学与生物工程试验的特点和要求，了解在进行科学试验研究时进行试验设计与统计分析的目的和意义。

项目一　试验设计的发展历程

试验设计源于农业试验，是数理统计学的一个分支，是科学试验和统计分析

1

方法相互交叉形成的一门学科。试验设计是 20 世纪 20 年代，由英国生物统计学家费舍尔（Ronald Aylmer Fisher，1890—1962）所创立的。起因是他在进行农业田间试验时，发现环境条件难以控制，导致随机误差不可避免。他重新对试验方案作出了更合理的安排，使得试验数据有合适的数学模型以减轻随机误差的影响，从而提高试验的精度与可靠性。1923 年，他与肯齐合作第一次发表了试验设计的实例与设计的基本思想，并于 1935 年出版了名著《试验设计》（The Design of Experiment）一书，标志着"试验设计"的诞生，并将其应用于农业、生物学、遗传学等领域，取得了巨大的成功，大大地推动了这些学科的发展。费舍尔在试验设计和统计分析方面做了一系列的先驱工作，开创了一门新的应用技术学科，从此试验设计成为统计科学的一个分支。因此，费舍尔被称为试验设计的奠基人。

其后又有多位学者进行了大量的开拓性工作，产生了很多新的试验设计方法。试验设计自 20 世纪 20 年代问世至今，其发展大致经历了三个阶段：早期的单因素和多因素方差分析，传统的正交试验法和近代的调优设计法。

20 世纪 50 年代，日本统计学家田口玄一（G. Taguchi）创立了正交试验设计，使得试验设计的应用更加广泛，并在工业生产的过程中得到了大力的推广和应用。有人夸张地说，日本在第二次世界大战后工业和经济的飞速发展，"试验设计"占有很大的功劳。田口博士曾经说过，不懂试验设计的工程师只能算半个工程师。在日本，"正交试验设计技术"被誉为国宝级的统计学设计方法。

我国于 20 世纪 50 年代前后开始研究"试验设计"这门科学，1948 年范福仁先生在国内出版了《田间试验设计与分析》一书。在正交试验设计领域，国内学者在正交试验设计的观点、理论和方法上都有新的创见，编制了一套适用的正交表，简化了试验程序和试验结果的分析方法，创立了简单易学、行之有效的正交试验设计法。1978 年，王元教授和方开泰教授创立了均匀设计方法，该设计考虑如何将设计点均匀地散布在试验范围内，使得能用较少的试验点获得最多的信息，并已经应用在了国内外的多个行业，取得了很多成果。著名数学家华罗庚教授也在国内积极倡导和普及"优选法"，并成功用于五粮液的生产，从而使试验设计的概念得到更大的普及。

到目前为止，本学科经过了 90 多年的研究和实践，已成为广大技术人员与科学工作者必备的基本理论知识。20 世纪 30 年代，英国的纺织业开始使用试验设计方法。第二次世界大战期间，美国的军工企业也开始使用试验设计方法。"二战"以后，美国和欧洲的机械、化工和电子等众多行业纷纷使用试验设计方法，试验设计已经成为理、工、农、医等各个领域、各类试验通用的技术和方法。实践表明，该学科与工农业生产的实际相结合，产生了巨大的社会效益和经济效益。

近年来，随着计算机技术的发展和进步，出现了各种针对试验设计和试验数据处理的软件，如 SAS（statistical analysis system），SPSS（statistical package for the social science），Matlab Origin 和 Excel 等，它们使试验数据的分析计算不再繁杂，试验设计和统计分析工作变得简单易行，极大地促进了本学科的快速发展和普及。

◆ 项目二 统计分析的发展历程

由于人类的统计实践是随着计数活动而产生的，因此，统计发展史可以追溯到远古的原始社会，距今有 5000 多年的漫长岁月。但是，能使人类的统计实践上升到理论并予以概括总结的程度，即开始成为一门科学系统的统计学，却是近代的事情，距今只有 300 余年的历史。统计学发展的概貌，大致可划分为古典记录统计学、近代描述统计学和现代推断统计学三种形态。

古典记录统计学的代表人物有拉普拉斯（Laplace）和高斯（Gauss）。

拉普拉斯的主要贡献：

（1）深入了"概率论"的研究。

（2）推广了"概率论"在统计中的应用。

（3）明确了"统计学"的大数法则。

（4）进行了"大样本"的统计。

高斯的主要贡献：

（1）建立了最小二乘法。

（2）发现高斯分布。

近代描述统计学的代表人物有高尔顿（Galton）和皮尔森（Plzen）。

高尔顿的主要贡献：

（1）开创了生物统计学。

（2）提出了"平均数离差法则"。

（3）论述"相关"的统计意义并提出了"回归"的概念。

皮尔森的主要贡献：

（1）变异数据的处理，首创了频率分布表和频率分布直方图。

（2）分布曲线的选配，利用相对"斜率"的方法得到了 12 种分布函数型，包括正态分布、矩形分布和 U 型分布等。

（3）卡方检验的提出。

（4）回归与相关的发展等。

现代推断统计学的代表人物有哥赛特（Gossett）和 R. 费雪（R. Fisher）。哥赛特在 1908 年首次在《生物计量学》杂志上发表了"平均数的概率误差"。由于这篇文章提供了"t 检验"的基础，为此，许多科学家把 1908 年看作是统计推断理论的里程碑，哥赛特也被推崇为统计学的先驱者。R. 费雪提出了方法论、假设无限总体、抽样分布、方差分析、随机化原则等。这位多产研究者的成果特别适用于农业与生物学领域，并已经渗透到其他领域，他提炼出来的推断统计学已被广大研究者所接受。因此，美国统计学家约翰逊（Johnson）于 1959 年出版《现代统计出版方法：描述和推断》一书中指出："从 1920 年起到今天的这段时间，称之为统计学的费雪时代是恰当的。"因此，R. 费雪在统计发展史上的地位是显赫的。

◎ 项目三 试验设计与统计分析的概念

　　试验设计与统计分析是以概率论、数理统计及线性代数为理论基础，结合一定的专业知识和实践经验，经济地、科学地安排试验和分析处理试验结果的一门应用科学。试验设计和统计分析互为前提和条件。研究者只有在掌握了专业知识的情况下，并在实践中运用统计分析原理和方法，才能正确无误地设计试验。只有在试验设计正确的基础上，通过对试验所获取的数据资料进行正确的统计分析，才有可能揭示事物的本质特性及内在联系，得出可靠的结论，进而正确地指导实践。因此，正确地进行试验设计并科学合理地整理分析所收集的数据资料是本门课程的基本任务。

一、试验设计

　　试验设计（design of experiment，简称 DOE），也称为实验设计，是以概率论和数理统计为理论基础，经济地、科学地制定试验方案的一项技术。试验设计的目的是为了认识试验条件与试验结果之间的规律性。研究者在进行试验研究工作前应用生物统计原理，制定试验方案，选择试验样品，合理分组，可以使人们利用较少的人力、物力和时间，获得多而可靠的信息资料，得出科学的结论。通过对数据资料进行正确的整理分析可以揭示事物的本质特性及内在联系，进而使我们得以能动地认识世界和改造世界。生物统计与试验设计是不可分割的两部分，试验设计需要以统计的原理和方法为基础，而正确设计试验又为统计方法提供了丰富可靠的信息，两者紧密结合推断出较为客观的结论。试验设计分为广义的试验设计和狭义的试验设计。

　　1. 广义的试验设计

　　广义的试验设计是指整个试验研究课题的设计，亦即整个试验计划的拟订。进行任何一项科学试验，在试验前必须制定一个科学、全面的试验计划书，以便使该项研究工作能够有计划、有目地顺利开展，从而保证试验任务的完成。虽然科研项目的种类、大小有所不同，但试验计划的内容一般可概括为以下几个方面：课题名称、试验目的，研究依据、内容及预期达到的经济技术指标，拟采取的试验设计方法及试验方案，试验结果的分析、研究成果的经济或社会效益估算，研究所需要的条件，试验记录的项目与要求，已具备的基础条件和研究进度安排，参加研究人员的分工，试验的时间、地点和工作人员，成果鉴定及发表学术论文。

　　2. 狭义的试验设计

　　生物统计中的试验设计主要指狭义的试验设计。狭义的试验设计主要是指试验单位（试验处理的独立载体）的选取、重复数的确定、试验单位的分组和试验处理的安排。正确的试验设计能控制和降低试验误差，消除系统误差，提高试验的精确性和正确性，为统计分析获得的处理效应和试验误差的无偏估计以及揭示所研究事物的内在规律提供必要而充分的数据资料。食品科学与生物工程试验研究中常用的试验设计方法有完全随机设计、随机区组设计、正交设计、均匀设计、回归设计和混料设计等。

二、统计分析

统计分析（statistical analysis）指通过对研究对象的规模、速度、范围、程度等数据资料进行数理统计和分析，在定量与定性上运用数学方式建立数学模型，从而认识和揭示事物间的相互关系、变化规律和发展趋势，借以达到对事物的正确解释和预测的一种研究方法。它是继统计设计、统计调查、统计整理之后的一项十分重要的工作，是在前几个阶段工作的基础上通过分析从而达到对研究对象更为深刻的认识。它又是在一定的选题下，集分析方案的设计、资料的搜集和整理而展开的研究活动。系统、完善的资料是统计分析的必要条件。

统计分析方法是目前广泛使用的现代科学方法，是一种科学、精确和客观的测评方法。运用统计方法、定量与定性的结合是统计分析的重要特征。因为世间任何事物都有质和量两个方面，认识事物的本质时必须掌握事物的量的规律。随着统计方法的普及，不仅统计工作者可以搞统计分析，各行各业的工作者都可以运用统计方法进行统计分析。提供高质量、准确而又及时的统计数据和高层次、有一定深度、广度的统计分析报告是统计分析的要求。这已成为自然科学和社会科学研究中不可缺少的研究法。

统计分析可以分为 5 个步骤：

（1）描述要分析的数据性质。

（2）研究基础群体的数据关系。

（3）创建一个模型，总结数据与基础群体的联系。

（4）证明（或否定）该模型的有效性。

（5）采用预测分析来预测将来的趋势。

统计分析的具体方法有很多，重要而常用的方法有差异显著性检验，亦即假设检验。通过抽样调查或控制试验获得的是具有变异的资料。产生变异的原因是什么？是由于企图比较的处理间（如不同原料、不同工艺、不同配比）有实质性差异，还是由于无法控制的偶然因素所致？显著性检验的目的就在于承认并尽量排除偶然因素的干扰，以一定的置信度将处理间是否存在本质差异揭示出来。常用的显著性检验方法有 t 检验、μ 检验、F 检验和 χ^2 检验等。还有一类统计分析方法叫非参数检验法，这类分析方法不考虑资料的分布类型，也不需事先对有关总体参数进行估计。当通常的检验方法对某些试验或调查资料无能为力时，这类方法则正好发挥作用。具体内容在本书其他章节再进行详述。

◦ 项目四 试验设计与数据处理的意义

从研究的程序上讲，食品科学与生物工程技术的研究和其他学科一样，在明确了研究的目的、依据、内容、必要性和可行性的基础上，实际上就是一个试验方法的设计，观测数据的收集、整理、分析，研究结果的表达和进一步指导实践的过程。

食品科学与生物工程技术的研究具有复杂性和特殊性，具有的主要特点如下所述。

（1）原料的广泛性　如植物性原料、动物性原料和微生物性原料等。植物性原料又可分为粮食、果品、蔬菜、野生植物等。动物性原料又可分为畜禽、水产、野生动物、特种水产养殖等。

（2）生产工艺的多样性　由于加工的原料可以分为几十类、上千个品种，因而体现了加工工艺的多样性。如有的产品加工要求保持原料原有的色泽和风味，而有的产品又要求原来的色泽和风味等。

（3）学科的交叉性　涵盖了储藏加工、生物科学、农业工程、轻工业、化学工业、材料学、计算机应用、系统工程、生物酶技术、基因工程等学科的交叉。

（4）加工质量控制的重要性　对加工过程中各个工序的控制，以保证加工过程的安全和产品加工质量的稳定。对各种在市场流通的产品的质量监督和检验，以保证各种产品的质量稳定和防止假冒伪劣产品，维护消费者的合法权益。对食品的安全进行监督保证，以防止食品在加工过程中化学物质超标或不合理使用，或者某些对人体健康有害的物质超过规定的标准。

鉴于以上特点，在进行科学试验研究时，就必须特别注重对试验的合理设计和试验过程的正确运行，因为有些参数只有通过试验才能确定，有时还需找出参数的最佳组合，以保证获得较好的工作性能。如在研究某种酸奶粉时，要确定适宜的发酵温度，就必须通过试验来解决。先把菌粉添加量分成 3 个挡，如按质量分数添加 0.002%、0.004% 和 0.006%，用每个梯度逐个进行试验，找出最优的添加量。但要找出菌粉添加量和发酵温度的相互作用时，每个参数取 3 挡，需做 $3^2 = 9$ 次试验，才能确定两个参数各取什么数值组合起来才能使产品最优。若再找出菌粉添加量、发酵温度和发酵时间 3 个参数的相互作用时，每个参数取 3 挡，需做 $3^3 = 27$ 次试验，才能确定。若再找出菌粉添加量、发酵温度、发酵时间和蔗糖添加量 4 个参数的相互作用时，每参数取 3 挡，需做 $3^4 = 81$ 次试验才能确定。由此可见，随着试验参数和所取挡数的增加，试验次数就急剧增加，这样会消耗大量的人力、物力和财力。

因此，进行试验设计的意义有如下几个方面。

（1）科学合理的试验可以减少试验次数，缩短试验周期，节约人力、物力和财力，提高经济效益，对多因素、多水平尤其有效。

（2）可以分析交互作用的大小。

（3）可以快速找到较优设计参数与生产工艺条件。

合理的试验设计只是试验成功的充分条件，随着试验进行，必然会得到大量的试验数据，如果没有对试验数据进行合理地分析和处理，就不可能对所研究的问题有一个明确的认识，也不可能从试验数据中寻找到规律性的信息，达到指导生产和科研的目的。所以试验设计都是与一定的统计分析相对应的，两者是相辅相成、互相依赖、缺一不可的。统计分析在科学试验中的作用主要体现在如下几个方面。

（1）通过误差分析，可以评判试验数据的可靠性。

（2）确定影响试验结果的主次因素，从而可以抓住主要矛盾，提高试验效率。

（3）确定试验因素与试验结果之间存在的近似函数关系，并对试验结果进行预测和优化。

（4）获得试验因素对试验结果的影响规律，为控制试验提供思路。

（5）确定最优试验方案或配方的确定。

练习题

1. 试验设计在我国是如何建立和发展的？
2. 统计分析的发展概貌是什么？
3. 试验设计的概念？
4. 统计分析的概念？
5. 食品科学与生物工程技术的研究特点是什么？
6. 试验设计与统计分析在科学研究中的目的与意义？

模块二

试验的设计与实施

学习目标

1. 了解试验设计的常用术语。
2. 了解试验设计的基本原则。
3. 掌握试验设计的基本内涵。
4. 掌握制定试验方案的要点。
5. 掌握试验方案的实施要领。

任务描述

1. 通过学习试验设计常用的总体与样本、参数与统计量等术语的概念，有助于更规范地进行试验设计，并严格按照设计方案搜集、整理、分析和表达试验数据资料。

2. 通过学习试验设计的基本原则，培养学生在设计试验过程中严格遵守基本原则，避免试验出现基本错误。

3. 通过学习试验计划与方案的制定，培养学生申请课题、实施试验方案及撰写试验总结报告的能力。

项目一 试验设计常用术语

一、总体与样本

1. 总体

在统计学中，根据一定的研究目的和要求所确定的研究对象的全体称为总体（population）；而把组成总体的每一个对象称为个体（individual）。例如，在研究某批酸乳的发酵情况时，该批酸乳的全体就组成了总体，而其中每一瓶酸乳就是一个个体。但对于具体问题，由于关心的不是每个个体的种种具体特性，而仅仅是它的某一项或几项数量指标 X（可以是向量）和该数量指标 X 在总体的分布情况。在上述例子中 X 是表示酸乳的发酵情况。在试验中，抽取了若干个个体就观察到了 X 的这样或那样的数值，因而这个数量指标 X 是一个随机变量（或向量），而 X 的分布就完全描写了总体中我们所关心的那个数量指标的分布状况。由于所关心的正是这个数量指标，因此就把总体和数量指标 X 可能取值的全体组成的集合等同起来。

对总体的研究，就是对相应的随机变量 X 的分布研究，所谓总体的分布也就是数量指标 X 的分布，因此，X 的分布函数和数字特征分别称为总体的分布函数和数字特征。今后将不区分总体与相应的随机变量，笼统称为总体 X。根据总体中所包括个体的总数，将总体分为：有限总体（finite population）和无限总体（infinite population）。有限总体中观察单位数是有限的或可知的，而无限总体的观察单位数是无限的或不可知的。在实际工作中，对总体特征与性质的认识，一般情况下是没有必要甚至也不可能去对总体中每个观察单位进行全面的逐个研究，而常常是从总体中抽取部分个体来进行抽样研究。

2. 样本

为了对总体的分布进行各种研究，就必须对总体进行抽样观察。抽样是指从总体中按照一定的规则抽出一部分个体的行动。一般都是从总体中抽取一部分个体进行观察，然后根据观察所得数据来推断总体的性质。样本（sample）是从总体中随机抽取的具有代表性的一组个体 $(X_1, X_2, \cdots, X_n)$ 的集合。

为了能更多更好地得到总体的信息，需要进行多次重复、独立的抽样观察（一般进行 n 次），对抽样有以下要求。

①代表性：每个个体被抽到的机会一样，保证了 $(X_1, X_2, \cdots, X_n)$ 的分布相同，与总体一样。

②独立性：$(X_1, X_2, \cdots, X_n)$ 相互独立。那么，符合"代表性"和"独立性"要求的样本 $(X_1, X_2, \cdots, X_n)$ 称为简单随机样本。通常来讲，$X < 30$ 的样本称作小样本，$X > 30$ 的样本叫大样本。统计分析通常是通过样本来了解总体，这是因为有的总体是无限的、假想的，即使是有限的但包含的个体数目也很多，要获得全部观测值需花费大量的人力、物力和时间，或者观测值的获得带有破坏性。研究的目的是要了解总体，然而能观测到的却是样本，通过样本来推断总体是统计分析的基本特点。

二、参数与统计量

为了表示总体和样本的数量特征，需要计算出几个特征数。反映总体的统计指标叫参数（parameter），常用希腊字母表示参数，如用 μ 表示总体平均数，用 σ 表示总体标准差。反映样本的统计指标称为统计量（statistic），常用拉丁字母表示统计量，如用 $\bar{x}$ 表示样本平均数，用 S 表示样本标准差。总体参数由相应的统计量来估计，如用 $\bar{x}$ 估计 μ，用 S 估计 σ 等。

三、试验指标

试验指标（experimental index）：在试验设计中，根据试验的目的而选定的用来衡量或考核试验效果质量的特性称为试验指标，又称试验效果，通常用 y 表示。它可以是单一的指标（包括综合评价指标），也可以是多个指标。例如，在考查加热温度和加热时间对杀灭牛乳中沙门氏菌的影响时，沙门氏菌的杀灭程度就是试验指标；在考察储存方式对香椿维生素 C 含量的影响时，香椿的维生素 C 的含量就是试验指标。

试验指标可分为数量指标（如质量、强度、精度、合格率、寿命、成本等）和非数量指标（如光泽、颜色、味道、手感等）。试验设计中，应该尽量使非数量指标数量化。试验指标还可分为定性指标与定量指标。定性指标是指不能用数量表示的，而是由人的感官直接评定的指标，如苹果的色泽、草莓的风味、蜂蜜的口感、面粉的手感等。定量指标是指能用某种仪器或工具准确测量的，能够用数量表示的指标，如梨子的糖度、酸度、pH、吸光度和合格率等。

试验指标可以是一个也可以同时是几个，前者称单指标试验设计，后者称多指标试验设计。不论是单项指标还是多项指标，都是以专业为主确定的，并且要尽量满足用户和消费者的要求，指标值应从本质上表示出某项性能，绝不能用几个重复的指标值表示某一性能。

四、试验因素及水平

1. 试验因素（experimental factor）

在试验过程中，凡对试验指标可能产生影响的原因或要素，都称为因素或者因子。通常把研究试验中影响试验指标的因素称为试验因素，通常用 A、B、C、D……大写字母表示。把除试验因素外其他所有对试验指标有影响的因素称为条件因素，又称试验条件（experimental conditions）。如，在研究不同储藏条件下的番茄保鲜情况时，温度、保鲜试剂、气调保鲜膜等都是影响试验效果的因素。这几个因素以外的其他所有影响番茄保鲜情况的因素都是条件因素。它们在一起构成了本试验的试验条件。考查一个试验因素的试验叫单因素试验，考查两个因素的试验叫双因素试验，考查 3 个或 3 个以上试验因素的试验叫多因素试验。

在许多试验中，不仅因素对指标有影响，而且因素之间还会联合起来对指标发生作用。因素对试验总效果是由每一因素对试验的单独作用再加上各个因素之间的联合作用决定的。这种联合搭配作用称作因素间交互作用。因素 A 和因素 B 的交互作用用以 $A \times B$ 表示。

因素有多种分类方法，可以把因素分为可控因素和不可控因素。加热温度、熔化温度等人们可以控制和调节的因素，称为可控因素；机床的微振动、刀具的微磨损等人们暂时不能控制和调节的因素，称为不可控因素。试验设计中，一般仅适于可控因素。试验因素又可分为数量因素和非数量因素。数量因数——依据数量划分水平的因素，如温度、pH、时间等；非数量因素——不是依据数量划分水平，如酶的种类等。

2. 因素水平（level of factor）

因素水平又称因子水平或叫位级，是指在试验设计中，为考查试验因素对试验指标的影响情况，要使试验因素处于不同的状态，把试验因素所处的各种状态称为试验水平，如研究不同杀菌温度对罐头的货架期的影响试验中，不同的温度条件（135℃、140℃、145℃、150℃）就是因素水平。因素水平一般在代表该因素的字母下添加下角标 1、2、3 …… 来表示。如 A_1、A_2、A_3 ……，B_1、B_2、B_3 …… ，C_1、C_2、C_3 ……。

在选取水平时，应注意以下三点。①宜选取三水平。这是因为三水平的因素试验结果分析的效应图分布多数呈二次函数曲线，而二次函数曲线有利于观察试验结果的趋势，这对试验分析是有利的。②取等间隔的原则，水平的间隔宽度是由技术水平和技术知识范围所决定的，水平的等间隔一般是取算术等间隔值，在某些场合下也可取对数等间隔值。由于各种客观条件的限制和技术上的原因，在取等间隔区间时可能有些差值，但可以把这个差值尽可能地取小些，一般不超过20%的间隔值。③所选取的水平应是具体的，即水平应该是可以直接控制的，并且水平的变化要能直接影响试验指标有不同程度的变化。

五、试验处理与试验单位

1. 试验处理（experimental treatment）

试验处理是指事先设计好的实施在试验单位上的一种具体措施或步骤。在单因素试验中，试验的 1 个水平就是 1 个处理。在多因素试验中，由于因素和水平较多，可以形成若干个水平组合。如研究 2 种不同温度（A_1、A_2）、不同时间（B_1、B_2）和不同菌粉添加量（C_1、C_2）对酸乳发酵效果的影响，可以形成 $A_1B_1C_1$、$A_1B_1C_2$，$A_1B_2C_1$、$A_1B_2C_2$，$A_2B_1C_1$、$A_2B_1C_2$，$A_2B_2C_1$、$A_2B_2C_2$ 8 个水平组合，所以在多因素试验中，试验因素的一个水平组合就是一个处理。

2. 试验单位（experimental unit）

在试验过程中，能接受不同试验处理的独立试验载体称作试验单位。它是试验中实施试验处理的基本对象，如在生物、医学试验中的小白鼠等。

六、全面试验与部分试验

1. 全面试验（overall experiment）

在试验过程中，对所选取的试验因素的所有水平组合全部给予实施的试验称为全面试验。全面试验的优点是能够获得全面的试验信息，各因素及各级交互作用对试验指标的影响剖析得比较清楚。但是当试验因素和水平较多时，试验处理的数目会急剧增加，因而试验次数也会急剧增加。当试验还要设置重复时，试验规模就会非常庞大，以致在实际操作过程中难以实施。如 4 因素试验，每个因素取 4 个水平，则需要做 $4^4 = 256$ 次试验，这在实践中通常是做不到的。因此，全面试验是有局限性的，它只适用于因素和水平数目均不多的试验。

2. 部分实施（fractional experiment）

在全面试验中，由于试验因素和水平数增多会使处理数量急剧增加，以致难以实施。此外，当试验因素及其水平数较多时，即使全面试验能够实施，通常也并不是一个经济有效的方法。因此，在实际试验研究中，常采用部分实施方法，即从全部试验处理中选取部分有代表性的试验进行处理，如正交试验设计和均匀设计都是部分试验。

◦ 项目二　试验设计的基本原则

一、重复原则

重复原则：指在一个试验中，将一个处理实施在两个或两个以上的试验单位上。一个处理实施的试验单位数称为该处理的重复数，或者说某个处理重复 n 次试验，这个处理的重复数就是 n。重复通常有三层含义，分别是重复试验、重复测量和重复取样。试验设计中所讲的重复原则指的是重复试验。重复试验是指在相同的试验条件下，进行两次或两次以上独立的试验，目的是为了降低以估计和减小随机误差为主的各种试验误差。因此，在条件允许的情况下，应尽量多做几次试验。但也并非重复试验次数越多越好，因为无指导的盲目多次重复试验，不仅无助于试验误差的减少，而且造成人力、物力、财力和时间的浪费。

二、随机化原则

随机化原则：在试验中，每一个处理及每一个重复都有同等的机会被安排在某一特定的空间和时间环境中，以消除某些处理或其重复可能占有的"优势"或"劣势"，保证试验条件在空间和时间上的均匀性。

随机化原则贯穿于整个试验过程中，特别是对试验结果可能产生影响的环节必须坚持随机化原则。一般而言，不仅在处理实施到试验单位时要进行随机化，而且在试验单位的抽取、分组、每个试验单位的空间位置、试验处理的实施顺序以及试验指标的度量等每个步骤都应该考虑要不要实施随机化的问题。应当注意的是，随机化不等于随意性，随机化也不能克服不良的试验技术所造成的误差。

三、对照原则

对照原则：设计和实施试验的准则之一，通过设置试验对照进行比对，消除无关变量对试验结果的影响。试验组：是接受试验变量处理的对象组。对照组：亦称控制组，对试验假设而言，是不接受试验变量处理的对象组。

从理论上说，由于试验组与对照组的无关变量的影响是相等的、被平衡了的，故试验组与对照组两者之间的差异，则可被认定为是来自试验变量的效果，这样的试验结果是可信的。按对照的内容和形式上的不同，通常有以下几种对照类型。

（1）空白对照 指不做任何试验处理的对象组。例如在"生物组织中可溶性糖的鉴定"试验中，假如用两个试管，向甲试管溶液加入试剂，而乙试管溶液不加试剂，一起进行沸水浴，比较它们的变化。这样，甲为试验组，乙为对照组，且乙为典型的空白对照。空白对照能清楚地对比和衬托出试验组的变化和结果，增加了说服力。

（2）自身对照 指试验与对照在同一对象上进行，即不另设对照。如"植物细胞质壁分离和复原"试验，则是典型的自身对照。自身对照的方法简便，关键是要看清楚试验处理前后现象变化的差异，试验处理前的对象状况为对照组，试验处理后的对象变化则为试验组。

（3）条件对照 指虽给对象施以某种试验处理，但这种处理作为对照意义的，或者这种处理不是试验假设所给定的试验变量意义的，或不是所要研究的处理因素。例如，"动物激素饲喂小动物"试验，其试验设计方案为，甲组：饲喂甲状腺激素（实验组）；乙组：饲喂甲状腺抑制剂（条件对照组）；丙组：不饲喂药剂（空白对照组）。显然，乙组为条件对照。该试验既设置了条件对照，又设置了空白对照，通过比较、对照，更能充分说明试验变量的作用。

（4）相互对照　指不另设对照组，而是几个试验组相互对比对照。以上是对照实验的几种类型，不同的类型，试验组和对照组的判断是不同的。

○ 项目三　试验计划与方案

一、试验计划

在进行任何一项科学试验前，必须要制定一个科学、全面的试验计划书，以便使该项研究工作能够顺利开展，从而保证试验任务的完成。虽然科研项目的种类、大小有所不同，但是基本要求是一致的。

1. 课题名称、试验目的

科研课题的选择是整个研究工作的第一步，也是最为重要的一步。科学研究的基本要求是探新、创新。研究课题的选择决定了该项研究创新的潜在可能性。

一般来说，研究课题的来源不外乎两个方面：一方面是国家（包括省、市、区）指定的项目，这类课题不仅保证了科研选题的正确性，而且也为个人选题提供了方向性指导，并提出明确的研究目的和最终的目标要求；另一方面是研究人员选定的课题，首先应该明确"为什么要进行这项科学研究"，亦即通过此项研究达到的目的是什么，解决什么问题，以及在科研生产中的效果如何。

选题时应注意以下几点。

（1）重要性　不论是理论性研究还是应用性研究，选题时必须明确其意义或重要性。理论性研究着重看所选课题在未来学科发展上的重要性；而应用性研究则着重看其对未来生产发展的作用和潜力。

（2）必要性和实用性　要着眼于本学科、行业科学研究和生产中急需解决的问题，同时从发展的观点出发，适当考虑长远或不久的将来可能出现的问题。

（3）先进性和创新性　在了解国内外在该研究领域的进展、水平等基础上，选择前人未解决或未完全解决的问题，以期在理论、观点、方法或应用等方面有所突破，即要有自己的新颖之处。

（4）可行性　即完成科研课题的可能性，无论是从主观条件还是客观条件方面，都要能保证完成研究课题。

2. 研究依据、内容及预期达到的经济技术指标

课题明确后，通过查阅国内外有关文献资料，阐明项目的科学意义和应用前景、国内外学术界在该领域的研究概况、水平和发展趋势以及理论依据、特色和创新之处，详细说明项目的具体研究内容和重点解决的问题，以及取得成果后应用推广计划，预期达到的经济技术指标及预期的技术或理论水平等。

3. 拟采取的试验设计方法及试验方案

试验方案是全部试验工作的核心部分，主要包括所研究的因素、水平的选择及试验设计方法的确定。方案确定后要结合试验条件适时调整试验设计方法，通过设计使方案进一步具体化、最优化。

4. 试验结果的分析、研究成果的经济或社会效益估算

试验结束后，对各阶段取得的资料要进行整理分析，要明确应采用的统计分析方法。每一种试验设计都有相应的统计分析方法，分析方法不正确，必然会导致错误的结论。同时，应估算研究成果可能获得的经济或社会效益。

5. 研究所需要的条件

除已具备的条件外，本试验研究尚需的条件还包括试剂、仪器设备以及受试材料等物品数量和要求等。受试材料即受试对象。首先应当明确受试对象所组成的研究总体，然后正确选择受试材料。受试材料选择的正确与否直接关系到试验结论的正确性。因此，受试材料力求均匀一致，应明确规定受试材料的入选标准和排除标准。

6. 试验记录的项目与要求

为收集分析结果所需要的各方面资料，事先以表格的形式列出需要观察的指标与要求等。

7. 已具备的基础条件和研究进度安排

已具备的基础条件主要包括过去的研究工作基础或预试情况、现有的主要仪器设备、研究技术人员及协作条件、经费情况等。研究进度安排可根据不同内容按日期、分阶段进行，定期撰写总结报告。

8. 参加研究人员的分工

一般分为主持人、参加人。课题组成人员的结构应合理、优势互补，确保试验研究的连续性、稳定性及完整性。

9. 试验的时间、地点和工作人员

试验的时间、地点要安排合理，工作人员要固定并参加相关培训，以保证试验正常进行。

10. 成果鉴定及发表学术论文

这是整个研究工作的最后阶段。课题结束后，应召开鉴定会议，由同行专家作评价。研究者应以撰写学术论文、研究报告的方式发表自己的研究成果，根据试验结果做出理论分析，阐明事物的内在规律，提出自己的见解、新的学术观点或新的研究内容，将研究引向深入。

二、试验方案

试验方案（experimental scheme）是根据试验目的和要求进行制定的一组试验

处理的总称，是整个试验工作的核心部分。因此，要经过周密的考虑和讨论，慎重制定。主要包括试验因素的选择、水平的确定等内容。试验方案按其试验因素的多少可分为以下三类。

1. 单因素试验方案

单因素试验（single factor experiment）是指在整个试验中只变更一个试验因素的不同水平，其他作为试验条件的因素均严格控制一致的试验。这是一种最基本、最简单的试验方案。例如，某试验因素 A 在一定试验条件下，分 3 个水平 A_1、A_2、A_3，每个水平重复 5 次进行试验，这就构成了一个重复 5 次的单因素 3 水平试验方案。

2. 多因素试验方案

多因素试验（multiple—factor or factorial experiment）是指同一个试验中包含两个或两个以上的试验因素，各个因素都分为不同水平，其他试验条件均应严格控制一致的试验。多因素试验方案由所有试验因素的水平组合构成。安排时有完全试验方案和不完全试验方案两种。

3. 综合性试验方案

综合性试验（comprehensive experiment）也是一种多因素试验，但与上述多因素试验不同。综合性试验中各因素的水平不构成平衡的水平组合，而是将若干因素的某些水平结合在一起形成少数几个水平组合。这种试验方案的目的在于探讨一系列供试因素某些水平组合的综合作用，而不在于检测因素的单独作用和相互作用。单因素和多因素试验多是分析性的试验；综合性试验则是在对于起主导作用的那些因素及其相互关系基本研究清楚的基础上设置的试验。它的水平组合是一系列经过实践初步证实的优良水平的配套。例如选择一种或几种适合当地的综合性优质高产技术作为试验处理与常规技术作比较，从中选出较优的综合性处理。

试验方案是达到试验目的的途径。一个周密而完善的试验方案可使试验多、快、好、省地完成，获得正确的试验结论。如果试验方案制定不合理，如因素水平选择不当，或不完全方案中所包含的水平组合代表性差，试验将得不出应有的结果，甚至导致试验的失败。因此，试验方案的制定在整个试验工作中占有极其重要的位置。

三、制定试验方案的要点

制定一个正确的试验方案，应认真考虑以下几个方面的问题。

1. 明确试验目的及需要解决的问题

制定试验方案前应通过回顾以往研究的进展、调查交流、文献检索等信息，明确为达到本试验的目的需解决的主要的、关键的问题，形成对所研究主题及外延的设想，使制定的方案能针对主题有效地解决问题。

2. 根据试验的任务和条件确定试验因素

在正确掌握生产或以往研究中存在的问题后，对试验目的、任务进行仔细分析，抓住关键点和重点问题。首先要选择对试验指标影响较大的关键因素、尚未完全掌握其规律的因素和未曾考察过的因素。试验因素一般不宜过多，应该抓住一两个或少数几个主要因素来解决关键问题。如果涉及试验因素较多，一时难以取舍，或者对各因素最佳水平的可能范围难以做出估计，那么可将试验分为两个阶段进行。即先进行单因素的预备试验，通过拉大水平幅度，多选几个水平点，进行初步观察，然后根据预备试验的结果再精选因素和水平进行正式试验。预备试验常采用较多的处理数，可不设重复；正式试验则应精选因素和水平，设置较多的重复。为不使试验规模过大而失控，试验方案力求简单，单因素试验能解决的问题，就不用多因素试验。

3. 确定试验因素水平间隔

一般的试验因素有"质性"和"量性"之分，对于前者，应根据实际情况取适量的水平数。如不同的原材料、添加剂、生产工艺、包装方式等。对于后者应认真考虑其控制范围及水平间隔，如温度、时间、压力、添加剂的添加量，均应确定其所应控制的范围及在该范围内确定几个水平点和水平间隔等。

对于"量性"试验因素水平的确定应根据专业知识、生产经验、各因素的特点及试验材料的反应等综合考虑，基本原则是以处理效果容易表现出来为准。可以参考以下几点要求。

（1）水平数目要适当　水平数目过多，不仅难以反映出各个水平间的差异，而且加大了处理数；水平数目太少又容易漏掉一些好的信息，使结果分析地不够全面。平均数目一般不少于 3 个，最好包括对照采用 5 个水平点。若考虑到尽量缩小试验规模，也可确定 2 ~ 4 个水平。

（2）水平范围及间隔大小要合理　原则是试验指标对其反应灵敏的因素，水平少应小些，反之应大些。要尽可能把水平值取在最佳区域或接近最佳区域。

（3）要以正确方法设置水平间隔　水平间隔的排列方法一般有等差法、等比法、0.618 法和随机法等。

等差法是指因素水平的间隔是等差的，如温度可采用 30℃、40℃、50℃、60℃和 70℃等水平。等差法一般适于试验效应与因素水平呈直线相关的试验。

等比法是指因素水平的间隔是等比的。一般适用于试验效应与因素水平呈对数或指数关系的试验。如某试验中时间因素的水平可选用 5min、10min、20min 和 40min 等，另一个试验中添加剂因素水平可选 100mg/kg、150mg/kg、200mg/kg 和 250mg/kg，这种间隔法能使试验效应变化率大的地方因素水平间隔小一点，而试验效应变化率小的地方水平间隔大一点。

0.618 法一般适用于试验效应与因素水平呈二次曲线型反应的试验设计。0.618 法是以试验因素水平的上限与下限为两个端点，以上限与下限之差和 0.618 的乘积为水平间隔从两端向中间展开的。例如，果冻中加 0.5% ~ 4.0% 的琼脂可达到硬度要求。可选用 0.5% ~ 4.0% 为两个端点，再以 4.0 − 0.5 = 3.5 与 0.618 的乘积 2.163 为水平间隔从两端向中间扩展为 $0.5 + 2.163 \approx 2.7$ 和 $4 - 2.163 \approx 1.8$。这样，包括对照有 0%、0.5%、1.8%、2.7% 和 4.0% 共 5 个水平。在试验中，选取效果较好的两个水平。如果有必要，可在下次试验时，以这两点的水平间隔与 0.618 的乘积为水平间隔，从两端向中间扩展，直到找到理想点。

随机法是指因素水平随机排列，各个水平的数量大小无一定的关系。如，赋形剂各个水平的排列为 15mg、10mg、30mg、40mg 等。这种方法一般适用于试验效应与因素水平变化关系不是十分明确的情况，在预备试验中用得较多。在多因素试验的预备试验中，可根据上述方法确定每个因素的水平，而后视情况决定是否需要调整。

4. 正确选择试验指标

试验效应是试验因素作用于试验对象的反应，这种效应将通过试验中的观察指标显示出来。因而，试验指标的选择也是试验方案中应当认真对待的问题。在确定试验指标时应考虑如下因素：

（1）选择的指标应与研究的目的有本质联系，能确切地反映出试验因素的效应。

（2）选用客观性较强的指标。最好选用易于量化（即经过仪器测量和检验而获得）的指标。若研究中一定要采用主观指标，则必须采取措施以减少或消除主观因素影响。

（3）要考虑指标的灵敏性与准确性。应当选择对试验因素水平变化反应较为灵敏而又能够准确地度量的指标。

（4）选择指标的数目要适当。食品试验研究中，试验指标数目的多少没有具体规定，要依据研究目的而定。指标不是越多越好，但也不能太少。因为如果试验中出现差错，同时指标又很少，这会降低研究工作的效益，甚至使整个研究工作半途而废。

总之，试验指标应当精选，与研究目的密切相关的不应丢掉，而无关的指标不宜列入。经过对试验指标的比较分析，要能够较为圆满地回答试验中提出的问题。

5. 设立作为比较标准的对照处理

根据研究目的与内容，可选择不同的对照形式，如空白对照、标准对照、试验对照，互为对照和自身对照等。

6. 注意比较间的唯一差异原则

这是指在进行处理间比较时，除了试验处理不同外，其他所有条件应当一致或相同，使其具有可比性。只有这样，才能使处理间的比较结果可靠。例如，在对香椿喷洒多菌灵保鲜剂以提高其保鲜性能的试验中，如果只设喷多菌灵（A）和不喷多菌灵（B）两个处理，则两者的差异含有多菌灵的作用，也有水的作用，这时多菌灵和水的作用混杂在一起解析不出来。若再加喷水（C）的处理，则多菌灵和水的作用可以分别从 A 与 C 及 B 与 C 的比较中解析出来，因而可进一步明确多菌灵和水的相对重要性。

◇ 项目四 试验实施

一、试验准备

在进行试验之前，应对试验所需的仪器、设备、材料、试剂等做好准备，还应对试验环境进行科学合理的布置，以保证各处理有较为一致的环境条件。

1. 材料的准备与处理

对于多数食品与生物试验来说，选择和处理好试验材料，直接影响到试验结果。因为当材料选择得好时，在试验过程中才能操作方便，这样才能便于试验结果的观察和测定。例如，在测定食品样品中金属元素和某些非金属元素（如砷、硫、氮、磷等）的含量时，由于这些元素常与蛋白质等紧密结合形成难溶、难离解的化合物，测定时就需要对试验材料进行有机物破坏处理。首先将样品置于坩埚中进行炭化，再在高温下灼烧，炭化了的样品在空气中氧的作用下，分解成二氧化碳、水和其他挥发气体，剩下的就是供测定的无机物。

2. 仪器用具的准备

仪器用具能否正常使用，直接关系到试验的成败。应严格按照试验计划的要求，将所需仪器、用品进行检验后，按要求的次序摆放在实验台上，保证试验能按步骤顺利进行。例如，每次使用显微镜之前，都要进行检测，尤其是带有测微尺的显微镜，各个部件都应按照统一标准进行维护和组装，目镜也要通过指针安装调试好。

对色谱分析类仪器来说，除了试验材料要进行预处理外，仪器本身的预热和正确准备也很重要。例如，气相色谱仪在开机之前应做到如下几点。

①检查仪器电路和气路，确保正常。

②打开载气钢瓶总阀，调节减压阀，使出口压力为 $686 \sim 784KPa$。

③调节流量控制器右侧的载气压力调节旋钮，使压力为 $490 \sim 588KPa$。

④调节流量控制器右侧的两个载气流量控制旋钮，使载气流量为 $40 \sim 60mL/min$。

对分光光度计类仪器来说，新安装的仪器或使用过的仪器，在重新使用前都必须进行性能指标检验，检验内容主要包括以下几个方面。

（1）指示波长准确度的检验。

（2）透光度准确度的检验。

（3）杂散光的检验。

（4）分辨率的检验。

（5）基线稳定度与平直度检验。

（6）吸收池配套性的检验。除性能指标检验外，在使用前应开机预热 20min 以上。

3. 试剂的配制

试剂配制是否符合试验要求，直接影响着试验的结果。例如，苏丹红、龙胆紫、亚甲基蓝、双缩脲试剂、斐林试剂等常用的生物组织染色、显色试剂，其组成、浓度、配制方法等，都有严格的规定，稍有差错就会影响试验效果。有些试剂还需做必要的调整才可用于试验。

4. 试验场所的准备

试验场所的准备主要是对实验室的环境和用具进行清洁和消毒，同时检查水、电、通风、光照等设备能否正常运转。

二、预试验

所谓预试验，就是在正式试验之前先做的一个试验，这样可以为试验摸索出进一步的条件。也可以检验试验设计的科学性与可行性，以免由于设计不周，盲目开展试验造成人力、物力、财力的浪费。所以，预试验必须与正式试验一样认真对待。

通过预备试验，可以检验出材料准备是否成功，仪器用具是否齐备及能否正常使用，化学试剂的配制是否符合试验要求等。同时也能检验试验的方法、步骤是否正确、简明，是否符合试验设计的要求等。通过预备试验，也可以较好地控制无关变量。在试验过程中，控制无关变量很重要，如果控制不好或者不控制无关变量，就不能得出因变量与自变量之间的必然联系。要准确的控制好这些无关变量，试验前不仅要预试验，而且要经过多次预试验才能把握准确。

由于预试验对正式试验的意义非常重大，因此，要做好以下几点要求：

（1）细致多想，充分准备　细致多想是指在进行预实验时，对所准备的试验进行认真思考。正式试验时就要把预试验所使用的器械、药品、试剂一一罗列出来，进行充分的准备。这需要了解试验目的与方法，细致解读试验步骤，详细列表，以避免在正式试验过程中出现仪器没有调试好、材料不合适以及结果不理想等情况。比如形态学实验"小鼠腹水肝癌淋巴道转移实验研究"，对小鼠的固定要用到苯板，按照以往的经验只要是苯板就行，但是在做预实验过程中，找到的苯板又薄又疏松，无法固定小鼠，于是在正式实验时及时更换了材料。看似一个小细节，如果没有做过预实验，只是按照经验，必然在正式试验中引起混乱，影响试验进展。

（2）反复多做，保证结果　反复多做是指在进行预试验时，如果对试验结果不是很满意，或者与规定的试验结果不相符，应该积极、主动地查找原因，反复进行试验，保证试验结果的准确性，而不应该把无现象说成有现象，把错误现象说成正确现象。

（3）积极多学，努力提高　所谓多学，就是指以实践学习为主，加强理论知识的学习，提高技术水平，熟练掌握各个学科的知识，融会贯通，提高自己的综合业务素质是非常必要的。

（4）善于反思，及时总结　失败并不可怕，关键是要善于思考，及时总结，将自己的经验与体会记录下来，和大家分享成果、交流经验、共同提高。实验准备是脑力劳动和体力劳动的结合，是实验技术和基本理论的结合。只有在实验准备过程中不断积累、创新、总结经验，才能不断提高自己的业务能力，从而促进教学质量的提高。

总之，在思想上要重视试验准备工作，而预试验是正式试验成功与否的关键。因此，应切实做好预实验，为提高试验质量做出努力。

三、正式试验

1. 试验条件

试验的基本条件是为了更好地反映试验的代表性和可行性。室内试验的基本条件主要应阐述实验室环境控制、供试验材料情况及有关仪器设备是否能满足试验指标的分析测定；室外试验的基本条件包括试验的地点、供试材料、土壤类型及土壤肥力状况、试验地的地形地势、前茬作物、排灌条件等内容。

2. 试验方法或试验设计

主要叙述采用的试验设计方法，试验单元的大小、重复次数、重复（区组）的排列方式等内容。如室内试验的试验单元设计主要写明每个单元包含多少个培养皿、多少根试管、几个袋子、几个三角瓶等。

3. 试验管理措施

简要介绍对试剂和材料的培养或处理措施。对食品检测等方面的室内试验来说，主要介绍样品的准备、样品处理措施、检测方法要求等方面。

4. 试验结果观察记载和数据分析测定

观察记载、分析测定是积累试验资料、建立试验档案的主要手段，也是整个试验中很重要，很琐碎，又很容易在细节上出现问题的一项工作。观察记载、分析测定项目设置是否全面，直接影响到今后对试验结果的分析是否合理、准确、完整、系统，因此要尽可能详细地观察所有对试验有影响的环境条件及试验过程中出现的各种情况表现。

5. 试验资料的整理和分析

试验资料的统计分析方法一定要与试验设计方案相匹配，且不可玩数学游戏。例如随机区组设计、拉丁方设计、裂区设计等试验资料采用方差分析比较好，而正交设计采用方差分析就不是很理想。

6. 试验进度及经费预算

试验进度安排说明试验的起止时间和各阶段工作任务安排。经费预算要在不影响课题完成的前提下，充分利用现有设备，节约各种物资材料。如果必须增添设备、人力、材料，应当将需要开支项目的名称、数量、单价、预算金额等详细写在试验计划上（若开支项目太多，最好能列表），以便早作准备如期解决，以防止阻碍试验顺利进行。

四、试验总结报告的书写

在食品科学与生物技术的研究中，为了创造新品种、探索新技术等，在试验指标调查、观察记载和统计分析等完成后，最后获得试验结果，一般都要求书写一份试验总结。它是对研究成果的总结和记录，是进行新技术推广的重要手段。因此，把表达试验全过程的文字材料称试验报告，或称试验总结。

1. 试验总结的主要内容

试验总结的主要内容包括以下几个方面。

（1）标题　标题是试验总结报告内容的高度概括，也是读者窥视全文的窗口，因此一定要下功夫拟好标题。标题的拟定要满足以下几点要求：一是确切，即用词准确、贴切，标题的内涵和外延应能清楚且恰如其分地反映出研究的范围和深度，能够准确地表述报告的内容，名副其实；二是具体，就是不笼统、不抽象。例如内容非常具体的一个标题：《草莓风味酸乳预拌粉的制备及其发酵特性的研究》，若改成《草莓风味酸乳粉的制备及其特性》就显得笼统。三是精短，即标题要简短精练，文字得当，忌累赘烦琐。四是鲜明，即表述观点不含混，不模棱两可。五是有特色，标题要突出论文中的独创内容，使之别具特色。

拟写标题时还要注意：一要题文相符，若研究工作不多或仅做了平常的试验，却冠以"×××的研究"或"×××机理的探讨"等就不太恰当，如果改成"××问题的初探"或"对×××观察"等较为合适；二要语言明确，即试验报告的标题要认真推敲，严格限定所述内容的深度和范围；三要新颖简要，标题字数一般以9~15字为宜，不宜过长；四要用语恰当，不宜使用化学式、数学公式及商标名称等；五要居中书写，若字数较多需转行，断开处在文法上要自然，且两行的字数不宜有过大悬殊。

（2）署名　标题下要写出作者姓名及工作单位。个人总结报告，个人署名；集体撰写总结报告，要按贡献大小依次署名。署名人数一般不超过六人，多出者以脚注形式列出，工作单位要写全称。

（3）摘要　摘要写作时要求做到短、精、准、明、完整和客观。"短"即行文简短扼要，字数一般在150~300字；"精"即字字推敲，添一字则显多余，减一字则显不足；"准"即忠实于原文，准确、严密地表达论文的内容；"明"即表述清楚明白、不含混；"完整"即应做到结构严谨、语言连贯、逻辑性强；"客观"即如实地浓缩本文内容，不加任何评论。摘要有时在试验总结中也可省略。

（4）正文　正文主要包括以下内容。

①引言：主要写试验研究的背景、理由、范围、方法、依据等内容。写作时要注意谨慎评价，切忌自我标榜、自吹自擂；不说客套话，长短适宜，一般为300~500字。

②材料和方法：要将试验材料、仪器、试剂、设计和方法写清楚，力求简洁。试验方法要说明采用何种方法、试验过程、观察与记载项目和方法等。

③结果与分析：是论文的"心脏"，其内容包括：逐项说明试验结果；对试验结果做出定性、定量分析，说明结果的必然性。在写作时要注意：围绕主题，略去枝蔓。选择典型、最有说服力的资料，紧扣主题。实事求是反映结果。层次分明、条理有序。多种表述，配合适宜，要合理使用表、图、公式等。

④总结：写作时要注意几点如下。第一，措辞严谨、贴切，不模棱两可。对有把握的结论，可用"证明""证实""说明"等表述，否则在表述时要留有余地；第二，实事求是地说明结论适用的范围；第三，对一些概括性或抽象性词语，必要时可举例说明；第四，结论部分不得引入新论点；第五，只有在证据非常充分的情况下，才能否定别人结论。有时在总结末尾还要写出致谢、参考文献等内容。

2. 试验总结书写的特点和要求

（1）试验总结书写特点　试验总结既有情报交流作用，又有资料保留作用。不少试验总结本身就是很有学术价值的科技文献。因此，试验总结在写作时要体现以下特点。

①尊重客观事实，书写试验总结必须尊重客观事实，以试验获得的数据为依据。真正反映客观规律，一般不加入个人见解。对试验的内容，观察到的现象和所作的结论，都要从客观事实出发，不弄虚作假。

②以叙述说明为主要表达方式，要如实地将试验的全过程，包括方案、方法、结果等，进行解说和阐述。切记用华丽的词语来修饰。

③兼用图表公式，将试验记载获得的数据资料加以整理、归纳和运算，概括为图、表或经验公式，并附以必要的文字说明，不仅节省篇幅，而且有形象、直观的效果。

（2）试验总结的书写要求　试验总结报告是科技工作者写作时经常使用的文体，因此，应熟知其写作要求。试验总结报告的写作要求如下。

①阅读对象要明确，在动手写试验报告时，要弄清是为哪些人写的，如果是写给上级领导看的，就应该了解他是否是专家。如果不是，在写作时就要尽可能通俗，少用专业术语，如果使用术语则要加以说明，还可以用比喻、对比等手法使文章更生动。如果文章的读者是本行专家，文章就应尽可能简洁，大量地使用专业术语、图、表及数字公式。

②内容要可靠，试验报告的内容必须忠实于客观实际，向告知对象提供可靠的报告。无论是陈述研究过程，还是举出收集到的资料、调查的事实、观察试验

所得到的数据，都必须客观、准确无误。

③论述要有条理，试验报告的文体重条理和逻辑性，也就是说只要把情况和结论有条理地、依一定逻辑关系提出来，达到把情况讲清楚的目的即可。

④篇幅要短，试验报告的篇幅不要过长，如果内容过多，应用摘要的方式首先说明主要的问题和结论，同时还应把内容分成章节，并用适当的标题把主要问题突出出来。

⑤观点要明确，客观材料和别人的思考方法要与作者的见解严格地区分开。作者要在报告中明确地表示出哪些是自己的观点。

练习题

1. 试验设计的基本原则是什么？
2. 试验因素，因素水平，试验指标的概念是什么？
3. 如何拟定试验的程序？
4. 试验研究方案有哪些类型？
5. 不完全试验方案及综合性试验方案的区别是什么？
6. 拟定试验方案应注意的问题哪些？
7. 试验方案的概念是什么？
8. 制定试验方案的要点有哪些？
9. 结合自己做过的试验或实训内容撰写一份试验设计方案。

模块三

数据资料的整理

学习目标

1. 了解数据资料的来源、核对。
2. 理解不同类型资料的性质。
3. 掌握连续性变数和间断性变数数据资料的整理。

任务描述

1. 通过学习数据资料的来源、核对和分类，培养学生系统地分析试验数据资料，找出数据资料中的离群值或科学地弥补缺失数据。

2. 通过学习连续性变数和间断性变数数据资料的整理，培养学生科学地分析原始资料，发现试验规律，揭示事物本质。

一、数据资料的来源

实验数据的收集是研究工作的基础。在试验资料收集过程中，除对试验方案要求的试验指标进行正确测定量化外，还应对与试验结果分析有关的所有情况进行观察记录。

1. 生产记录

在实际生产过程中，原料的来源、品种和批次，每次投料的数量和比例，加工过程中温度的变动和时间的长短，产品在储存过程中的温度、湿度及时间等，这些均需认真地进行记录，并以产品生产档案归档。这些资料以数据资料的形式记载，为改进产品质量、新产品的开发及产品货架期的研究提供了第一手资料。

2. 抽样检验

在实际生产中，由于原料来源的广泛性及数量较多，全面检验难度较大、较难，因此往往应对所用原料的重要成分和外观性状进行抽样检验，根据对所得到的数据资料进行分析，以深入评估该批原料质量形状，从而调整工艺、配方及保存时间，进一步保证产品质量的稳定性。

3. 试验研究

一款新产品在规模生产或者某新鲜农副产品的商业性储藏周期确定之前，需要对其进行一系列的试验研究。根据该阶段新工艺设计的方案进行试验，通过取得的试验数据，如产品原辅料的比例，罐头热处理的温度和时间，果蔬在不同储藏条件下的硬度、可溶性固形物、各种有关酶类活性的变化等。通过对所得数据资料的分析，最后判定新产品的工艺是否成功，能否推向规模化生产。

二、数据资料的检查与核对

检查和核对原始资料的目的在于确保原始资料的完整性和正确性。完整性是指原始资料无遗缺或重复。正确性是指原始资料的测量和记载无差错或未进行不合理的归并。在检查过程中，要结合专业知识作出判断，应特别注意特大、特小和异常数据。对于有重复、异常或遗漏的资料，应予以删除或补齐；对有错误、相互矛盾的资料应进行更正，必要时进行复查或重新试验。虽然检查、核对资料的工作简单，但在数据处理过程中却是一项非常重要的步骤，因为只有完整、正确的资料，才能真实地反映出调查或试验的客观情况，经过统计分析后才能得出正确的结论。

1. 离群值的检测

离群值是指在数据中有一个或几个数值与其他数值相比差异较大。科学试验中经常会有出现离群值的情况，究竟是由于随机因素引起的，还是由于某些确定因素造成的，有时难以判断，如果处理不好将会引起较大的试验误差。对离群值的处理应该采用统计判断的方法，如昌文特（chanwennt）准则规定，如果一个数值偏离观测平均值的概率小于或等于 $1/(2n)$，则应当舍弃该数据（其中 n 为观察次数，可以根据数据的分布估计该概率）。在统计学上也可用线性回归的方法对离群值进行判断。当出现离群值的时候，要慎重处理，要将专业知识和统计学方法结合起来，首先应认真检查原始数据，看能否从专业上加以合理的解释，如数据存在逻辑错误而原始记录又确实如此，又无法再找到该观察对象进行核实，则只能将该观测值删除。如果数据间无明显的逻辑错误，则可将离群值删除前后各做一次统计分析，若前后结果不矛盾，则该观测值可予以保留。

2. 缺失数据的弥补

在试验过程中由于意外造成试验数据缺失或试验数据无法测取，不要轻易放弃试验结果分析，当缺失数据不超过总数据的3%，可通过一定的统计原理，估算出缺失数据，然后再进行统计分析。

（1）随机区组试验缺区数据的估算公式

$$X = \frac{KT_t + nT_r - T}{(n-1)(k-1)} \tag{3-1}$$

式中　X——缺区理论估计值；

　　　n——区组数（或重复数）；

　　　k——处理数；

　　　T_t——缺区所在的不包括缺区数值在内的处理总和；

　　　T_r——缺区所在但不包括缺区数值在内的区组总和；

　　　T——缺区除外的全试验数据总和。

（2）裂区试验缺区数据的估算公式

$$X = \frac{rT_m + bT_t - T}{(b-1)(r-1)} \tag{3-2}$$

式中　X——缺区理论估计值；

　　　r——区组数（或重复数）；

　　　b——副区处理数；

　　　T_m——缺区所在的不包括缺区数值在内的副处理总和；

　　　T_t——缺区所在但不包括缺区数值在内的区组总和；

　　　T——缺区除外的该主区试验数据总和。

裂区试验的每一个主区处理都可比作是一个具有 b 个副区处理，r 次重复的随机区组试验。所以有副区缺失，可按随机区组相同原理来估算。

3. 数据转换

大多数试验数据都要进行方差分析，而方差分析是建立在线性可加模型基础上的，因此进行方差分析的数据必须满足三个基本假定，即数据资料必须具有可加性、正态性和同质性。

试验所得的各种数据，要全部符合上述三个假定，往往是不容易的，因而采用方差分析所得结果，只能认为是近似的结果。对于明显不符合基本假定的试验资料，在进行方差分析之前，一般要针对数据的主要缺陷，采用相应的变数转换，然后用转换后的数据进行方差分析。常用的数据转换方法有以下几种。

（1）平方根转换　平方根转换适用于较少发生事件的计数资料，一般这类资料其样本平均数与方差之间有某种比例关系。如单位面积上某种昆虫的头数或某种杂草的株数等资料。转换的方法是求出原始数据 x 的平方根。如果绝大多数原始数据小于 10，并有接近或等于 0 的数据出现，则可用原始数据加 1 再进行求平方根来转换数据。如果绝大多数原始数据大于 10，并有接近或等于 0 的数据出现，则宜用原始数据加 0.5 再进行求平方根来转换数据。

（2）对数转换　对数转换适用于来自对数正态分布总体的试验资料，这类数据表现为非可加性，具有成倍加性或可乘性的特点，同时样本平均数与其极差或标准差成比例关系，如环境中某些污染物的分布、植物体内某些微量元素的分布等资料，可用对数转换来改善其正态性。对数转换的方法是取原始数据的常用对数或自然对数，如果原始数据值较小，有接近或等于 0 的数据出现，可采用原始数据加 1 再进行数据转换。

（3）反正弦转换　反正弦转换适用于百分数资料，这类资料来自于二项分布总体，其方差不符合同质性假定，且当 $p \neq q$ 时其分布是偏态的。因此，在理论上如果 $p < 0.3$ 就需作反正弦转换，以获得一个比较一致的方差，如种子发芽率、结实率、发病率等资料。反正弦转换的方法是将百分数的平方根值取反正弦值，也可直接查反正弦转换表得到相应的反正弦值。

三、数据资料的分类

在试验中，我们所要观察记载的试验指标有些可以量化测定，有些则难以量化测定。为了科学合理地收集试验资料，必须清楚所观察记载的试验资料的性质。一般在调查或试验中，由观察、测量所得的数据按其性质的不同，一般可以分为连续性资料、间断性资料和分类资料。

1. 连续性变数资料

连续性资料是指能够用测量手段得到的数量资料，即用度、量、衡等计量工具直接测定的数量资料。其数值特点是各个观测值不一定是整数，两个相邻的整数间可以有带小数的任何数值出现，其小数位数的多少由测量工具的精度而定，它们之间的变化是连续性的。因此，这类资料也称为连续性资料。常见的连续性资料有食品中各种营养素的含量、袋装食品中食品质量的多少、动植物的生理生化指标等。连续性资料一般也称为计量资料。

2. 间断性资料

间断性资料是指用计数方式得到的数据资料。在这类资料中，它的各个观察值只能以整数表示，在两个相邻整数间不得有任何带小数的数值出现。如一箱饮料的瓶数、一箱水果的个数、单位容积内细菌数、小麦穗粒数、鸡的产蛋数、鱼的尾数、小麦分蘖数等，这些观察值只能以整数来表示，观察值是不连续的，因此该类资料也称为不连续性变异资料或计数资料。

◁ 项目二 数据资料的性质及整理

试验或调查研究得到的资料，未经整理之前是杂乱无章的，很难找出其规律。所以第一步就是对资料进行整理，把观察值按数值大小或数据类别进行整理，便可以看到资料的集中和变异情况，这样才能对资料有一个初步的了解，也可从中发现一些规律和特点。

一、连续性变数资料的整理

连续性变数资料可采用组距式分组法进行整理。必须先确定组数、组距、组限和组中值，然后按观察值大小进行分组。如表 3 - 1 所示，以某糖心苹果品种 100 个果实单果质量资料为例，说明其整理方法。

表 3 - 1　　　　　　　　某糖心苹果品种 100 个果实单果质量　　　　　　单位：g

210	216	405	444	204	441	270	555	285	279
327	192	174	237	120	354	252	525	297	396
462	300	231	102	204	480	324	261	255	285
369	315	321	165	135	219	327	315	303	396
282	282	186	468	183	252	231	369	405	120
321	237	393	216	198	309	312	423	294	300
270	234	132	150	174	318	228	321	276	303
186	456	291	240	162	294	312	354	90	447
345	408	300	243	390	294	222	75	375	426
228	168	219	129	66	246	351	348	354	417

求全距——观察值中最大值与最小值的差数即为全距，要确定组数必须先求出全距。也是整个样本变异幅度，一般用 R 表示。如表 3 - 2 所示可见，最大的观察值为 555g，最小值为 66g，全距为 555 - 66 = 489g。

确定组数和组距——根据全距分为若干组，每组距离相等，组与组之间的距离称为组距。组数和组距是相互决定的，组距小，组数多，反之组距大，组数少。在整理资料时，既要保持真实面目，又要使资料简化，认识其中的规律。在确定组数时应考虑观察值个数的多少，极差的大小，以及是否便于计算，能否反映出资料的真实面目等方面。一般样本适宜的分组数如表 3 – 2 所示。组数确定后，再决定组距。组距 = 全距/组数。如表 3 – 1 所示某糖心苹果品种 100 个果实单果质量样本容量为 100，假定分为 11 组，则组距应为 489/11 = 44.5g。为方便起见，可用 45g 作为组距。

表 3 – 2　　　　　　　　　　　不同容量的样本适宜的分组数

样本容量	适宜分组数	样本容量	适宜分组数
50	5 ~ 10	300	12 ~ 24
100	8 ~ 16	500	15 ~ 30
200	10 ~ 20	1000	20 ~ 40

确定组限和组中值（中点值）——每组应有明确的界限，才能使观察值划入一定的组内，为此必须选定适当的组中值和组限。组中值最好为整数，或与观察值位数相同，便于计算。一般第一组组中值应以接近最小观察值为好，其余的依次而定。这样避免第一组次数过多，不能正确反映资料的规律。组限要明确，最好比原始资料的数字多一位小数，这样可使观察值归组时不致含糊不清。上下限为组中值 ± 1/2 组距。本例第一组组中值定为 60g，它接近资料中最小的观察值。第二组的组中值为第一组组中值加组距，即 60 + 45 = 105（g）。第三组为 105 + 45 = 150（g），以此类推。每组有两个组限，数值小的为下限，大的为上限。本例中第一组的下限为该组组中值减去 1/2 组距，即 60 – 45/2 = 37.5（g），上限为该组组中值加 1/2 组距，即 60 + 45/2 = 82.5（g），所以第一组的组限为 37.5 ~ 82.5g。第二组和以后各组的组限可以以同样的方法算出。

原始资料的归类按原始资料中各个观察值的次序，把逐个数值归于各组。待全部观察值归组后，即可求出各组次数，制成次数分布表，如本例将表 3 – 1 资料整理后制成次数分布表如表 3 – 3 所示。

表 3 – 3　　　　　某糖心苹果品种 100 个果实单果质量的次数分布表

组限	组中值	次数	组限	组中值	次数
37.5 ~ 82.5	60	2	352.5 ~ 397.5	375	10
82.5 ~ 127.5	105	4	397.5 ~ 442.5	420	7
127.5 ~ 172.5	150	7	442.5 ~ 487.5	465	6
172.5 ~ 217.5	195	12	487.5 ~ 532.5	510	1
217.5 ~ 262.5	240	17	532.5 ~ 577.5	555	1
262.5 ~ 307.5	285	18	合　计		100
307.5 ~ 352.5	330	15			

二、间断性变数资料的整理

非连续性变数资料的整理，根据资料性质不同可采用单项式分组法或组距式分组法进行整理。

单项式分组法——单项式分组法是用样本的自然值进行分组，每个组都用一个观察值来表示。现以 100 包蒜香花生每包检出不合格颗数为例来说明单项式分组法。随机抽取 100 包蒜香花生，计数每包不合格颗数，其资料如表 3 - 4 所示。

表 3 - 4				100 包蒜香花生每包检出不合格颗数					
18	15	17	19	16	15	20	18	19	17
17	18	17	16	18	20	19	17	16	18
17	16	17	19	18	18	17	17	17	18
18	15	16	18	18	18	17	20	19	18
17	19	15	17	17	17	16	17	18	18
18	19	19	17	19	19	18	16	18	17
17	19	16	17	17	17	16	17	16	16
17	19	18	18	19	19	20	15	16	19
18	17	18	10	19	17	18	17	17	16
15	16	18	17	18	16	17	19	19	17

上述资料是间断性（非连续性变数）资料，每包不合格颗数的变动范围在 15 ~ 20，把所有的观察值按每包不合格蒜香花生颗数多少加以归类，共分 6 组。每一个观察值按其大小归到相应的组内。用 "f" 表示每组出现的次数。这样就可得到如表 3 - 5 所示形式的次数分布表。

表 3 - 5		100 包蒜香花生每包检出不合格颗数	
每包不合格颗数	次数（f）	每包不合格颗数	次数（f）
15	6	19	17
16	15	20	5
17	32	总次数（n）	100
18	25		

如表 3 - 5 所示，一堆杂乱无章的原始数据，经初步整理后，就可以看出其大概情况，如每包不合格蒜香花生颗数以 17 个为最多，以 20、15 个为最少。经过整理的资料也有利于进一步分析。

组距式分组——有些间断性（非连续性变数）资料，观察值的个数较多，变异幅度也较大，不可能如上例那样按单项式分组法进行整理。例如，研究某金钱橘品种的每果种子数，共观察 200 个果实，每果种子数变异幅度为 27 ~ 83 粒，相差 56 粒。这种资料如按单项式分组则组数太多（57 组），其规律性显示不出来。如按组距式分组，每组包含若干个观察值，例如，以 5 个观察值为一组，则可以使组数适当减少。经初步整理后分为 12 组，资料的规律性较明显，如表 3 - 6 所示。

表 3 - 6　　　　　　　　　　200 个金钱橘果实种子数的次数分布表

每果粒数	次数（f）	每果粒数	次数（f）
26 ~ 30	1	61 ~ 65	25
31 ~ 35	3	66 ~ 70	16
36 ~ 40	10	71 ~ 75	8
41 ~ 45	21	76 ~ 80	3
46 ~ 50	32	81 ~ 85	2
51 ~ 55	41	合　计	200
56 ~ 60	38		

如表 3 - 6 所示，约半数金钱橘的每果种子数在 46 ~ 60 粒间，大部分金钱橘的每果种子数在 41 ~ 70 粒，但也有少数金钱橘少到 26 ~ 30 粒，多到 81 ~ 85 粒。

三、次数分布图

试验资料除用次数分布表表示外，还可以用次数分布图表示。用图形表示资料的分布情况叫做次数分布图。次数分布图可以更形象更清楚地表明资料的分布规律。次数分布图有柱形图、多边形图、条形图和饼图等。其中柱形图和多边形图适用于表示连续性变数资料的次数分布；条形图和饼图则是表示间断性（非连续性变数）资料和分类资料的次数分布。柱形图、多边形图和条形图等三种图形的关键是建立直角坐标系，横坐标用"X"表示，它一般表示组距或组中值；纵坐标用"Y"表示，它一般表示各组的次数。

练习题

1. 数据资料的来源是什么？
2. 数据资料可以分为哪几类？它们有何区别与联系？
3. 为什么要对资料进行整理？对于资料的整理的基本步骤有哪些？
4. 简述试验资料收集时应注意哪些问题？
5. 次数分布图主要有哪几种图，分别适用于什么情况？

6. 请按要求整理下面所给的数据资料：

对某果酱加工厂加工的果酱进行了抽查，得出 150 瓶的净重如下表所示。请按连续性变数资料整理的要求，整理确定该批抽查样本的组数、组距、组限和组中值。

某果酱加工厂的 150 瓶果酱净重　　　　　　　　　单位：g

591	602	448	480	428	460	408	440	588	420
573	566	436	591	439	603	476	426	528	490
519	513	464	563	486	493	577	493	581	469
492	532	483	483	506	412	497	413	401	492
491	506	503	434	478	442	424	524	492	489
489	500	495	537	253	441	573	582	516	457
476	496	532	524	475	483	552	502	436	482
471	473	534	503	294	487	584	572	558	478
468	467	583	456	406	508	567	563	439	446
464	452	503	476	426	528	491	470	503	432
456	419	472	457	473	461	452	502	436	490
449	447	499	484	467	458	511	458	523	436
427	419	484	467	460	438	531	479	543	472
423	475	433	486	496	495	432	482	416	470
421	437	470	508	471	459	450	500	434	488

模块四

数据处理基础

学习目标

1. 理解真值与平均值的概念，掌握平均值的计算。

2. 学会区分绝对误差和相对误差，掌握标准误差的意义和计算方法。

3. 理解产生实验误差的原因，区分随机误差、系统误差和过失误差。

4. 掌握用精密度、正确度、准确度表示误差性质。

5. 掌握有效数字的概念及其计算法则。

任务描述

1. 通过学习真值与平均值概念，培养学生科学地分析试验数据，学会用不同种类的平均值表示测量结果的最佳估计。

2. 通过学习误差的基本概念，培养学生用实验标准差来表示随机误差的大小。通过学习误差的来源，培养学生通过分析来减少随机误差，避免过失误差。

3. 通过学习试验的精准度，培养学生掌握从事精密实验必须掌握的基本方法。

4. 通过学习有效数字和试验结果的表示，培养学生学会分析实验过程中实际能够测量到的数字，并能用科学的方法表达，为后续章节试验数据的分析打下基础。

◦ 项目一 真值与平均值

一、真值

真值（true value）是指某一时刻和某一状态下，某量的客观值或实际值。真值在试验中一般是未知的。真值又是客观存在的，有时可以说真值又是已知的。例如，国家标准样品的标称值；国际上公认的计量值，如 C12 的原子量为 12，绝对零度为 −273.15℃，试验方案设计中的因素水平等；有些值可以当作真值看待，如高精仪器的测量值、多次试验的平均值等。

在计算误差时，通常用以下三种代入计算。

（1）理论真值　如平面三角形三内角之和恒为 180°；某一物理量与本身之差恒为 0，与本身之比恒为 1；理论公式表达或理论设计值等。

（2）约定真值　计算单位制中的约定真值，国际单位制所定义的七个基本单位（长度、质量、时间、热力学温度、物质的量、电流、发光强度），根据国际计算大会的共同约定，国际上公认的计量值，如基本物理常数中的冰点绝对温度，$T_0 = 273.15K$，真空中的光速 $c = 2.99792458 \times 10^8 m/s$ 等。

（3）标准器相对真值　高一级标准器的误差与低一级标准器或普通仪器的误差相比，为 1/5（或者 1/8 ~ 1/10）时，则可以认为前者是后者的相对真值，用比被校仪器高级的标准器的量值作为相对真值。例如，用 1.0 级、量程为 2A 的电流表测得某电路电流为 1.80A，改用 0.1 级、量程为 2A 的电流表通测同样电流时为 1.802A，则可将后者视为前者的相对增值，如国家标准样品的标称值、高精度仪器所测之值和多次试验值的平均值等。在科学实验中，真值就是指无系统误差的情况下，观测次数无限多时所求得的平均值。但是，实际测量总是有限的，故将有限次测量所得的平均值作为近似真值（或称为最可信赖值、置信区间）。

二、平均值

1. 平均值

平均数（mean）是统计学中最常用的统计量，指资料中数据集中较多的中心位置。在科学试验中，虽然试验误差在所难免，但平均值可综合反映试验值在一定条件下的一般水平，所以经常将多次试验值的平均值作为真值的近似值。平均数的种类很多，统计学中常用的有算术平均数（Arithmetic mean）、中数（Median）、众数（Mode）、几何平均数（Geometric mean）等。具体如下所述。

（1）算术平均数　算术平均数是指观测值的总和除以观测值个数所得的商值，常用 $\bar{x}, \bar{y}$ 等表示根据样本大小及分组情况采用直接法或加权法计算。

①直接法：主要适用于样本含量 $n < 30$ 未经分组资料平均值的计算或等精度的试验、试验值服从正态分布（等精度的试验指试验人员、试验方法、试验场合、试验条件相同的试验）。

设有 n 个观测值：$x_1, x_2, x_3, \cdots, x_n$；它们的算术平均数计算如下

$$\bar{x} = \frac{x_1 + x_2 + x_3 + \cdots + x_n}{n} = \frac{1}{n} \sum_{i=1}^{n} x_i \qquad (4-1)$$

式中　x_i——某个试验值。

②加权法：适用场合为对于样本含量 $n \geqslant 30$ 且已分组的资料，可以在次数分布表的基础上，采用加权法计算平均值，非等精度的实验、试验值服从正态分布。

对某一物理量用不同方法测定，由不同人测定，采用不同试验条件或测定结果由不同部分组成，在计算平均值时常对比比较可靠的数值予以加重平均，称为加权平均。

设有 n 个实验值：$x_1, x_2, x_3, \cdots, x_n$；$w_1, w_2, w_3, \cdots, w_n$ 代表单个试验值对应的权，则它们的加权平均值计算公式为

$$w = \frac{w_1 x_1 + w_2 x_2 + \cdots + w_n x_n}{w_1 + w_2 + \cdots + w_n} = \frac{\sum_{i=1}^{n} w_i x_i}{\sum_{i=1}^{n} w_i} \qquad (4-2)$$

式中　w_i——统计权重。

权重或权值的确定方法如下：

a. 当试验次数很多时，以试验之 x_1 在测量中出现的频率 n_i/n 作为权数。

b. 如果试验值是在同样的试验条件下测定但是源于不同的组，则以各组试验值出现的次数作为权数。

c. 加权平均值即为总算术平均值。

d. 根据权与绝对误差的平方成反比来确定权数。

例如，权数的计算如下：

若 x_1 的绝对误差为 0.1，x_2 的绝对误差为 0.02，则

$$x_1 \text{ 的权数为 } w_1 = \frac{1}{0.1^2} = 100$$

$$x_2 \text{ 的权数为 } w_2 = \frac{1}{0.02^2} = 2500$$

【例 4-1】某班一次技能考核成绩如下：得 100 分的 2 人，得 90 分的 9 人，得 80 分的 8 人，得 70 分的 5 人，得 60 分的 3 人，得 50 分的 2 人，计算这次全班考

核的平均成绩。

分析由于数据重复出现，可考虑用加权平均数来进行计算。

解：用加权平均数公式得

$$w = \frac{\sum\limits_{i=1}^{n} w_i x_i}{\sum\limits_{i=1}^{n} w_i} = \frac{100 \times 2 + 90 \times 9 + 80 \times 8 + 70 \times 5 + 60 \times 3 + 50 \times 2}{2 + 9 + 8 + 5 + 3 + 2} = 78.6$$

算术平均数与每个观察值都有关系，能全面地反映整个观察值的平均数量水平和综合特性。因此，它的代表性是最强的，但它易受一些极端数据的影响。

（2）中数（Median）　中数（又称中位数）是指观测值由小到大依次排列后居于中间位置的观测值，记为 M_d，它从位置上描述资料的平均水平。总体而言，中数对于资料的代表性不如算术平均数；但是如果资料呈偏态分布，或资料的一段或两端无确切数值时，中数的代表性优于算术平均数。

计算中数时，将所有的观测值由小到大依次排列，若观测值的个数 n 为奇数则中数为

$$M_d = X_{(n+1)/2} \tag{4-3}$$

若观测值的个数 n 为偶数，则中数为

$$M_d = (X_{n/2} + X_{n/2+1})/2 \tag{4-4}$$

（3）众数（Mode）　众数是指试验资料中出现次数最多的那个观测值，用 M_o 表示。由于间断性变数资料观测值易集中于某一个数值，故众数易于确定。连续性变数资料，由于观测值不易集中于某一数值，所以众数不易确定，可将连续性变数资料次数分布表中分布次数最多一组的组中值作为该样本的概约众数。

使用众数描述试验资料的平均水平，其代表性一般优于中数。因为中数只是从位置上说明资料的数量特征，涉及到的观测值数目太少，对于整个试验的全部资料的代表性有限。而众数在资料中出现的次数多、所占比例大、当然对资料有较高的代表性。

（4）几何平均数（geometric mean）　几何平均数是指 n 个观测值连乘的积的 n 次方根值，用 G 表示其计算公式为

$$G = \sqrt[n]{x_1 \cdot x_2 \cdot x_3 \cdots x_n} = (x_1 \cdot x_2 \cdot x_3 \cdots x_n)^{\frac{1}{n}} \tag{4-5}$$

当资料中的观察值呈几何级数变化趋势，或计算平均增长率、平均比率等时用几何平均数较好。如计算中国改革开放 30 多年的年均 GDP 增长率等。

【例4-2】某果汁厂生产某果汁要经过 3 道连续作业的工序，3 道工序合格率依次为 95%，90% 和 98%，试求 3 道工序的平均合格率。

解：因为果汁的总合格率是各道工序合格率的连乘积，所以计算 3 道工序的平均合格率应采用几何平均值方法。

$$G = \sqrt[3]{95\% \times 90\% \times 98\%} = 94.28\%$$

即 3 道工序的平均合格率为 94.28%。

◎ 项目二　误差

一、误差的概念

由于试验方法和试验设备的不完善、周围环境的影响以及人的观察力、测量程序等限制，试验观测值和真值之间总是存在一定差异。人们常用绝对误差、相对误差或有效数字来说明一个近似值的准确程度。为了评定试验数据的准确性或误差，认清误差的来源及其影响，需要对试验的误差进行分析和讨论。由此可以判定哪些因素是影响试验准确度的主要方面，从而在以后试验中，进一步改进试验方案，缩小试验观测值和真值之间的差值，提高试验的准确性。

1. 绝对误差

在试验过程中由于受技术条件、仪器设备、人为因素及偶然因素的影响，导致试验结果与真值之间存在偏差，这种偏差称为误差，又称绝对误差。即

$$绝对误差 = 试验值 - 真值$$

绝对误差反映的是试验值偏离真值的大小，可正可负。通常所说的误差一般是指绝对误差。若用 x、x_t、Δx 分别表示试验值、真值和绝对误差，则有

$$\Delta x = x - x_t \tag{4-6}$$

由于 Δx 可正可负所以可进一步转化为

$$x - x_t = \pm |\Delta x|$$

或

$$x_t = x \pm |\Delta x| \tag{4-7}$$

由此可得

$$x - |\Delta x| \leq x_t \leq x + |\Delta x| \tag{4-8}$$

试验时真值往往是未知的，所以绝对误差也无法计算出来。但是在试验中可以依据所使用仪器的精确度，或根据试验数据进一步通过合理的统计分析方法对绝对误差的大小进行估算和预测。

最大绝对误差的估算：

（1）用仪器的精度等级估算。

（2）用仪器最小刻度估算一般可取最小刻度值作为最大绝对误差，而取其最小刻度的一半作为绝对误差的计算值。

例如，某压强表注明的精度为 1.5 级，则表明该表的绝对误差为最大量程的 1.5%，若最大量程为 0.4MPa，该压强表绝对误差为：$0.4 \times 1.5\% = 0.006$（MPa）；又如某天平的最小刻度为 0.1mg，则表明该天平有把握的最小称量质量是 0.1mg，所以它的最大绝对误差为 0.1mg。可见，对于同一真值的多个测量值，可以通过比较绝对误差限的大小来判断它们精度的大小。

2. 相对误差

对于相同或相似的试验，绝对误差可以反映试验值的准确程度，而对于某些

试验就无法反映试验值的准确程度。例如，测量大象的体重时出现几千克的绝对误差是正常的，反之我们要测量一个蚂蚁的体重要出现几千克的绝对误差是无法想象的。所以，为了判断试验值的准确性，或必须考虑试验值本身的大小时，我们引入了相对误差（relative error）

$$相对误差 = \frac{绝对误差}{真值}$$

即

$$E_r = \frac{\Delta x}{x_t} = \frac{x - x_t}{x_t} \tag{4-9}$$

这里 E_r 表示相对误差，Δx 表示绝对误差，x_t 表示真值，有以上表达式可以看出相对误差能更准确地表达试验值的准确程度。

【例 4-3】已知某样品质量的称量结果为：（38.4±0.2）g，试求其相对误差。

$$E_r = \frac{\Delta x}{x_t} = \frac{0.2}{38.4} = 0.5\%$$

二、误差的来源

1. 试验材料

试验中，所用的试验材料在质量、纯度上不可能完全一致，就是同一厂家生产的同批号的同一包装内的产品，有时也存在某种程度的不均匀性。试验材料的差异在一定范围内是普遍存在的，这种差异会对试验结果带来影响，产生试验误差。

2. 试验仪器和设备

（1）仪器精度有限。

（2）仪器的磨损。

（3）仪器可能不在最佳状态。

（4）测量工具可能没有校正，即使校正，也不可能绝对准确，也有误差。

（5）有时试验中需要同时使用多台仪器，即使使用同一型号的仪器，也会存在一定的差异，同一台仪器不同时间的测定也有差异。

3. 试验环境条件

环境因素主要包括温度、湿度、气压、振动、光线、电磁场，海拔高度和气流等。试验在完全相同的环境条件下进行，才能得到可靠的结果。但是由于环境条件复杂，且难以控制，因此，环境条件对试验结果的影响不可避免，特别是试验周期较长的试验环境的变化，可能会使原料的组成、性质和结构等发生变化，同时也可能影响仪器的稳定性，从而引起误差。

4. 试验操作

试验操作误差主要是由操作人员引起的。人的生理机能的差异如眼睛的分辨能力，不能正确读数以及辨别颜色的色调及深浅；嗅觉对气味的敏感度等。操作人员的习惯，读数的偏高和偏低，终点观察的超前或滞后。有的试验由多人共同操作，操作人员的素质和固有习惯。

三、误差的分类

实验误差根据其性质或产生的原因可分为随机误差（chance error）、系统误差（systematic error）和过失误差（mistake error）。

1. 随机误差

随机误差是指在一定试验条件下，由于受偶然因素的影响而产生的试验误差，如气温的微小波动，电压的波动，原材料质量的微小差异、仪器的轻微震动等。这些影响试验结果的偶然因素是试验者无法严格控制的，所以试验时随机误差是无法避免的，试验者只能在试验时通过试验设计控制误差，进一步通过合理的统计分析方法估算误差。

随机误差是无法预知的，同一个试验多个重复或重复同一试验，各观察值或试验结果之间绝对误差时正时负，绝对误差的绝对值时大时小。随机误差值的出现频率一般具有统计规律，即一般服从正态分布，绝对值小的误差值出现的概率高，而绝对值大的误差值出现的概率低，且绝对值相等的正负误差值出现的概率近似相等，因此当试验次数较多时，由于正负误差值的相互抵消，随机误差的平均值趋向于零。所以，试验时为了提高试验的准确度，进一步减小误差，可以增加试验次数，或者增加重复次数。

2. 系统误差

系统误差是指在一定试验条件下，由某个或某些因素按某一确定的规律起作用而产生的误差。系统误差产生的原因是多方面的，可来自仪器（如砝码生锈，皮尺因受力变长等），可来自操作不当，可来自个人的主观因素（如读取液面刻度或尺子刻度时的视角等），也可来自试验方法本身的不完善等。

系统误差的大小及其符号在同一试验中基本上是恒定的，或者随试验条件的改变，系统误差随某一确定的规律变化，试验条件一旦确定，系统误差就是客观存在的恒定值。系统误差不能通过多次试验被发现，也不能通过多次试验取平均值而减小。但只要对系统误差产生的原因有了充分的认识，就可以对它进行校正或设法消除。

3. 过失误差

过失误差主要是由于实验人员的粗心大意、失误造成的差错，过失误差是显然与事实不符的误差，没有一定的规律，如读数错误、记录错误或操作失误等。要避免过失误差就要求实验者加强工作责任心。

总之，试验过程中出现误差是不可避免的，但可以设法尽量减少误差，这正是试验设计的主要任务之一。

◇ **项目三** 试验数据的精准度

试验过程中的误差是无法消除的,这个误差可能是由系统误差产生的,或由随机误差造成的,也有可能是二者叠加造成的。为了更好的将它们加以区分,引入了精密度、正确度、准确度三个能表示误差性质的术语。

一、精密度

精密度(precision)是指在一定条件下多次试验,或同一试验多次重复的彼此符合程度或一致程度,它可以反映随机误差大小的程度。精密度的概念与重复试验时单次试验值的变动性有关,如果试验数据的分散程度较小则说明是精密的。如甲乙两人各做 5 次同一个试验,所得的数据:

甲:8.5,8.6,8.5,8.4,8.5   乙:8.2,8.4,8.7,8.5,8.9

很显然,甲的试验数据彼此符合程度优于乙的数据,故甲试验员的试验结果精密度较高。

由于精密度反映了随机误差的大小,因此对于无系统误差的试验,可以通过增加试验次数达到提高试验精密度的目的。如果结果足够精密,则只需少量几次重复就能满足试验要求。

1. 极差

极差 R(range)是指一组试验数据中最大值与最小值之间的差值,即为

$$R = R_{max} - R_{min} \tag{4-10}$$

由于极差仅利用了最大和最小两个试验值,因此无法精确反映随机误差的大小。但由于它计算方便,在快速检验中仍然得到了广泛的应用。

2. 标准误差

标准误差也称作均方根误差、标准偏差或简称为标准差。其计算方法为若随机误差服从正态分布则可用标准差来反映随机误差的大小。总体标准差用 σ 表示、而样本方差用拉丁字母 S 表示

$$\sigma = \sqrt{\frac{\sum_{i=1}^{n}(x_i - x_t)^2}{n}} = \sqrt{\frac{\sum_{i=1}^{n}d_i^2}{n}} = \sqrt{\frac{\sum_{i=1}^{n}x_i^2 - (\sum_{i=1}^{n}x_i)^2/n}{n}} \tag{4-11}$$

$$S = \sqrt{\frac{\sum_{i=1}^{n}(x_i - x_t)^2}{n-1}} = \sqrt{\frac{\sum_{i=1}^{n}d_i^2}{n-1}} = \sqrt{\frac{\sum_{i=1}^{n}x_i^2 - (\sum_{i=1}^{n}x_i)^2/n}{n-1}} \tag{4-12}$$

标准差不仅与资料值中每一个数据有关,而且能明显地反映出较大的个别误差。标准误差在试验数据分析中有很高的利用频率,常被用来表示试验值的精密度,标准误差越小,则试验数据的精密度越高。

3. 方差

方差是各个数据与平均数之差的平方的和的平均数。这里就是标准差的平方,

可用 σ^2（总体方差）和 S^2（样本方差）表示，显然方差与标准差一样可以反映试验的精密程度，即可以反映随机误差的大小。

二、正确度

正确度是指大量测试结果的（算术）平均数与真值或接受参照值之间的一致程度，它反映了系统误差的大小。正确度是在一定试验条件下，所有系统误差的综合。由于精密度与正确度的高低反映了不同的误差性质与来源，因此试验的精密度高，正确度不一定高，反之试验的精密度不高也不能得到正确度不高的结论。如图 4 - 1 所示很好的说明了精密度和正确度的关系。

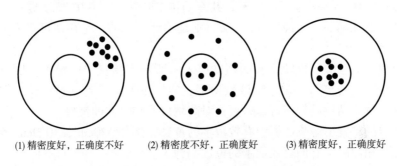

(1) 精密度好，正确度不好　　(2) 精密度不好，正确度好　　(3) 精密度好，正确度好

图 4 - 1　精密度与正确度的关系

三、准确度

准确度（accuracy）反映了系统误差和随机误差的综合情况，表示试验结果与真值或标准值之间相接近的程度。

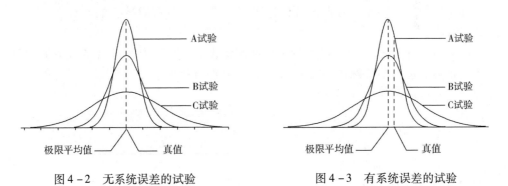

图 4 - 2　无系统误差的试验　　　　　图 4 - 3　有系统误差的试验

如图 4 - 2 所示，A、B、C 三个试验均无系统误差，实验误差均来自随机误差，试验结果服从正态分布，且对应着同一个真值，即 A、B、C 三个试验的正确度相同，而三个试验的精密度则依次下降。如图 4 - 3 所示，由于试验存在系统误差，A、B、C 三个试验的极限平均值都与真值不符，但在多数情况下，A 试验的

准确度要高于 B 试验和 C 试验的准确度。

项目四 有效数字和试验结果的表示

一、有效数字

有效数字：在测量结果的数字表示中，若干位可靠数字加一位可疑数字便构成了有效数字。试验数据总是以一定位数的数字表示出来，这些数字都是有效数字，而有效数字的末位数字往往是估计出来的，具有一定的误差。例如，用量筒测量出试验液体的体积为 $35.55cm^3$，共有四位有效数字，其中 35.5 是由量筒的刻度读出的，是准确的，而最后一位 "5" 则是估计出来的，是存在可疑成分的或欠准确的。

有效数字的位数可反映实验的精度或表示所用实验仪器的精度，所以不能随意多写或少写，若多写一位，则该数据不真实，不可靠；若少写一位，则损失了试验精度，试验结果同样不可靠，更是对高精仪器和时间的浪费。

小数点的位置不影响数据中有效数字的位数，例如 $120cm^3$，$10.0cm^3$ 两个数据的准确度是相同的，它们有效数字的位数都为 3 位。

数字 0 在非 0 数字之间或末尾为有效数字，第一个非零数前的数字都不是有效数字。例如 $12cm^3$ 和 $12.00cm^3$ 并不等价，前者有效数字为两位，后者是四位有效数字。它们是由精密程度不同的仪器测量获得的。所以在记录测量数据时不能随便省略末位的 0。

二、有效数字的运算

在试验数据的整理或者数据分析过程中总是要涉及有效数字的运算，有以下几种运算类型。

（1）加、减运算　加、减法运算后的有效数字，取到参与运算各数中最靠前出现可疑数的那一位。例如：$12.6 + 8.46 + 0.008$ 计算方法如下

$$
\begin{array}{r}
12.6 \\
8.46 \\
+\quad 0.008 \\
\hline
21.068
\end{array}
$$

计算结果应为 21.1。

（2）乘、除运算　在乘除运算中，乘积和商的有效数位数，以参与运算各数中有效位数最少的为准。例如 12.6×2.21 的有效数字为 27.8。

（3）乘方、开方运算　乘方、开方运算结果有效数字的位数应与其底数的相同。例如 $\sqrt{5.8} = 2.4083$，其有效数字为 2.4，而 $3.4^2 = 11.56$，其有效数字为

11.6。

（4）对数运算　对数的有效数字位数与其真数相同。例如 $\ln 2.84 = 1.0438$，其有效值为 1.04。

（5）自然数不是测量值，不存在误差，故有效数字为无穷位。

（6）常数 π、e 等的位数可与参与运算的量中有效数字最少的位数相同或多取一位。

（7）一般试验中，有效数字取 2～3 位有效数字就可以满足试验对精确度的要求，只有试验对精确度要求特别高时才取 4 位有效数字。

从有效数字的运算可以看出，每一个中间数据对试验结果的影响程度是不同的，净度低的数据对结果的影响较大。所以在试验中应尽量选用精度一致的仪器和仪表，一两个高精度的仪器、仪表无助于提高整个实验的精度。

三、有效数字的修约规则

数值修约：对某一表示试验结果的数值（拟修约数）根据保留位数的要求，将多余的数字进行取舍，按照一定的规则，选取一个近似数（修约数）来代替原来的数，这一过程称为数值修约。有效数字的修约规则有以下几种。

（1）拟舍弃数字的最左一位小于 5，则舍弃，即保留的个位数不变。例如 53.4423 修约到小数点后一位为 53.4，将 4.2348 修约到小数点后两位为 4.23。

（2）拟舍弃数字的最左一位大于或等于 5，且其后跟有非 0 数值时，则进 1，即保留的末位数加 1，如将 1578 修约到保留两位有效数字为 16×10^2，将 10.50 修约到保留两位有效数字为 11。

（3）拟舍弃数字的最左一位等于 5，且其右无数字或皆为 0 时，若所保留的末位数字为奇数（1、3、5、7、9）则进 1，为偶数（2、4、6、8、0）则舍弃。如：将 13.50 修约到保留两位有效数字为 14，将 18.50 修约到保留两位有效数字为 18。

需要注意的是，若有多位要舍去，不能从最后一位开始进行连续的取舍，而是以拟舍弃数字的最左一位数字作为取舍的标准。

练习题

1. 设用三种方法测定某溶液浓度时，得到三组数据，其平均值如下：

$$\bar{x}_1 = (2.38 \pm 0.02)\ \text{mol/L}$$

$$\bar{x}_2 = (2.5 \pm 0.1)\ \text{mol/L}$$

$$\bar{x}_1 = (2.538 \pm 0.005)\ \text{mol/L}$$

试求它们的加权平均值。

2. 在测定菠萝中维生素 C 含量的试验中，测得每 100g 菠萝中含有 18.2mg 维生素 C，已知测量的相对误差为 0.1%，试求每 100g 菠萝中含有的维生素 C 的质量范围。

3. 在用发酵法生产赖氨酸的过程中，对产酸率（％）作 6 次测定。样本测定值为 3.48、3.37、3.47、3.38、3.40、3.43，求该组数据的算术平均值、中数、几何平均值、标准差、样本方差、算术平均误差和极差？

4. 误差根据其性质或产生的原因分别是什么？

5. 何为系统误差、随机误差？想一想在试验室如何控制试验误差？

6. 精密度、正确度、准确度的概念及意义？

7. 真值定义，平均值定义及种类？

8. 将下列数据保留 4 位数字：3.1459、136653、2.33050、2.7500、2.77447。

9. 有效数字的修约规则如何？

第二章

数据处理与分析

数据资料的统计假设检验

▨ 学习目标

1. 理解统计假设的涵义、基本原理和步骤。
2. 了解假设检验的两类错误及一尾检验和两尾检验。
3. 掌握样本平均数的假设检验。
4. 掌握总体参数的区间估计。

▨ 任务描述

1. 通过学习假设检验的基本概念、原理和步骤，培养学生科学地分析试验数据，做出正确的统计推断。

2. 通过学习单个样本平均数的假设检验，能够判断某一样本平均数 $\bar{x}$ 与已知总体平均数 μ_0 是否有显著性差异。

3. 通过学习两个样本平均数的假设检验，能够通过两个样本平均数之差（$\bar{x}_1 - \bar{x}_2$）去推断两个样本所在总体平均数 μ_1 和 μ_2 是否有显著性差异。

4. 通过学习参数的区间估计，能够合理地估计出参数可能出现的一个范围，使绝大多数该参数的点估计值都包含在这个区间内。

样本平均数的抽样分布是从由总体到样本的方向来研究样本与总体的关系。然而在实践中，所获得的资料通常都是样本结果，我们希望了解的却是样本所在的总体情况。因此，还须从由样本到总体的方向来研究样本与总体的关系，即进行统计推断（statistical inference）。所谓统计推断，就是根据抽样分布规律和概率理论，由样本结果去推论总体特征。它主要包括假设检验（hypothesis test）和参数估计（parameter estimation）两个内容。

假设检验又叫显著性检验（test of significance），是统计学中一个很重要的内容。显著性检验的方法很多，常用的有 t 检验、F 检验和 χ^2 检验等。尽管这些检验方法的用途及使用条件不同，但其检验的基本原理是相同的。本章以单样本平均数（总体标准差已知）的假设检验为例来阐明假设检验的原理和步骤，然后介绍单样本平均数（总体标准差未知）的假设检验和两个样本的假设检验，最后介绍区间估计（interval estimation）的基本知识。

项目一　统计假设检验概述

一、统计假设的涵义

在统计学上，假设（hypothesis）指关于总体的某些未知或不完全知道性质的待证明的声明（assertion）。假设可分为两类，即研究假设（research hypothesis）和统计假设（statistical hypothesis）。研究假设是研究人员根据以前的研究结果、科学文献或者经验而提出的假设。统计假设往往是根据研究假设提出的，描述了根据研究假设进行试验结果的两种统计选择。

统计假设有两种，分别为原假设（null hypothesis，H_0；或称零假设、虚假设、无效假设）和备择假设（alternative hypothesis，H_A；或称对立假设）。原假设通常为不变情况的假设。比如，H_0 声明两个群体某些性状间没有差异，即两个群体的平均数和方差相同。备择假设，H_A，则通常声明一种改变的状态，如两个群体间存在差异。研究假设可以为两种可能之一，即没有差异和有差异。通常情况下，备择假设和研究假设相同，因此，原假设与研究者的期望相反。一般地，证明一个假设是错误的较正确的容易，因此，研究者通常试图拒绝原假设。

假设检验的定义为：假定原假设正确，检验某个样本是否来自某个总体，它可以使研究者把根据样本得出的结果推广到总体。根据样本进行的假设检验有两种结果：①拒绝 H_0，因为发现其是错误的；②不能拒绝 H_0，因为没有足够的证据拒绝它。原假设和备择假设总是互斥的，而且包括了所有的可能，因此，拒绝 H_0 则 H_A 正确。另一方面，证明原假设 H_0 是正确的比较困难。

根据概率理论和理论分布的特性进行假设检验，概率理论用来拒绝或接受某个假设。因为结果是从样本而不是整个总体得出的，因此，结果不是100%正确。

二、假设检验的基本原理

实际中，多数情况是用样本数据去推断总体，由于个体变异和随机抽样误差，不能简单地根据样本统计量数值的大小直接获得结论。例如，比较甲、乙两种食品包装的受欢迎程度，甲种包装的食品购买量为 200 袋，乙种包装的食品购买量为 300 袋，并不能说明乙包装更受欢迎，因为如果再重新做一次试验其结果可能相反。所以需要利用假设检验的方法达到由样本推断总体的目的。

假设检验的理论依据是"小概率事件原理"，在上例对 H_0 作出的判断中，实际上运用了小概率原理。所谓小概率原理，就是认为小概率事件在一次试验（观察）中实际上不会发生。在统计推断中，把概率很小的事件叫做小概率事件。"小概率事件原理"就是概率很小的事件在一次试验中认为是不可能发生的。如果预先的假设使得小概率事件发生了，类似于数学中传统推理的反证法出现逻辑矛盾那样，就认为出现了不合理现象，从而拒绝假设。一般把概率不超过 0.10、0.05、0.01 的事件当作"小概率事件"，用 α 表示，称为检验水准或显著水平（significance level），α 通常取 0.05、0.01，实际问题中也可取 0.10、0.001 等。

三、假设检验的步骤

第一步，建立假设。对样本所属总体提出假设，包括无效假设 H_0 和备择假设 H_A。H_0 与 H_A 在假设检验问题中是两个对立的假设：H_0 成立则 H_A 不成立，反之亦然。例如，对总体均值 μ 可以提出三个假设检验如下所述。

（1）$H_0: \mu = \mu_0$，对 $H_A: \mu \neq \mu_0$；

（2）$H_0: \mu = \mu_0$，对 $H_A: \mu < \mu_0$；

（3）$H_0: \mu = \mu_0$，对 $H_A: \mu > \mu_0$。

（1）称为双尾或双侧检验，（2）和（3）称为单尾或单侧检验。

第二步，规定显著水平 α。由于总是在有相当的根据后才作出原假设 H_0 的，为此选取一个很小的正数 α，如 0.01 或 0.05。检验时，就是要解决当原假设 H_0 成立时，做出不接受原假设 H_0 的这一决定的概率不大于这个显著水平 α。

第三步，检验计算。从无效假设 H_0 出发，根据所得检验统计量的抽样分布（不同的假设检验，所得统计量不同），计算表面效应仅由误差造成的概率。

第四步，统计推断。根据计算的概率值大小来推断无效假设是否错误，从而决定肯定还是否定 H_0。

由于常用显著水平 α 有 0.05 和 0.01，故做统计推断时就有 3 种可能结果，每次检验必须且只能得其中之一，具体如下所述。

①当计算出的概率 $P > 0.05$ 时，说明表面效应仅由误差造成的概率不是很小，故应接受无效假设 H_0，拒绝 H_A。此时称为差异不显著。

②当计算出的概率 $0.01 < P \leq 0.05$ 时，说明表面效应仅由误差造成的概率很小，故应否定无效假设 H_0，接受 H_A。此时的显著水平称为差异显著。差异显著通常是在计算的统计量值上用记"*"来表示。

③当计算出的概率 $P \leq 0.01$ 时，说明表面效应仅由误差造成的概率更小，更

应否定无效假设 H_0，接受 H_A。此时的显著水平称为差异极显著。差异极显著通常是在计算的统计量值上用记"＊＊"来表示。

下面通过举例说明假设检验的基本原理和步骤。

【例 5-1】某工厂生产的咀嚼片额定标准为 8.9g/片，从机器所生产的产品中随机抽取 9 片，$\bar{x} = 9.0111$，$S = 0.1182$。该厂生产的咀嚼片是否符合标准？

第一步：建立统计假设。

样本的均数 $\bar{x} = 9.0111$ 与额定标准 8.9g/片之间的差异由两种原因造成：一是机器工作不正常造成的，也称为本质原因，样本均数与总体均数有实质性差异；另一种是机器正常工作，样本均数与总体均数没有实质性差异，差异是由随机误差所造成的。统计上就是要根据样本的信息去推断究竟是哪种原因造成的。

先假设该厂生产的咀嚼片的质量（μ）符合标准 μ_0，即 H_0：$\mu = \mu_0$，则 H_A：$\mu \neq \mu_0$。

第二步：规定显著水平。

由附录 3 可知

$$P(\,|t| > 1.86\,) = 0.05$$

公式说明 $|t| > 1.86$ 是一个小概率事件，即 $|t|$ 超过 1.86 的可能性是很小的。

第三步：检验计算。

根据抽样分布的理论，在此假设条件下，可以构造出一个统计量，公式如下

$$t = \frac{\bar{x} - \mu_0}{S/\sqrt{n}} = \frac{9.0111 - 8.9}{0.1182/\sqrt{9}} = 2.8201$$

根据公式可知服从自由度为 $\mathrm{d}f = n - 1 = 9 - 1 = 8$ 的 t 分布。

第四步：统计推断。

$|t| = 2.8201 > 1.86$，因此，$P < 0.05$，显然是发生小概率事件，与"小概率事件原理"相违背。上面的推理是没有错误的，问题只能出在假设上，从而拒绝假设，可以认为该工厂生产的咀嚼片的质量不符合标准。

四、假设检验的两类错误

统计假设检验是根据小概率事件的实际不可能性原理来决定否定或接受无效假设的。因此在作出是否否定无效假设的统计推断时，没有 100% 的把握，总是要冒一定的下错误结论的风险。如表 5-1 所示为在一次统计假设检验中可能出现的 4 种情况。

在列出 4 种情况中，有两种情况的检验结果是错误的。其中，当 H_0 本身正确，但通过假设检验后却否定了它，也就是将非真实差异错判为真实差异，这样的错误统计上称为第一类错误，亦称 I 型错误（type I error）。反之，当 H_0 本身错误时，通过假设检验后却接受了它，也即把真实差异错判为非真实差异，这样的错误叫做第二类错误，亦称 II 型错误（type II error）。

表 5 – 1   统计假设检验结果的 4 种情况

检验结果	客 观 存 在	
	H₀正确	H₀错误
否定 H₀	第一类错误（α）	推断正确（$1-\alpha$）
接受 H₀	推断正确（$1-\beta$）	第二类错误β

由表 5 – 1 所示的第三行可知，如果结论为否定 H₀，则可能得出正确结论，也可能犯概率为 α 的第一类错误。第四行可知，如果接受 H₀，则或者得出正确结论，或者犯概率为 β 的第二类错误。对于某一次检验，其结果是不是出错，一般无从知晓。但是可以肯定，否定无效假设 H₀ 时可能犯第一类错误，而接受无效假设时可能犯第二类错误，并且犯两类错误的概率有多大是可知的。

犯第一类错误的概率通常不会超过显著水平 α。因为在无效假设 H₀ 正确的情况下，从 μ_0 总体中随机抽出的样本平均数 $\bar{x}$ 仍有 α 大小的概率出现在否定域。然而在假设检验中，一旦 $\bar{x}$ 落入否定域，就否定 H₀。因此，犯第一类错误的概率通常不会超过 H₀ 正确时 $\bar{x}$ 出现在否定域的概率 α，即显著水平。由此可见，当在显著水平 α 下做出否定 H₀ 的推断时，有 $1-\alpha$ 的可靠性保证结论正确。同时要冒 α 这样大的下错误结论的风险。要使犯第一类错误的概率小一些，可将显著水平定得小一点。从以上例子可知，可以控制显著水平（第一类错误，α），那么为什么推荐的显著水平为 0.05，而不是更低的第一类错误概率 0.01 或 0.001 呢？有时确实会选择较高的显著水平，但是这时，第二类错误 β 升高，检验功效下降。通过下面一个例子进行说明。

【例 5 – 2】假设有一个总体服从正态分布，其平均数等于 100，标准差等于 10。另一个总体也服从正态分布，平均数等于 105，标准差等于 10。不知道样本是从哪一个总体抽取的，只知道为其中之一。而实际上，样本来自均值等于 105 的样本。

案例 1：假定样本含量 $n = 25$，$\alpha = 0.05$。

假设为

$$H_0: \mu = 100, \quad \sigma = 10$$
$$H_A: \mu = 105, \quad \sigma = 10$$

首先计算当 H₀ 正确时，什么情况下会犯第一类错误。临界值 $\mu_{0.05} = 1.645$，注意这时为单尾检验，即

$$1.645 = \frac{\bar{X} - 100}{10/\sqrt{25}}$$

于是得 $\bar{X} = 103.29$。如果 H₀ 正确，当平均数大于 103.29 时，拒绝 H₀，第一类错误的概率为 0.05。如果 H₀ 是错误的，平均数低于 103.29 会导致第二类错误，得出样本来自平均数为 100 总体的结论。如图 5 – 1 所示，平均数为 100 的分布的斜影部

分为第一类错误，平均数为 105 的分布的阴影部分为第二类错误。现在可以根据定义，计算第二类错误

$$\beta = P\ (\bar{X} < 103.29)\ = P\left(\mu < \frac{103.29 - 105}{10/\sqrt{25}}\right) = P\ (\mu\ < -0.855)\ = 0.1963$$

这时 μ 检验的检验功效等于 $1 - \beta = 1 - 0.1963 = 0.8037$。

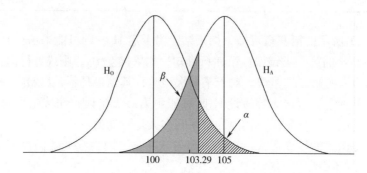

图 5 - 1 　第一类错误和第二类错误示意图

案例 2：假定样本含量 $n = 25$，$\alpha = 0.01$。

同样的，先计算当 H_0 正确，什么时候会犯第一类错误。与前面的相同，查附表 3，统计数临界值 $\mu_{0.01} = 2.330$，即

$$2.330 = \frac{\bar{X} - 100}{110/\sqrt{25}}$$

于是得 $\bar{X} = 104.66$。因此，第二类错误为

$$\beta = P\ (\bar{X} < 104.66)\ = P\left(\mu < \frac{104.66 - 105}{10/\sqrt{25}}\right) = P\ (\mu < -0.170)\ = 0.4325$$

这时 μ 检验的检验功效等于 $1 - \beta = 1 - 0.4325 = 0.5675$。

表 5 - 2 所示为三种显著水平下第二类错误和检验功效；从中可以看出，随着显著性水平的提高，第二类错误增大，检验功效下降；这样的后果不是我们期望的。这种现象的根本原因，是因为两个样本分布存在重叠。比如，如果一个样本的均值等于 100，而另一个为 10000，由于两个样本分布没有重叠，第二类错误就消失了。

表 5 - 2 　　　　　　　　显著水平和第二类错误、检验功效的关系

α	β	检验功效
0.05	0.1963	0.8037
0.01	0.4325	0.5675
0.001 *	0.7190	0.2810

* $\alpha = 0.001$ 时，临界值 $\mu_\alpha = 3.09$。

案例3：假定样本含量 $n = 100$，$\alpha = 0.05$。

$$1.645 = \frac{\bar{X} - 100}{10/\sqrt{100}}$$

得 $\bar{X} = 101.645$，于是，第二类错误为

$$\beta = P\ (\bar{X} < 101.645)\ = P\left(\mu < \frac{101.645 - 105}{10/\sqrt{100}}\right) = P\ (\mu < -3.355)\ = 0.0004$$

检验功效等于 0.9996。

样本含量提高后，样本平均数的标准误下降，使样本分布间的重叠减少，因此，可以通过样本含量来提高检验功效，降低第二类错误。

五、一尾检验与两尾检验

上述假设检验中，对应于无效假设 $H_0: \mu = \mu_0$ 的备择假设为 $H_A: \mu \neq \mu_0$。它实际上包含了 $\mu < \mu_0$ 和 $\mu > \mu_0$ 这两种情况，因而这种检验有两个否定域，分别位于 $\bar{x}$ 分布曲线的两尾，故叫两尾检验（two-tailed test）。两尾检验的目的在于判断 μ 和 μ_0 有无差异，而不考虑 μ 和 μ_0 谁大谁小，把 $\mu < \mu_0$ 和 $\mu > \mu_0$ 合为一种结果。这种检验中运用的显著水平 α 也被平分在两尾，各尾有 $\alpha/2$，称作两尾概率。

两尾检验在实践中被广泛应用。但是，在有些情况下两尾检验不一定符合实际情况。例如，某酿醋厂的企业标准规定曲种酿造醋的醋酸含量应保证在 12% 以上（μ_0），若进行抽样检验，则抽出的样本平均数 $\bar{x} \geq \mu_0$ 时，无论大多少，该批醋都应是合格产品。但 $\bar{x} < \mu_0$ 时，却有可能是一批不合格产品。这类否定域位于 $\bar{x}$ 分布曲线某一尾的统计假设检验称为一尾检验（one-tailed test）。应当注意的是，在实际检验中，为了构造检验统计量，一尾检验的无效假设仍采用 $H_0: \mu = \mu_0$。

选用两尾检验还是一尾检验应根据专业的要求在试验设计时就确定。一般而论，若事先不知道 μ 和 μ_0 谁大谁小，为了检验 μ 和 μ_0 是否有差异，则用两尾检验；如果凭借一定的专业知识和经验，推测 μ 不会小于（或大于）μ_0 时，为了检验 μ 是否大于（或小于）μ_0，应用一尾检验。

六、假设检验应注意的问题

1. 注意统计显著和生物学重要性的区别

假设检验结果为差异显著，只是统计分析的结果，并不一定具有重要的生物学意义，也不表明差异非常大。假如两个奶牛群的 305d 产乳量平均数差异 10kg，如果样本量足够大，进行假设检验结果可能会达到显著，但是，对于生产实际却没有任何价值。相反，如果两个蛋鸡群的平均蛋质量相差 5g，假设检验结果可能不显著，但是，却可能有重要的经济价值。同样地，如果假设检验结果为差异不显著，不能理解为样本间没有差异，假设检验不显著可能是因为误差太大而掩盖了真正的差异，进一步精确的试验结果的假设检验可能会得出差异显著的结果。

2. 注意假设检验结果的解读

根据表 5-1，无论我们是拒绝 H_0 还是拒绝 H_A，我们都有可能会犯错误。因此，我们的假设检验结果为 $P > 0.05$，不能说"证明（prove）" H_0 是正确的，因为证明的意思为 100% 正确，但我们可以说数据（data）"支持"（support）原假设；同理，如果 $P < 0.05$，我们可以说数据支持备择假设。

3. 关于显著水平的选择

随 α 值的下降，第二类错误上升，检验功效下降。一般地，取 $\alpha = 0.05$ 比较合适。有时，犯 I 类错误有严重后果，而且由于某些研究的特点决定了容易犯 I 类错误，如遗传学中的 QTL（数量性状座位）定位研究，需要利用较低的显著水平，这时可以根据研究中染色体的数量校正显著水平的大小；关于假设检验时 α 值的取值校正方法超出了本书的范围，读者可以参考有关的统计学专著。由于样本含量升高可以提高检验功效，因此，如果条件允许，试验设计时应该尽量使各组样本含量大一些。

4. 单尾检测或双尾检测的选择

关于假设检验时是采用单尾检验还是双尾检验，要根据不同问题的要求和专业知识来决定，一般在试验设计时就已经确定。如果事先不知道假设检验的结果，分析的目的是处理间有无差异，则进行双尾检验；如果根据专业知识或前人的结果，A 处理的平均数比 B 处理的平均数高（或相反），假设检验的目的是处理 A 的平均数是否高于处理 B 的平均数（或差），则进行单尾检验。由上可知，如果对同一资料同时进行双尾检验和单尾检验，假设检验的结果是不同的，即单尾检验在显著水平 α 时显著，相当于双尾检验的 2α 水平显著。双尾检验显著的，单尾检验结果一定显著；而单尾检验显著的，双尾检验结果不一定显著。

5. 选择合适的检验统计数

假设检验时要根据样本分布理论选择合适的检验统计数，每种检验统计数都有其适用条件。从本章下面两节可以知道，单样本的假设检验有 u 检验和 t 检验之分，我们要注意应用的条件不同。

此外，"显著"针对的是样本而不是总体，我们只能说"样本 A 和样本 B 平均数间存在显著差异"，而不能说"总体 A 和总体 B 的平均数差异显著"。

项目二　样本平均数的假设检验

一、单样本平均数的假设检验

单个样本平均数的假设检验是检验某一样本平均数 $\bar{x}$ 与已知总体平均数 μ_0 是否有显著差异的方法，即是检验无效假设 $H_0: \mu = \mu_0$ 或 $\mu \leq \mu_0$（$\mu \geq \mu_0$）对备择假设 $H_A: \mu \neq \mu_0$ 或 $\mu > \mu_0$（$\mu < \mu_0$）的问题。具体方法有 μ 检验和 t 检验两种。

1. 单个样本平均数的 μ 检验

μ 检验（μ – test）方法，就是在假设检验中利用标准正态分布来进行统计量的概率计算的检验方法。以下两种情况的资料可以用 μ 检验方法分析：①样本资料所属总体服从正态分布 $N(\mu, \sigma^2)$，总体方差 σ^2 为已知；②样本平均数 $\bar{x}$ 来自一个大样本（通常 $n > 120$）。下面以实例说明 μ 检验的具体方法步骤。

【例 5 – 3】某罐头厂生产水果罐头，其自动装罐机在正常工作状态时每罐净重具正态分布 N（500，64）（单位为 g）。某日随机抽查了 10 听罐头，测定结果如下（单位：g）：

505，512，497，493，508，515，502，495，490，510。

问灌装机该日工作是否正常？

由题意可知，样本所属总体服从正态分布，并且总体标准差 $\sigma = 8$，符合 μ 检验的应用条件。由于当日灌装机的每灌平均净重可能高于或低于正常工作状态下的标准净重，故需作两尾检验，其方法步骤如下所述。

（1）提出假设

$H_0: \mu = \mu_0 = 500g$，即该日装罐机平均净重与标准净重一样。

$H_A: \mu \neq \mu_0$，即该日装罐机平均净重与标准净重不一样，装罐机工作不正常。

（2）确定显著水平 $\alpha = 0.05$（两尾概率）。

（3）检验计算

样本平均数

$$\bar{x} = \sum x/n = \frac{505 + 512 + \cdots + 510}{10} = 502.700$$

均数标准误

$$\sigma_{\bar{x}} = \sigma/\sqrt{n} = 8/\sqrt{10} = 2.530$$

统计量 μ 量

$$\mu = (\bar{x} - \mu_0)/\sigma_{\bar{x}} = (507 - 500/2.53) = 1.067$$

（4）统计推断 由显著水平 $\alpha = 0.05$ 查附表 2 得临界 μ 值：$\mu_{0.05} = 1.96$。

由于实得 $|\mu| = 1.067 < \mu_{0.05} = 1.96$，可知表面效应 $\bar{x} - \mu_0 = 502.7 - 500 = 2.7$ 仅由误差造成的概率 $p > 0.05$，故不能否定 H_0，推断该日装罐平均净重与标准净重差异不显著，表明该日灌装机工作属正常状态。

2. 单个样本平均数的 t 检验

t 检验（t – test）是利用 t 分布来进行统计量的概率计算的假设检验方法。它要求资料必须服从正态分布，主要应用于总体方差 σ^2 未知的小样本资料，当然大样本也可用。其他方法步骤由下面的例子进行说明。

【例 5 – 4】用山楂加工果冻，传统工艺平均每 100g 山楂出果冻 500g。现采用一种新工艺进行加工，测定了 16 次，得每 100g 山楂出果冻平均数为 $\bar{x} = 520g$，标准差 $S = 12g$。问新工艺每 100g 山楂出果冻量与传统工艺有无显著差异？

本例中总体方差 σ^2 未知，又是小样本，资料也服从正态分布，故可作 t 检验。

检验步骤如下所述。

（1）建立假设

$H_0 : \mu = \mu_0 = 500g$，即新、旧工艺每 $100g$ 山楂出果冻没有差异。

$H_A : \mu \neq \mu_0$，即新、旧工艺每 $100g$ 山楂出果冻量有差异。

（2）确定显著水平 $\alpha = 0.05$（两尾概率）。

（3）检验计算

均数标准误

$$S_{\bar{x}} = S / \sqrt{n} = 12 / \sqrt{16} = 3$$

统计量 t 值

$$t = (\bar{x} - \mu_0) / S_{\bar{x}} = \frac{520 - 500}{3} = 6.667^{**}$$

自由度

$$df = n - 1 = 16 - 1 = 15$$

（4）统计推断

由自由度 $df = 15$ 和显著水平 $\alpha = 0.01$ 查附录 3 得临界 t 值 $t_{0.01(15)} = 2.947$。由于实得 $|t| = 6.667 > t_{0.01(15)} = 2.947$，故 $p < 0.01$，应否定 H_0，接受 H_A，推断新、旧工艺的每 $100g$ 山楂出果冻量差异极显著（用 $**$ 表示），亦即采用新工艺可提高每 $100g$ 山楂出果冻量。

二、两个样本平均数的假设检验

两个样本平均数的假设检验，就是由两个样本平均数之差 $(\bar{x}_1 - \bar{x}_2)$ 去推断两个样本所在总体平均数 μ_1 和 μ_2 是否有差异，即检验无效假设 $H_0 : \mu_1 = \mu_2$（或 $\mu_1 \leqslant \mu_2$，或 $\mu_1 \geqslant \mu_2$）和备择假设 $H_0 : \mu_1 \neq \mu_2$（或 $\mu_1 > \mu_2$，或 $\mu_1 < \mu_2$）这类问题。实际上这是检验两个处理的效应是否一样。

1. 成组资料平均数的假设检验

成组资料是指在试验调查时分别从两个处理中各随机抽取一个样本而构成的资料。其特点是两组数据相互独立，各组数据的个数不一定相等。在各种试验资料中，两个处理的完全随机试验资料属于成组资料。成组资料平均数的假设检验也有 u 检验和 t 检验之分。

（1）u 检验　如果两个样本资料都服从正态分布，且总体方差 σ_1^2 和 σ_2^2 已知；或者总体方差未知，但两个样本都是大样本时，平均数差数的分布呈正态分布，因而可采用 u 检验法来检验两个样本平均数的差异显著性。由两均数差数抽样分布理论可知，两个样本平均数 $\bar{x}_1$ 和 $\bar{x}_2$ 的差数标准误 $\sigma_{\bar{x}_1 - \bar{x}_2}$，如式 $5-3$、式 $5-4$ 所示。

$$\sigma_{\bar{x}_1 - \bar{x}_2} = \sqrt{\sigma_1^2 / n_1 + \sigma_2^2 / n_2} \tag{5-1}$$

并有

$$u = \frac{(\bar{x}_1 - \bar{x}_2) - (\mu_1 - \mu_2)}{\sigma_{\bar{x}_1 - \bar{x}_2}} \sim N(0,1) \tag{5-2}$$

在 $H_0: \mu_1 = \mu_2$ 下，正态离差 u 值为

$$u = (\bar{x}_1 - \bar{x}_2) / \sigma_{\bar{x}_1 - \bar{x}_2} \qquad (5-3)$$

根据以上公式即可对两个样本平均数的差异进行假设检验。如果总体方差未知，但 $n_1 \geqslant 30$，$n_2 \geqslant 30$ 时，可由样本方差 S_1^2、S_2^2 估计总体方差 σ_1^2、σ_2^2。

【例 5-5】某食品厂在甲、乙两条生产线上各测了 30 个日产量如表 5-3 和表 5-4 所示，试检验两条生产线的平均日产量有无显著差异。

表 5-3　　　　　　　　　　甲生产线日产量记录　　　　　　　　　单位：kg

甲生产线 x_1					
74	71	56	54	71	78
62	57	62	69	73	63
61	72	62	70	78	74
77	65	54	58	63	62
59	62	78	53	67	70

表 5-4　　　　　　　　　　乙生产线日产量记录　　　　　　　　　单位：kg

乙生产线 x_2					
65	53	54	60	56	69
58	49	51	53	66	62
58	58	66	71	53	56
60	70	65	58	56	69
68	70	52	55	55	57

本例两个样本均为大样本，符合 μ 检验条件。

①建立假设：

$H_0: \mu_1 = \mu_2$，即两条生产线的平均日产量无差异。

$H_A: \mu_1 \neq \mu_2$，即两条生产线的平均日产量有差异。

②确定显著水平：$\alpha = 0.01$。

③检验计算：

$$\bar{x}_1 = 65.833$$

$$S_1^2 = 59.730$$

$$\bar{x}_2 = 59.767$$

$$S_2^2 = 42.875$$

$$S_{\bar{x}_1 - \bar{x}_2} = \sqrt{S_1^2 / n_1 + S_2^2 / n_2} = \sqrt{59.73/30 + 42.875/30} = 1.849$$

$$u = (\bar{x}_1 - \bar{x}_2) / S_{\bar{x}_1 - \bar{x}_2} = (65.833 - 59.767)/1.849 = 3.281$$

④统计推断：由 $\alpha = 0.01$ 查附表 2 得 $\mu_{0.01} = 2.58$。由于实际 $|u| = 3.281 >$

$\mu_{0.01} = 2.58$，故 $p < 0.01$，应否定 H_0，接受 H_A。这说明两条生产线的日平均产量有极显著差异，甲生产线日均产量高于乙生产线日均产量。

（2）t 检验　当两个样本资料服从正态分布，且 $\sigma_1^2 = \sigma_2^2 = \sigma^2$ 时，不论是大样本还是小样本，都有下式服从具有自由度 $df = n_1 + n_2 - 2$ 的 t 分布（n_1、n_2 为两个样本含量）：

$$t = \frac{(\bar{x}_1 - \bar{x}_2) - (\mu_1 - \mu_2)}{S_{\bar{x}_1 - \bar{x}_2}} \qquad (5-4)$$

在 $H_0 : \mu_1 = \mu_2$ 下，上式为

$$t = \frac{(\bar{x}_1 - \bar{x}_2)}{S_{\bar{x}_1 - \bar{x}_2}} \qquad (5-5)$$

当两样本含量相等（$n_1 = n_2 = n$）时，则

$$S_{\bar{x}_1 - \bar{x}_2} = \sqrt{2 S_0^2/n} = \sqrt{(S_1^2 + S_2^2)/n} \qquad (5-6)$$

此时自由度为 $df = 2(n-1)$。

【例 5-6】海关检查某罐头厂生产的出口红烧花蛤罐头时发现，虽然罐头外观无胖听现象，但产品存在质量问题。于是从该厂随机抽取 6 个样品，同时随机抽取 6 个正常罐头测定其 SO_2 含量，测定结果如表 5-5 所示。试检验两种罐头的 SO_2 含量是否有差异。

表 5-5	正常罐头与异常罐头 SO_2 含量				单位：$\mu g/mL$	
正常罐头（x_1）	100.0	94.2	98.5	99.2	96.4	102.5
异常罐头（x_2）	130.2	131.3	130.5	135.2	135.2	133.5

① 建立假设

$H_0 : \mu_1 = \mu_2$，即两种罐头的 SO_2 含量无差异。

$H_A : \mu_1 \neq \mu_2$，即两种罐头的 SO_2 含量有差异。

② 确定显著水平：$\alpha = 0.01$（两尾概率）。

③ 检验计算

$$\bar{x}_1 = 98.467$$
$$S_1^2 = 8.327$$
$$\bar{x}_2 = 132.650$$
$$S_2^2 = 5.235$$

本例的两个样本容量相等（$n_1 = n_2 = 6$），所以

$$S_{\bar{x}_1 - \bar{x}_2} = \sqrt{(S_1^2 + S_2^2)/n} = \sqrt{(8.327 + 5.235)/6} = 1.503$$
$$t = (\bar{x}_1 - \bar{x}_2)/S_{\bar{x}_1 - \bar{x}_2} = (98.467 - 132.65)/1.503 = -22.743$$
$$df = 2(n-1) = 2 \times (6-1) = 10$$

④ 统计推断：由 $df = 10$ 和 $\alpha = 0.01$ 查附表 3 得 $t_{0.01(10)} = 3.169$。由于实际 $|t| = 22.743 > t_{0.01(10)} = 3.169$，故 $p < 0.01$，应否定 H_0，接受 H_A。即两种罐头

的 SO_2 含量差异极显著，异常的罐头 SO_2 含量高于正常的，该批罐头已被硫化腐败菌感染变质了。

（3）近似 t 检验 – t' 检验 在两个样本所属总体的方差 σ_1^2 和 σ_2^2 未知，但根据专业知识或统计方法能确知 $\sigma_1^2 \neq \sigma_2^2$ 时，作 t 检验的均数差数标准误 $S_{\bar{x}_1 - \bar{x}_2}$ 就不能再用由两个样本方差的加权平均数作总体方差 σ^2 的估计值，而应分别由 S_1^2 和 S_2^2 去估计 σ_1^2 和 σ_2^2，于是均数差数标准误变为

$$S'_{\bar{x}_1 - \bar{x}_2} = \sqrt{S_1^2/n_1 + S_2^2/n_2} \qquad (5-7)$$

此时的 $t' = (\bar{x}_1 - \bar{x}_2)/S'_{\bar{x}_1 - \bar{x}_2}$ 就不再准确地服从自由度为 $df = n_1 + n_2 - 2$ 的 t 分布，而只是近似地服从 t 分布，因而不能直接作 t 检验。针对这一问题，Cochran 和 Con 提出了一个近似 t 检验法。该法在作统计推断时，所用临界 t 值不是直接由 t 值表（附表3）查得，而须作一定矫正。矫正临界 t 值公式为

$$t'_\alpha = \frac{S_{\bar{x}_1}^2 t_{\alpha(df_1)} + S_{\bar{x}_2}^2 t_{\alpha(df_2)}}{S_{\bar{x}_1}^2 + S_{\bar{x}_2}^2} \qquad (5-8)$$

式中：$S_{\bar{x}_1}^2 = S_1^2/n_1$；$S_{\bar{x}_2}^2 = S_2^2/n_2$；$df_1 = n_1 - 1$；$df_2 = n_2 - 1$。

如果 $n_1 = n_2 = n$，因 $t_{\alpha(df_1)} = t_{\alpha(df_2)}$，由上式容易导出 $t'_\alpha = t_{\alpha(df)}(df = n - 1)$。此时可直接由 $|t'|$ 与由 α 和 $df = n - 1$ 查附表3得到的临界 t 值与 $t_{\alpha(df)}$ 比较后作出推断。

【例5-7】在作各种大米的营养价值的研究中，测定了籼稻米的粗蛋白含量5次，得平均数 $\bar{x}_1 = 7.32\text{mg}/100\text{g}$，方差 $S_1^2 = 1.06\,(\text{mg}/100\text{g})^2$；另测定了糯稻米的粗蛋白含量5次，得平均数 $\bar{x}_2 = 7.62\text{mg}/100\text{g}$，方差 $S_2^2 = 0.11\,(\text{mg}/100\text{g})^2$。试检验两种大米的粗蛋白含量有无显著差异。

经方差同质性检验，可知本例的两个样本方差存在显著差异，因此只能做近似 t 检验。

①建立假设：

$H_0: \mu_1 = \mu_2$，即两种大米的粗蛋白含量无差异。

$H_A: \mu_1 \neq \mu_2$，即两种大米的粗蛋白含量有差异。

②确定显著水平：$\alpha = 0.05$。

③检验计算：

$$S'_{\bar{x}_1 - \bar{x}_2} = \sqrt{S_1^2/n_1 + S_2^2/n_2} = \sqrt{1.06/10 + 0.11/5} = 0.358$$

$$t' = (\bar{x}_1 - \bar{x}_2)/S'_{\bar{x}_1} - \bar{x}_2 = (7.32 - 7.62)/0.358 = -0.838$$

$$df_1 = n_1 - 1 = 10 - 1 = 9$$

$$df_2 = n_2 - 1 = 5 - 1 = 4$$

$$S_{\bar{x}_1}^2 = S_1^2/n_1 = 1.06/10 = 0.106$$

$$S_{\bar{x}_2}^2 = S_2^2/n_2 = 0.11/5 = 0.022$$

④统计推断：由 $df_1 = 9$ 和 $df_2 = 4$ 及显著水平 $\alpha = 0.05$ 查附表3得 t 值

$t_{0.05(9)} = 2.262$，$t_{0.05(4)} = 2.776$。因此

$$t'_{0.05} = \frac{S_{\bar{x}_1}^2 t_{0.05(9)} + S_{\bar{x}_2}^2 t_{0.05(4)}}{S_{\bar{x}_1}^2 + S_{\bar{x}_2}^2} = \frac{0.106 \times 2.262 + 0.022 \times 2.776}{0.106 + 0.022} = 2.350$$

由于实得 $|t'| = 0.838 < t'_{0.05} = 2.350$，故 $p > 0.05$，应接受 $H_0: \mu_1 = \mu_2$，故推断两种大米的粗蛋白含量无显著差异。

2. 成对资料平均数的假设检验

若试验设计是将条件、性质相同或相近的两个供试单元配成一对，并设有多个配对，然后对每一配对的两个供试单元分别随机地给予不同处理，这样的试验叫做配对试验。它的特点是配成对子的两个试验单元的非处理条件尽量一致，不同对子的试验单元之间的非处理条件允许有差异。配对试验的配对方式有自身配对和同源配对两种。所谓自身配对是指在同一试验单元上进行处理前与处理后的对比，如同一食品在储藏前后的变化等。同源配对是指将非处理条件相近的两试验单元组成对子，然后分别对配对的两个试验单元施以不同的处理。如按产品批次划分对子，在每一批产品内分别安排一对处理的试验，或同一食品平分成两部分来安排一对处理的试验等。配对试验因加强了配对处理间的试验控制（非处理条件高度一致），使处理间可比性增强，试验误差降低，因而试验精度较高。

从配对试验中获得的观测值因是成对出现的，故叫做成对资料。与成组资料相比，成对资料中两个处理的数据不是相互独立的，而是存在着某种联系。因而对其作样本平均数的差异显著性检验时，应从成对数据的角度切入。

可以将两个处理设想为两个总体。第一个总体观测值为 $x_{11}, x_{12}, \cdots, x_{1\infty}$，第二个总体观测值为 $x_{21}, x_{22}, \cdots, x_{2\infty}$。两个总体观测值间由于存在着一定联系而一一配对，即 (x_{11}, x_{21})，(x_{12}, x_{22})，$\cdots$，(x_{1i}, x_{2i})，$\cdots$，$(x_{1\infty}, x_{2\infty})$。每对观测值之间的差数为：$d_i = x_{1i} - x_{2i} (i = 1, 2, \cdots, \infty)$。差数 $d_1, d_2, \cdots, d_\infty$ 组成差数总体，总体平均数用 μ_d 表示。实际上，$\mu_d = \mu_1 - \mu_2$。所以，在 $\mu_1 = \mu_2$ 时，$\mu_d = 0$；反之 $\mu_d \neq 0$。

在上述两总体中抽出 n 对数据组成样本，每对数据的差数组成差数样本，即 d_1，d_2，$\cdots$，d_n。

差数样本的平均数

$$\bar{d} = \sum d_i / n \tag{5-9}$$

差数标准差

$$S_d = \sqrt{\sum (d_i - \bar{d})^2 / (n-1)} \tag{5-10}$$

差数均数标准误

$$S_{\bar{d}} = S_d / \sqrt{n} = \sqrt{\sum (d_i - \bar{d})^2 / n(n-1)} \tag{5-11}$$

故 $t = (\bar{d} - \mu_d) / S_{\bar{d}}$ 服从自由度为 $df = n-1$ 的 t 分布。在无效假设 $H_0: \mu_1 = \mu_2$，即 $\mu_d = 0$ 时，t 值为

$$t = \bar{d} / S_{\bar{d}} \tag{5-12}$$

于是便可对成对资料平均数进行假设检验。

◦ 项目三　总体参数的区间估计

研究某一事物，总希望了解其总体特征。描述总体特征的数为参数。然而，总体参数往往无法直接求得，都是由样本统计量来估计的。在前面统计假设检验方法的学习中，我们都是用某一个样本统计量直接估计相应的总体参数。例如以样本平均数 $\bar{x}$ 估计总体平均数 μ，用样本方差 S^2 估计总体方差 σ^2。这样的参数估计方法叫做点估计（point estimation）。但由于样本是由总体中抽出的部分个体构成，受抽样误差的影响，使得即使来自同一总体的不同样本求得的 $\bar{x}$、S^2 也不同。究竟用哪个样本的统计数更能代表相应的总体参数呢？这很难判断。因此，合理的办法是在一定概率保证下，结合抽样误差，估计出参数可能出现的一个范围（区间），使绝大多数该参数的点估计值都包含在这个区间内。这种估计参数的方法叫做参数的区间估计（interval estimation），所给出的这个区间称为置信区间（confidence interval，CI）。区间的上、下限，分别用 L_1、L_2 表示。置信上、下限之差值称为置信半径。置信半径的一半称为置信距。保证参数在置信区间内的概率称为置信度或置信概率（confidence probability），以 $p = 1 - \alpha$ 表示（α 为显著水平）。描述总体的参数有多种。各种参数的区间估计计算方法有所不同，但基本原理是一致的，都是运用样本统计数的抽样分布来计算相应参数置信区间的上、下限。

一、总体平均数 μ 的区间估计

1. 利用正态分布进行总体平均数 μ 的区间估计

当样本来自正态总体，且总体方差 σ^2 已知时；或者 n 足够大时，总体均属 μ 的置信度为 $1 - \alpha$ 的置信区间是

$$\bar{x} - \mu_\alpha \sigma_{\bar{x}} \leqslant \mu \leqslant \bar{x} + \mu_\alpha \sigma_{\bar{x}} \tag{5-13}$$

其置信下、上限为

$$L_1 = \bar{x} - \mu_\alpha \sigma_{\bar{x}}, \; L_2 = \bar{x} + \mu_\alpha \sigma_{\bar{x}} \tag{5-14}$$

式中：$\sigma_{\bar{x}} = \sigma / \sqrt{n}$；$\mu_\alpha$ 是两尾概率为 α 时的临界 u 值，如 $u_{0.05} = 1.96$、$u_{0.01} = 2.58$。

由上面公式计算可知，若置信度大，求出的置信区间就宽，而相应的估计精度就较低；反之，置信度小，置信区间就窄，相应的估计精度就较高。这里置信度与估计精度成了一对矛盾。解决这一矛盾的办法，应是降低试验误差和适当增加样本容量。

2. 利用 t 分布进行总体平均数 μ 的区间估计

若总体方差 σ^2 未知，只要样本来自正态总体，不论小样本还是大样本，统计量 $t = (\bar{x} - \mu) / S_{\bar{x}}$ 服从具有自由度 $df = n - 1$ 的 t 分布。于是很容易推导出总体平

均数 μ 的置信度为 $1-\alpha$ 的置信区间是

$$\bar{x} - t_{\alpha(df)} S_{\bar{x}} \le \mu \le \bar{x} + t_{\alpha(df)} S_{\bar{x}} \tag{5-15}$$

其置信下、上限为

$$L_1 = \bar{x} - t_{\alpha(df)} S_{\bar{x}}, L_2 = \bar{x} + t_{\alpha(df)} S_{\bar{x}} \tag{5-16}$$

式中：$S_{\bar{x}} = S/\sqrt{n}$；$t_{\alpha(df)}$ 是由两尾概率为 α 及自由度 $df = n-1$ 查附录 3 得到的临界 t 值。

【例 5-8】 求【例 5-4】中采用新工艺后每 100g 山楂出果冻量的总体平均数 μ 的置信度为 99% 的置信区间。

本例中 $\bar{x} = 520g$、$S = 12g$、$n = 16$、$df = n-1 = 16-1 = 15$，由 $1-\alpha$ 可知 $\alpha = 0.01$，查附表 3 得 $t_{0.01(15)} = 2.947$。

$$L_1 = 520 - 2.947 \times 12/\sqrt{16} = 511.159(g)$$
$$L_2 = 520 + 2.947 \times 12/\sqrt{16} = 528.841(g)$$

所以采用新工艺后每 100g 山楂出果冻量为 511.159~528.841g。此估计的可靠度为 99%。在大样本情况下，也可由 $\bar{x} - \mu_\alpha \sigma_{\bar{x}} \le \mu \le \bar{x} + \mu_\alpha \sigma_{\bar{x}}$ 对 μ 作较为粗略的区间估计，此时 σ 由 S 代替。

二、两个总体平均数差数 $\mu_1 - \mu_2$ 的区间估计

这是由两个样本平均数的差数 $\bar{x}_1 - \bar{x}_2$ 去作它们所在总体平均数差数 $\mu_1 - \mu_2$ 的区间估计。这种估计一般在确认两总体平均数有本质差异时才有意义。估计的方法因采用的概率分布不同而异。

1. 利用正态分布进行两总体平均数差数 $\mu_1 - \mu_2$ 的区间估计

如果两总体为正态总体，且两总体方差已知；或者虽然两总体方差未知，但两个都是大样本时，对 $\mu_1 - \mu_2$ 的置信度为 $1-\alpha$ 的置信区间：

$$(\bar{x}_1 - \bar{x}_2) - \mu_\alpha \sigma_{\bar{x}_1-\bar{x}_2} \le \mu_1 - \mu_2 \le (\bar{x}_1 - \bar{x}_2) + \mu_\alpha \sigma_{\bar{x}_1-\bar{x}_2} \tag{5-17}$$

其置信下、上限：

$$L_1 = (\bar{x}_1 - \bar{x}_2) - \mu_\alpha \sigma_{\bar{x}_1-\bar{x}_2}, L_2 = (\bar{x}_1 - \bar{x}_2) + \mu_\alpha \sigma_{\bar{x}_1-\bar{x}_2} \tag{5-18}$$

式中：$\sigma_{\bar{x}_1-\bar{x}_2} = \sqrt{\sigma_1^2/n_1 + \sigma_1^2/n_1}$；$\mu_\alpha$ 为置信度 $1-\alpha$ 对应的两尾概率 α 的临界 μ 值。

如果总体方差未知，但 $n_1 \ge 30$、$n_2 \le 30$ 时，可由样本方差 S_1^2、S_2^2 估计总体方差 σ_1^2、σ_2^2。

2. 利用 t 分布进行两总体平均数差数 $\mu_1 - \mu_2$ 的区间估计

利用 t 分布进行 $\mu_1 - \mu_2$ 的区间估计方法又因为试验设计和数据特点不同而分为针对成组资料和成对资料的两种方法。

（1）成组资料两总体平均数差数 $\mu_1 - \mu_2$ 的区间估计　如果两总体为正态总体，并且总体方差相等，无论是大、小样本，只要是分别独立获得的，则有 $t = \dfrac{(\bar{x}_1 - \bar{x}_2) - (\mu_1 - \mu_2)}{S_{\bar{x}_1-\bar{x}_2}}$ 服从具有自由度 $df = n_1 + n_2 - 2$ 的 t 分布。由此容易导出满

足上述条件的 $\mu_1 - \mu_2$ 的置信度为 $1 - \alpha$ 置信区间：

$$(\bar{x}_1 - \bar{x}_2) - t_{\alpha(df)} S_{\bar{x}_1 - \bar{x}_2} \leqslant \mu_1 - \mu_2 \leqslant (\bar{x}_1 - \bar{x}_2) + t_{\alpha(df)} S_{\bar{x}_1 - \bar{x}_2} \qquad (5-19)$$

其置信下、上限为：

$$L_1 = (\bar{x}_1 - \bar{x}_2) - t_{\alpha(df)} S_{\bar{x}_1 - \bar{x}_2}, \quad L_2 = (\bar{x}_1 - \bar{x}_2) + t_{\alpha(df)} S_{\bar{x}_1 - \bar{x}_2} \qquad (5-20)$$

式中，$t_{\alpha(df)}$ 为由两尾概率 α 和自由度 $df = n_1 + n_2 - 2$ 查附录 3 所得临界 t 值。

【例 5-9】 在选择酱油蛋白质原料时，分别从花生饼和菜籽饼中各随机抽取了 10 个样品来作对比试验，测得花生饼的粗蛋白平均值 $\bar{x}_1 = 44.5\%$，标准差 $S_1 = 3.5\%$；菜籽饼的粗蛋白平均值 $\bar{x}_2 = 36.9\%$，标准差 $S_2 = 3.4\%$。试估计两种酱油蛋白质原料在粗蛋白含量上差数的置信度为 95% 的置信区间。

本例 $n_1 = n_2 = 10$，故

$$S_{\bar{x}_1 - \bar{x}_2} = \sqrt{(S_1^2 + S_2^2)/n} = \sqrt{(0.035^2 + 0.034^2)/10} = 0.0154$$

已知 $\alpha = 0.05$，$df = n_1 + n_2 - 2 = 10 + 10 - 2 = 18$，查附录 3 得 $t_{0.05(18)} = 2.101$。

因此 $\mu_1 - \mu_2$ 的 95% 置信区间：

$$L_1 = (0.445 - 0.369) - 2.101 \times 0.0154 = 0.044$$
$$L_2 = (0.445 - 0.369) + 2.101 \times 0.0154 = 0.108$$

所以，花生饼原料的粗蛋白含量比菜籽饼原料的粗蛋白含量最少要多 4.4%，最多要多 10.8%，此估计得可靠度为 95%。

（2）成对资料总体差数平均数 μ_d 的区间估计　成对资料两总体差数平均数 μ_d（也等于两总体均数的差数）可由下式作置信度为 $1 - \alpha$ 的区间估计：

$$\bar{d} - t_{\alpha(df)} S_{\bar{d}} \leqslant \mu_d \leqslant \bar{d} + t_{\alpha(df)} S_{\bar{d}} \qquad (5-21)$$

其置信下、上限为

$$L_1 = \bar{d} - t_{\alpha(df)} S_{\bar{d}}, \quad L_2 = \bar{d} + t_{\alpha(df)} S_{\bar{d}} \qquad (5-22)$$

式中，$t_{\alpha(df)}$ 为自由度 $df = n - 1$ 和两尾概率 α 对应的临界 t 值。

【例 5-10】为研究电渗处理对草莓果实中钙离子含量的影响，选用 10 个草莓品种来进行电渗处理与对照的对比试验，结果如表 5-6 所示。问电渗处理对草莓钙离子含量是否有影响？以及电渗处理和对照两种草莓果实的钙离子含量差异 μ_d 作置信度为 99% 的区间估计。

表 5-6	电渗处理草莓果实钙离子含量								单位：mg	
项目	1	2	3	4	5	6	7	8	9	10
电渗处理（x_1）	22.23	23.42	23.25	21.38	24.45	22.42	24.37	21.75	19.82	22.56
对照（x_2）	18.04	20.32	19.64	16.38	21.37	20.43	18.45	20.04	17.38	18.42
差数 d（$d = x_1 - x_2$）	4.19	3.10	3.61	5.00	3.08	1.99	5.92	1.71	2.44	4.14

本例因每个品种实施了一对处理，所以试验资料为成对资料。

①建立假设：

$H_0: \mu_d = 0$，即电渗处理后草莓果实钙离子含量与对照的钙离子含量无差异。

$H_A: \mu_d \neq 0$，即电渗处理后草莓果实钙离子含量与对照的钙离子含量有差异。

②确定显著水平：$\alpha = 0.01$（两尾概率）。

③检验计算：

$$\sum d = 4.19 + 3.10 + \cdots + 4.14 = 35.180$$

$$\sum d^2 = 4.19^2 + 3.10^2 + \cdots + 4.14^2 = 139.708$$

$$\bar{d} = \sum d_i / n = 35.18/10 = 3.518$$

$$S_{\bar{d}} = \sqrt{\left[\sum d_i^2 - \left(\sum d_i\right)^2/n\right]/[n(n-1)]} = 0.421$$

$$t = \bar{d}/S_{\bar{d}} = 3.518/0.421 = 8.356$$

$$df = n - 1 = 10 - 1 = 9$$

④统计推断：由 $df = 9$ 和 $\alpha = 0.01$ 查临界 t 值得 $t_{0.01(9)} = 3.250$。由于实得 $|t| = 8.356 > t_{0.01(9)} = 3.250$，故 $p < 0.01$，应否定 H_0，接受 H_A，认为电渗处理后草莓果实钙离子含量与对照的钙离子含量差异极显著，即电渗处理能提高草莓果实钙离子含量。

⑤置信区间

已知：$\bar{d} = 3.518\text{mg}$，$S_{\bar{d}} = S_d/\sqrt{n} = 0.4209\text{mg}$，$df = n - 1 = 10 - 1 = 9$。由 $1 - \alpha = 0.99$ 得 $\alpha = 0.01$；查附录3得 $t_{0.01(9)} = 3.250$。

计算出 μ_d 的99%置信区间为

$$L_1 = 3.518 - 3.250 \times 0.4209 = 2.150(\text{mg})$$

$$L_2 = 3.518 + 3.250 \times 0.4209 = 4.886(\text{mg})$$

所以，可推断电渗处理后草莓果实的钙离子含量要比对照的高 2.150 ~ 4.886mg，此估计可靠度为99%。

练习题

1. 统计假设检验的概念是什么？有哪些基本步骤？

2. 在什么情况下应用一尾检验或二尾检验？

3. 什么是统计假设检验的第一类错误和第二类错误？

4. 参数的区间估计的含义是什么？

5. 从胡萝卜中提取 β-胡萝卜素的传统工艺提取率为91%。现有一新的提取工艺，用新工艺重复8次提取试验，得平均提取率 $\bar{x} = 95\%$，标准差 $S = 7\%$。试检验新工艺与传统工艺在提取率上有无显著差异。

6. 分别在10个食品厂各测定了大米饴糖和玉米饴糖的还原糖含量，结果如下表所示。试比较两种饴糖的还原糖含量是否有显著差异。

10 个食品厂大米饴糖和玉米饴糖的还原糖含量　　　　　单位:%

品种	厂序号									
	1	2	3	4	5	6	7	8	9	10
大米	38.3	37.3	37.2	37.6	37.5	37.9	38	38.5	37.2	38.1
玉米	34.9	35.2	35.5	36.9	36.8	36.5	37.8	35.5	35.9	36.4

7. 某药厂生产复方维生素，要求每 50g 维生素含铁 2400mg。从该厂某批产品随机抽取 5 个样品，测得含铁量（mg/50g）：2372、2409、2395、2399、2411，判断该批产品含铁量是否合格。

8. 用新旧两种方法测定某乳制品中的蛋白质含量，取 5 份乳制品样品，每份乳制品样品均分为两份，分别用新旧两种方法测定蛋白质含量，测得的数据如下表所示，判断新旧两种方法之间有无显著性差异。

新旧两种方法测定蛋白质含量的数据　　　　　单位：g/L

	乳制品				
	1	2	3	4	5
新方法	20.5	25.1	23.6	21.2	26.8
旧方法	23.2	26.3	25.3	22.5	28.7

模块六

试验的方差分析

学习目标

1. 理解方差分析的基本原理。
2. 掌握方差分析的基本方法和多重比较方法。
3. 领会方差分析的基本模型。
4. 掌握正确进行单因素、双因素方差分析的方法。

任务描述

1. 通过学习方差分析的线性模型、平方和与自由度的划分、F 分布与检验、多重比较，熟练掌握方差分析的计算步骤及方差分析表。

2. 通过学习单因素试验的方差分析，熟练掌握处理相等和不等的单因素方差分析的计算步骤及方差分析表。

3. 通过学习双因素试验的方差分析，熟练掌握双因素试验的等重复及无重复的方差分析的计算步骤及方差分析表。

◆ 项目一 方差分析的概述

t 检验法适用于样本平均数、总体平均数及两样本平均数间的差异显著性检验，但在生产和科学研究中经常会遇到比较多个处理优劣的问题，即需要进行多个平均数间的差异显著性检验，这时不适宜采用 t 检验法，原因如下所述。

（1）检验过程烦琐　例如，一个试验包含 5 个处理，采用 t 检验法要进行 $C_5^2 = 10$ 次两两平均数的差异显著性检验；若有 k 个处理，则要作 k $(k-1)$ $/2$ 次类似的检验。因此，整个检验过程非常复杂，烦琐。

（2）无统一的试验误差，误差估计的精确性和检验的灵敏性低　对同一试验的多个处理进行比较时，应该有一个统一的试验误差估计值。若用 t 检验法作两两比较，由于每次比较需计算一个 $S_{\bar{x}_1 - \bar{x}_2}$，故使得各次比较误差的估计不统一，同时没有充分利用资料所提供的信息而使误差估计的精确性降低，从而降低检验的灵敏性。例如，试验有 5 个处理，每个处理重复 6 次，共有 30 个观测值。进行 t 检验时，每次只能利用两个处理共 12 个观测值估计试验误差，误差自由度为 $2 \times (6-1) = 10$；若利用整个试验的 30 个观测值估计试验误差，显然估计的精确性高，且误差自由度为 $5 \times$ $(6-1)$ $= 25$。可见，在用 t 检法进行检验时，由于估计误差的精确性低，误差自由度小，使检验的灵敏性降低，容易掩盖差异的显著性。

（3）推断的可靠性低，检验的错误率大　即使利用资料所提供的全部信息估计了试验误差，若用 t 检验法进行多个处理平均数间的差异显著性检验，由于没有考虑相互比较的两个平均数的秩次问题，因而会增大错误的概率，降低推断的可靠性。

由于上述原因，多个平均数的差异显著性检验不宜采用 t 检验，须采用方差分析法。

方差分析（analysis of variance）是由英国统计学家费雪（R. A. Fisher）于 1923 年提出的。这种方法是将 k 个处理的观测值作为一个整体看待，把观测值总变异的平方及自由度分解为相应的不同变异来源的平方及自由度，进而获得不同变异来源的总体方差的估计值。通过计算这些总体方差的估计值的适当比值，就能检验各样本所属总体平均数是否相等。方差分析实质上是关于观测值变异原因的数量分析，它在科学研究中应用十分广泛。

方差分析有很多类型，其数学模型的具体表达式也有所不同，但以下三点却是共同的，是进行方差分析的基本前提或基本假定。

（1）效应的可加性　进行方差分析的模型均为线性可加模型。这个模型明确提出了处理效应与误差效应是"可加的"，正是由于这一"可加性"，才有了样本平方和的"可加性",亦即有了试验观测值总平方和的"可剖分"性。如果试验资料不具备这一性质,那么依据变异原因去剖分变量的总变异将失去根据,方差分析不能正确进行。

（2）分布的正态性　是指所有试验误差是相互独立的,且都服从正态分布 $N(0, \sigma^2)$。只有在这样的条件下才能进行 F 检验。

（3）方差的同质性　即各个处理观测值总体方差 σ^2 应是相等的。只有这样,才有理由以各个处理均方的合并均方作为检验各处理差异显著性的共同的误差均方。

一、线性模型与基本假定

假设某单因素试验有 k 个处理,每个处理有 n 次重复,共有 nk 个观测值。这类试验资料的数据模式如表 6-1 所示。

表 6-1　　　　　　　**k 个处理每个处理有 n 个观测值的数据模式**

处理	观测值						合计 $x_i.$	平均 $\bar{x}_i.$
A_1	x_{11}	x_{12}	…	x_{1j}	…	x_{1n}	$x_1.$	$\bar{x}_1.$
A_2	x_{21}	x_{22}	…	x_{2j}	…	x_{2n}	$x_2.$	$\bar{x}_2.$
…	…	…	…	…	…	…		
A_i	x_{i1}	x_{i2}	…	x_{ij}	…	x_{in}	$x_i.$	$\bar{x}_i.$
…	…	…	…	…	…	…		
A_k	x_{k1}	x_{k2}	…	x_{kj}	…	x_{kn}	$x_k.$	$\bar{x}_k.$
合计							$x..$	$\bar{x}..$

其中 x_{ij} 表示第 i 个处理的第 j 个观测值 $(i=1, 2, \cdots, k; j=1, 2, \cdots, n)$；$x_{ij} = \sum_{j=1}^{n} x_{ij}$ 表示第 i 个处理 n 个观测值的和；$x.. = \sum_{i=1}^{k}\sum_{j=1}^{n} x_{ij} = \sum_{i=1}^{k} x_i.$ 表示全部观测值的总和；$\bar{x}_i. = \sum_{j=1}^{n} x_{ij}/n = x_i./n$ 表示第 i 个处理的平均数；$\bar{x}.. = \sum_{i=1}^{k}\sum_{j=1}^{n} x_{ij}/kn = x../n$ 表示全部观测值的总平均数；x_{ij} 可以分解为

$$x_{ij} = \mu_i + \varepsilon_{ij} \tag{6-1}$$

μ_i 表示第 i 个处理观测值总体的平均数。为了看出各处理的影响大小,将 μ_i 再进行分解,令

$$\mu = \frac{1}{k}\sum_{i=1}^{k} \mu_i \tag{6-2}$$

$$\alpha_i = \mu_i - \mu \tag{6-3}$$

则

$$x_{ij} = \mu + \alpha_i + \varepsilon_{ij} \tag{6-4}$$

其中 μ 表示全试验观测值总体的平均数，α_i 是第 i 个处理的效应（treatment effects），表示处理 i 对试验结果产生的影响，显然有

$$\sum_{i=1}^{k} \alpha_i = 0 \tag{6-5}$$

ε_{ij} 是试验误差，相互独立，且服从正态分布 N（0，σ^2）。

式 6-4 为单因素试验的线性模型（linear model），亦称数学模型。在这个模型中，x_{ij} 表示总平均数 μ、处理效应 α_i 和试验误差 ε_{ij} 之和。由于 ε_{ij} 相互独立且服从正态分布 N（0，σ^2），可知各处理 A_i（$i=1$，2，$\cdots$，k）所属总体亦应具正态性，即服从正态分布 N（μ_i，σ^2）。尽管各总体的均数 μ_i 可以不等或相等，σ^2 则必须是相等的。所以，单因素试验的数学模型可归纳为：效应的可加性（additivity）、分布的正态性（normality）、方差的同质性（homogeneity）。这也是进行其他类型方差分析的前提或基本假定。

若将表 6-1 中的观测值 x_{ij}（$i=1$，2，$\cdots$，k；$j=1$，2，$\cdots$，n）的数据结构（模型）用样本符号来表示，则

$$x_{ij} = \bar{x}_{..} + (\bar{x}_{i.} - \bar{x}_{..}) + (x_{ij} - \bar{x}_{i.}) = \bar{x}_{..} + t_i + e_{ij} \tag{6-6}$$

与式 6-4 比较可知，$\bar{x}_{..}$、$(\bar{x}_{i.} - \bar{x}_{..}) = t_i$、$(x_{ij} - \bar{x}_{i.}) = e_{ij}$ 分别是 μ、$(\mu_i - \mu) = \alpha_i$、$(x_{ij} - \mu_i) = \varepsilon_{ij}$ 的估计值。

式 6-4、式 6-6 表明：每个观测值都包含处理效应（$\mu_i - \mu$ 或 $\bar{x}_{i.} - \bar{x}_{..}$），与误差（$x_{ij} - \mu_i$ 或 $x_{ij} - \bar{x}_{i.}$），故 kn 个观测值的总变异可分解为处理间的变异和处理内的变异两部分。

二、平方和与自由度的剖分

方差与标准差都可以用来度量样本的变异程度。因为方差在统计分析上有许多优点，而且不用开方，所以在方差分析中是用样本方差即均方（mean squares）来度量资料的变异程度。表 6-1 中全部观测值的总变异可以用总均方来度量。将总变异分解为处理间变异和处理内变异，就是要将总均方分解为处理间均方和处理内均方。但这种分解是通过将总均方的分子——称为总离均差平方和，简称为总平方和，剖分成处理间平方和与处理内平方和两部分；将总均方的分母——称为总自由度，剖分成处理间自由度与处理内自由度两部分来实现的。

1. 总平方和的剖分

如表 6-1 所示，反映全部观测值总变异的总平方和是各观测值 x_{ij} 与总平均数 $\bar{x}_{..}$ 的离均差平方和，记为 SS_T，即

$$SS_T = \sum_{i=1}^{k} \sum_{j=1}^{n} (x_{ij} - \bar{x}_{..})^2 \tag{6-7}$$

因为

$$\sum_{i=1}^{k} \sum_{j=1}^{n} (x_{ij} - \bar{x}_{..})^2 = \sum_{i=1}^{k} \sum_{j=1}^{n} [(\bar{x}_{i.} - \bar{x}_{..}) + (x_{ij} - \bar{x}_{i.})]^2$$

$$= \sum_{i=1}^{k} \sum_{j=1}^{n} [(\bar{x}_{i.} - \bar{x}_{..})^2 + 2(\bar{x}_{i.} - \bar{x}_{..})(x_{ij} - \bar{x}_{i.}) + (x_{ij} - \bar{x}_{i.})^2]$$

$$= n \sum_{i=1}^{k} (\bar{x}_{i.} - \bar{x}_{..})^2 + 2 \sum_{i=1}^{k} [(\bar{x}_{i.} - \bar{x}_{..}) \sum_{j=1}^{n} (x_{ij} - \bar{x}_{i.})] \sum_{i=1}^{k} \sum_{j=1}^{n} (x_{ij} - \bar{x}_{i.})^2$$

其中 $\sum_{j=1}^{n} (x_{ij} - \bar{x}_{i.}) = 0$

所以 $\qquad \sum_{i=1}^{k} \sum_{j=1}^{n} (x_{ij} - \bar{x}_{..})^2 = n \sum_{i=1}^{k} (\bar{x}_{i.} - \bar{x}_{..})^2 + \sum_{i=1}^{k} \sum_{j=1}^{n} (x_{ij} - \bar{x}_{i.})^2$ （6-8）

式 6-8 中，$n \sum_{i=1}^{k} (\bar{x}_{i.} - \bar{x}_{..})^2$ 为各处理平均数 $\bar{x}_{i.}$ 与总平均数 $\bar{x}_{..}$ 的离均差平方和与重复数 n 的乘积，反映了重复 n 次的处理间变异，称为处理间平方和，记为 SS_t，即

$$SS_t = n \sum_{i=1}^{k} (\bar{x}_{i.} - \bar{x}_{..})^2 \qquad\qquad (6-9)$$

式 6-8 中，$\sum_{i=1}^{k} \sum_{j=1}^{n} (x_{ij} - \bar{x}_{i.})^2$ 为各处理内离均差平方和之和，反映了各处理内的变异误差，称为处理内平方和或误差平方和，记为 SS_e，即

$$SS_e = \sum_{i=1}^{k} \sum_{j=1}^{n} (x_{ij} - \bar{x}_{i.})^2 \qquad\qquad (6-10)$$

于是有

$$SS_T = SS_t + SS_e \qquad\qquad (6-11)$$

式 6-8、式 6-11 是单因素试验结果总平方和、处理间平方和、处理内平方和的关系式。这个关系式中三种平方和的简便计算公式为

$$SS_T = \sum_{i=1}^{k} \sum_{j=1}^{n} x_{ij}^2 - C \qquad\qquad (6-12)$$

$$SS_t = \frac{1}{n} \sum_{i=1}^{k} x_{i.}^2 - C \qquad\qquad (6-13)$$

$$SS_e = SS_T - SS_t \qquad\qquad (6-14)$$

其中，$C = x_{..}^2 / kn$ 称为矫正数。

2. 总自由度的剖分

在平方和计算公式中可以看出，在同样误差程度下，试验数据越多，计算出的平方和越大，因此仅用平方和来反映试验值之间差异的大小还是不够的，还需要试验次数的多少对平方和带来的影响，维持需要考虑自由度（degree of freedom）。三种平方和对应的自由度分别如下：

SS_T 的自由度称为总自由度，即

$$df_T = kn - 1 \qquad\qquad (6-15)$$

SS_t 的自由度称为处理间自由度，即

$$\mathrm{d}f_t = k - 1 \tag{6-16}$$

SS_e 的自由度称为处理内自由度，即

$$\mathrm{d}f_e = kn - k = k\ (n-1) \tag{6-17}$$

因为

$$nk - 1 = (k-1) + (nk-k) = (k-1) + k(n-1)$$

所以

$$\mathrm{d}f_T = \mathrm{d}f_t + \mathrm{d}f_e \tag{6-18}$$

综合以上各式得

$$\mathrm{d}f_T = kn - 1 \tag{6-19}$$

$$\mathrm{d}f_t = k - 1 \tag{6-20}$$

$$\mathrm{d}f_e = \mathrm{d}f_T - \mathrm{d}f_t \tag{6-21}$$

各部分平方和除以各自的自由度便得到总均方、处理间均方和处理内均方，分别记为（MS_T或S_T^2）、MS_t（或S_t^2）和 MS_e（或S_e^2），即

$$MS_T = S_T^2 = SS_T / \mathrm{d}f_T \tag{6-22}$$

$$MS_t = S_t^2 = SS_t / \mathrm{d}f_t \tag{6-23}$$

$$MS_e = S_e^2 = SS_e / \mathrm{d}f_e \tag{6-24}$$

总均方一般不等于处理间均方加处理内均方。

【例6-1】某高校畜牧实验室为了比较四种不同配合饲料对鸡的饲喂效果，选取了条件基本相同的 20 只，随机分成四组，投喂不同饲料，经一个月试验以后，各组鸡的增重结果如表6-2所示。

表6-2 　　　　　　　　　　饲喂不同饲料的鸡的增重 　　　　　　单位：g

饲料	鸡的增重（x_{ij}）					合计 $x_i.$	平均 $\bar{x}_i.$
A_1	319	279	318	284	359	1559	311.8
A_2	248	257	268	279	262	1314	262.8
A_3	221	236	273	249	258	1237	247.4
A_4	270	308	290	245	285	1398	279.6
合计						$x.. = 5508$	

这是一个单因素试验，处理数 $k=4$，重复数 $n=5$。各项平方和及自由度计算如下。

矫正数

$$C = \frac{x_{..}^2}{nk} = \frac{5508^2}{4 \times 5} = 1516903.2$$

总平方和

$$SS_T = \sum_{i=1}^{k} \sum_{j=1}^{n} x_{ij}^2 - C = 319^2 + 279^2 + \cdots + 285^2 - 1516903.2 = 19966.8$$

处理间平方和

$$SS_t = \frac{1}{n}\sum x_{i.}^2 - C = \frac{1}{5}(1559^2 + 1314^2 + 1237^2 + 1398^2) - C$$

$$= 1528330 - 1516903.2 = 11426.8$$

处理内平方和　　$SS_e = SS_T - SS_t = 19966.8 - 11426.8 = 8540$

总自由度　　　　$df_T = nk - 1 = 5 \times 4 - 1 = 19$

处理间自由度　　$df_t = k - 1 = 4 - 1 = 3$

处理内自由度　　$df_e = df_T - df_t = 19 - 3 = 16$

用 SS_t、SS_e 分别除以 df_t 和 df_e 得到处理间均方 MS_t 及处理内均方 MS_e，即

$$MS_t = \frac{SS_t}{df_t} = \frac{11426.8}{3} = 3808.9$$

$$MS_e = \frac{SS_e}{df_e} = \frac{8540}{16} = 533.75$$

因为方差分析中不涉及总均方的数值，所以不必计算。

三、F 分布与 F 检验

1. F 分布

设想作这样的抽样试验，即在一正态总体 $N(\mu, \sigma^2)$ 中随机抽取样本含量为 n 的样本 k 个，将各样本观测值整理成表 6 - 1 的形式。此时所谓的各处理没有真实差异，各处理只是随机分的组。因此，由式 6 - 22 至式 6 - 24 算出的 S_t^2 和 S_e^2 都是误差方差 σ^2 的估计量。以 S_e^2 为分母，S_t^2 为分子，求其比值。统计学上把两个均方之比值称为 F 值，即

$$F = S_t^2/S_e^2 \tag{6 - 25}$$

F 值具有两个自由度：$df_1 = df_t = k - 1$，$df_2 = df_e = k(n - 1)$。

若在给定的 k 和 n 的条件下，继续从该总体进行一系列抽样，则可获得一系列的 F 值。这些 F 值所具有的概率分布称为 F 分布（F distribution）。F 分布密度曲线是随自由度 df_1、df_2 的变化而变化的一簇偏态曲线，其形态随着 df_1、df_2 的增大逐渐趋于对称，如图 6 - 1 所示。

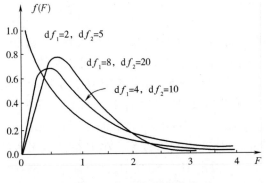

图 6 - 1　F 分布密度曲线

F 分布的取值范围是 $(0, +\infty)$，其平均值 $\mu_F = 1$。

用 $f(F)$ 表示 F 分布的概率密度函数，则其分布函数 $F(F_a)$ 为

$$F(F_\alpha) = P(F < F_\alpha) = \int_0^{F_\alpha} f(F)\,\mathrm{d}F \qquad (6-26)$$

因而，F 分布右尾从 F_a 到 $+\infty$ 的概率为

$$P(F \geq F_\alpha) = 1 - F(F_\alpha) = \int_{F_\alpha}^{+\infty} f(F)\,\mathrm{d}F \qquad (6-27)$$

附表 4 列出的是不同 $\mathrm{d}f_1$ 和 $\mathrm{d}f_2$ 下，$P(F \geq F_a) = 0.05$ 和 $P(F \geq F_a) = 0.01$ 时的 F 值，即右尾概率 $\alpha = 0.05$ 和 $\alpha = 0.01$ 时的临界 F 值，一般记作 $F_{0.05(\mathrm{d}f_1, \mathrm{d}f_2)}$，$F_{0.01(\mathrm{d}f_1, \mathrm{d}f_2)}$。当 $\mathrm{d}f_1 = 3$，$\mathrm{d}f_2 = 18$ 时，查附表 4 可知，$F_{0.05(3, 18)} = 3.16$，$F_{0.01(3, 18)} = 5.09$，表示如以 $\mathrm{d}f_1 = \mathrm{d}f_t = 3$，$\mathrm{d}f_2 = \mathrm{d}f_e = 18$ 在同一正态总体中连续抽样，则所得 F 值大于 3.16 的仅为 5%，而大于 5.09 的仅为 1%。

2. F 检验

附录 4 是专门为检验 S_t^2 代表的总体方差是否比 S_e^2 代表的总体方差大而设计的。若实际计算的 F 值大于 $F_{0.05(\mathrm{d}f_1, \mathrm{d}f_2)}$，则 F 值在 $\alpha = 0.05$ 的水平上显著，以 95% 的可靠性（即冒 5% 的风险）推断 S_t^2 代表的总体方差大于 S_e^2 代表的总体方差。这种用 F 值出现概率的大小推断两个总体方差是否相等的方法称为 F 检验（F-test）。

在方差分析中进行 F 检验的目的在于推断处理间的差异是否存在，检验某项变异因素的效应方差是否为零。因此，在计算 F 值时总是以被检验因素的均方作分子，以误差均方作分母。应当注意，分母项的正确选择是由方差分析的模型和各项变异原因的期望均方决定的。

在单因素试验结果的方差分析中，无效假设为 $H_0: \mu_1 = \mu_2 = \cdots = \mu_k$，备择假设为 H_A：各 μ_i 不全相等，或 $H_0: \sigma_\alpha^2 = 0$，$H_A: \sigma_\alpha^2 \neq 0$；$F = MS_t/MS_e$，也就是要判断处理间均方是否显著大于处理内（误差）均方。如果结论是肯定的，我们将否定 H_0；反之，不否定 H_0。反过来理解：如果 H_0 是正确的，那么 MS_t 与 MS_e 都是总体误差 σ^2 的估计值，理论上讲 F 值等于 1；如果 H_0 是不正确的，那么 MS_t 之期望均方中的 σ_α^2 就不等于零，F 值就必大于 1。但是由于抽样的原因，即使 H_0 正确，F 值也会出现大于 1 的情况。所以，只有 F 值达到一定程度时，才有理由否定 H_0。

实际进行 F 检验时，是将由试验资料所算得的 F 值与根据 $\mathrm{d}f_1 = \mathrm{d}f_t$（大均方，即分子均方的自由度）、$\mathrm{d}f_2 = \mathrm{d}f_e$（小均方，即分母均方的自由度）查附录 4 所得的临界 F 值 $F_{0.05(\mathrm{d}f_1, \mathrm{d}f_2)}$，$F_{0.01(\mathrm{d}f_1, \mathrm{d}f_2)}$ 相比较做出统计推断的。

若 $F < F_{0.05(\mathrm{d}f_1, \mathrm{d}f_2)}$，即 $P > 0.05$，不能否定 H_0，统计学上把这一检验结果表述为：各处理间差异不显著，在 F 值的右上方标记 "ns"，或不标记符号；若 $F_{0.05(\mathrm{d}f_1, \mathrm{d}f_2)} \leq F < F_{0.01(\mathrm{d}f_1, \mathrm{d}f_2)}$，即 $0.01 < P \leq 0.05$，否定 H_0，接受 H_A，统计学上把这一检验结果表述为：各处理间差异显著，在 F 值的右上方标记 "$*$"；若 $F \geq F_{0.01(\mathrm{d}f_1, \mathrm{d}f_2)}$，即 $P \leq 0.01$，否定 H_0，接受 H_A，统计学上把这一检验结果表述为：各处理间差异极显著，在 F 值的右上方标记 "$**$"。

对于【例6-1】，因为 $F = MS_t/MS_e = 38.09/5.34 = 7.13^{**}$；根据 $df_1 = df_t = 3$，$df_2 = df_e = 16$，查附表4，得 $F > F_{0.01(3,16)} = 5.29$，$P < 0.01$，表明四种不同饲料对鸡的增重效果差异极显著，用不同的饲料饲喂，增重是不同的。

在方差分析中，通常将变异来源、平方和、自由度、均方和 F 值归纳成一张方差分析表，如表6-3所示。

表6-3 　　　　　　　　　　　　　　资料方差分析表

变异来源	平方和	自由度	均方	F 值
处理间	114.27	3	38.09	7.13^{**}
处理内	85.40	16	5.34	
总变异	199.67	19		

表中的 F 值应与相应的被检验因素齐行。因为经 F 检验差异极显著，故在 F 值 7.13 右上方标记 "$**$"。

在实际进行方差分析时，只须计算出各项平方和与自由度，各项均方的计算及 F 值检验可在方差分析表上进行。

◇项目二　多重比较

F 值显著或极显著，否定了无效假设 H_0，表明试验的总变异主要来源于处理间的变异，试验中各处理平均数间存在显著或极显著差异，并不意味着每两个处理平均数间的差异都显著或极显著，也不能具体说明哪些处理平均数间有显著或极显著差异，哪些差异不显著。因而，有必要进行两两处理平均数间的比较，以具体判断两两处理平均数间的差异是否显著。统计上把多个平均数两两间的相互比较称为多重比较（multiple comparisons）。多重比较的方法有很多，常用的有最小显著差数法（LSD 法）和最小显著极差法（LSR 法），现分别介绍如下。

一、最小显著差数法

最小显著差数法简称 LSD 法（least significant difference），该方法的基本原理是：在 F 检验显著的前提下，先计算出显著水平为 α 的最小显著差数 LSD_α，然后将任意两个处理平均数的差数的绝对值 $|\bar{x}_{i\cdot} - \bar{x}_{j\cdot}|$ 与其进行比较。若 $|\bar{x}_{i\cdot} - \bar{x}_{j\cdot}| > LSD_a$，则 $\bar{x}_{i\cdot}$ 与 $\bar{x}_{j\cdot}$ 在 α 水平上差异显著；反之，在 α 水平上差异不显著。最小显著差数计算公式如下：

$$LSD_\alpha = t_{\alpha(df_e)} S_{\bar{x}_{i\cdot} - \bar{x}_{j\cdot}} \tag{6-28}$$

式中：$t_{\alpha(df_e)}$ 为在 F 检验中误差自由度下，显著水平为 α 的临界 t 值，$S_{\bar{x}_{i\cdot} - \bar{x}_{j\cdot}}$ 为均数差异标准误，计算公式如下：

$$S_{\bar{x}_{i.}-\bar{x}_{j.}} = \sqrt{2MS_e/n} \tag{6-29}$$

其中，MS_e 为 F 检验中的误差均方，n 为各处理的重复数。

当显著水平 $\alpha = 0.05$ 和 0.01 时，从 t 值表中查出 $t_{0.05(\mathrm{df}_e)}$ 和 $t_{0.01(\mathrm{df}_e)}$，代入式 $6-28$ 得公式如下：

$$LSD_{0.05} = t_{0.05(\mathrm{df}_e)}S_{\bar{x}_{i.}-\bar{x}_{j.}} \tag{6-30}$$

$$LSD_{0.01} = t_{0.01(\mathrm{df}_e)}S_{\bar{x}_{i.}-\bar{x}_{j.}} \tag{6-31}$$

利用 LSD 法进行多重比较时，可按如下步骤进行。

（1）列出平均数的多重比较表，比较表中各处理按其平均数从大到小自上而下排列。

（2）计算最小显著差数 $LSD_{0.05}$ 和 $LSD_{0.01}$。

（3）将平均数多重比较表中两两平均数的差数与 $LSD_{0.05}$、$LSD_{0.01}$ 比较，做出统计推断。

对于【例 $6-1$】，各处理的多重比较如表 $6-4$ 所示。

表 6 – 4　　　　　　　　　四种饲料平均增重的多重比较表（LSD 法）

处理	平均数 $\bar{x}_{i.}$	$\bar{x}_{i.} - 24.74$	$\bar{x}_{i.} - 26.28$	$\bar{x}_{i.} - 27.96$
A_1	31.18	6.44^{**}	4.90^{**}	3.22^{*}
A_4	27.96	3.22^{*}	1.68^{ns}	
A_2	26.28	1.54^{ns}		
A_3	24.74			

注：表中 A_4 与 A_3 的差数为 3.22，用 q 检验法时，在 $\alpha = 0.05$ 的水平上不显著。

因为，$S_{\bar{x}_{i.}-\bar{x}_{j.}} = \sqrt{2MS_e/n} = \sqrt{2 \times 5.34/5} = 1.462$；查 t 值表得：$t_{0.05(\mathrm{df}_e)} = t_{0.05(16)} = 2.120$，$t_{0.01(\mathrm{df}_e)} = t_{0.01(16)} = 2.921$。

所以，显著水平为 0.05 与 0.01 的最小显著差数：

$$LSD_{0.05} = t_{0.05(\mathrm{df}_e)}S_{\bar{x}_{i.}-\bar{x}_{j.}} = 2.120 \times 1.462 = 3.099$$

$$LSD_{0.01} = t_{0.01(\mathrm{df}_e)}S_{\bar{x}_{i.}-\bar{x}_{j.}} = 2.921 \times 1.462 = 4.271$$

将表 $6-4$ 中的 6 个差数与 $LSD_{0.05}$，$LSD_{0.05}$ 比较：小于 $LSD_{0.05}$ 者不显著，在差数的右上方标记 "ns"，或不标记符号；介于 $LSD_{0.05}$ 与 $LSD_{0.01}$ 之间者显著，在差数的右上方标记 "$*$"；大于 $LSD_{0.01}$ 者极显著，在差数的右上方标记 "$**$"。检验结果除差数 1.68、1.54 不显著、3.22 显著外，其余两个差数 6.44、4.90 极显著。表明 A_1 饲料对鸡的增重效果极显著高于 A_2 和 A_3，显著高于 A_4；A_4 饲料对鸡的增重效果极显著高于 A_3 饲料；A_4 与 A_2、A_2 与 A_3 的增重效果差异不显著，以 A_1 饲料对鸡的增重效果最佳。

二、最小显著极差法

简称 LSR 法（Least significant ranges），LSR 法的特点是把平均数的差数看成是

平均数的极差，根据极差范围内所包含的处理数（称为秩次距）k 的不同而采用不同的检验尺度，以克服 LSR 法的不足。这些在显著水平 α 上，依秩次距 k 的不同而采用的不同的检验尺度叫做最小显著极差 LSR。例如，有 10 个 $\bar{x}$ 要相互比较，先将 10 个 $\bar{x}$ 依其数值大小顺次排列，两极端平均数的差数（极差）的显著性，由其差数是否大于秩次距 $k=10$ 时的最小显著极差决定（$\geqslant$ 为显著，$<$ 为不显著；而后是秩次距 $k=9$ 的平均数的极差的显著性，则由极差是否大于 $k=9$ 时的最小显著极差决定；直到任何两个相邻平均数的差数的显著性由这些差数是否大于秩次距 $k=2$ 时的最小显著极差决定为止。因此，有 k 个平均数相互比较，就有 $k-1$ 种秩次距（k，$k-1$，$k-2$，…，2），因而需求得 $k-1$ 个最小显著极差（$LSR_{\alpha,k}$），分别作为判断具有相应秩次距的平均数的极差是否显著的标准。

因为 LSR 法是一种极差检验法，所以当一个平均数大集合的极差不显著时，其中所包含的各个较小集合极差也应一概作不显著处理。

LSR 法克服了 LSR 法的不足，但检验的工作量有所增加。常用的 LSR 法有 q 检验法和新复极差法两种。

1. q 检验法（q test）

此法是以统计量 q 的概率分布为基础的。q 值由下式求得

$$q = \omega/S_{\bar{x}} \qquad (6-32)$$

式中，ω 为极差，$S_{\bar{x}} = \sqrt{MS_e/n}$ 为标准误，q 分布依赖于误差自由度 $\mathrm{d}f_e$ 及秩次距 k。

利用 q 检验法进行多重比较时，为了简便起见，不是将由式 6-31 算出的 q 值与临界 q 值 $q_{\alpha(\mathrm{d}f_e,k)}$ 比较，而是将极差与 $q_{\alpha(\mathrm{d}f_e,k)}S_{\bar{x}}$ 比较，从而做出统计推断。$q_{\alpha(\mathrm{d}f_e,k)}S_{\bar{x}}$ 即为 α 水平上的最小显著极差。

$$LSR_\alpha = q_\alpha(\mathrm{d}f_e,k) \cdot S_{\bar{x}} \qquad (6-33)$$

当显著水平 $\alpha=0.05$ 和 0.01 时，从附表 7（q 值表）中根据自由度 $\mathrm{d}f_e$ 及秩次距 k 查出 $q_{0.05(\mathrm{d}f_e,k)}$ 和 $q_{0.01(\mathrm{d}f_e,k)}$ 代入式 6-33 得

$$LSR_{0.05,k} = q_{0.05(\mathrm{d}f_e,k)} \cdot S_{\bar{x}} \qquad (6-34)$$

$$LSR_{0.01,k} = q_{0.01(\mathrm{d}f_e,k)} \cdot S_{\bar{x}} \qquad (6-35)$$

实际利用 q 检验法进行多重比较时，可按如下步骤进行。

（1）列出平均数多重比较表。

（2）由自由度 $\mathrm{d}f_e$、秩次距 k 查临界 q 值，计算最小显著极差 $LSR_{0.05,k}$，$LSR_{0.01,k}$。

（3）将平均数多重比较表中的各极差与相应的最小显著极差 $LSR_{0.05,k}$，$LSR_{0.01,k}$ 比较，做出统计推断。

对于【例 6-1】，各处理平均数多重比较如表 6-4 所示。其中，极差 1.54、1.68、3.22 的秩次距为 2；极差 3.22、4.90 的秩次距为 3；极差 6.44 的秩次距为 4。

因为，$MS_e=5.34$，故标准误 $S_{\bar{x}}$ 为

$$S_{\bar{x}} = \sqrt{MS_e/n} = \sqrt{5.34/5} = 1.033$$

根据 $df_e = 16$，$k = 2$，3，4 由附表 7 查出 $\alpha = 0.05$、0.01 水平下临界 q 值，乘以标准误 $S_{\bar{x}}$ 求得各最小显著极差，所得结果如表 6-5 所示。

表 6-5 q 值及 LSR 值

df_e	秩次距 k	$q_{0.05}$	$q_{0.01}$	$LSR_{0.05}$	$LSR_{0.01}$
16	2	3.00	4.13	3.099	4.266
	3	3.65	4.79	3.770	4.948
	4	4.05	5.19	4.184	5.361

将表 6-4 中的极差 1.54、1.68、3.22 与表 6-5 中的最小显著极差 3.099、4.266 比较；将极差 3.22、4.90 与 3.770、4.948 比较；将极差 6.44 与 4.184、5.361 比较。检验结果，除 A_4 与 A_3 的差数 3.22 由 LSD 法比较时的差异显著变为差异不显著外，其余检验结果同 LSD 法。

2. 新复极差法（new multiple range method）

此法是由邓肯（Duncan）于 1955 年提出，故又称 Duncan 法，此法还称 SSR 法（shortest significant ranges）。

新复极差法与 q 检验法的检验步骤相同，唯一不同的是计算最小显著极差时需查 SSR 表（附录 8）而不是查 q 值表。最小显著极差计算公式为

$$LSR_{(\alpha,k)} = SSR_{a(df_e,k)} \cdot S_{\bar{x}} \tag{6-36}$$

其中 $SSR_{a(df_e,k)}$ 是根据显著水平 α、误差自由度 df_e、秩次距 k，由 SSR 表查得的临界 SSR 值，$S_{\bar{x}} = \sqrt{MS_e/n}$。$\alpha = 0.05$ 和 $\alpha = 0.01$ 水平下的最小显著极差为

$$LSR_{0.05,k} = SSR_{0.05(df_e,k)} \cdot S_{\bar{x}} \tag{6-37}$$

$$LSR_{0.01,k} = SSR_{0.01(df_e,k)} \cdot S_{\bar{x}} \tag{6-38}$$

对于【例 6-1】，已算出 $S_{\bar{x}} = 1.033$，依 $df_e = 16$，$k = 2$，3，4，由附录 8 查临界 $SSR_{0.05(16,k)}$ 和 $SSR_{0.01(16,k)}$ 值，乘以 $S_{\bar{x}} = 1.033$，求得各最小显著极差，所得结果如表 6-6 所示。

表 6-6 SSR 值与 LSR 值

df_e	秩次距 k	$SSR_{0.05}$	$SSR_{0.01}$	$LSR_{0.05}$	$LSR_{0.01}$
	2	3.00	4.13	3.099	4.266
16	3	3.15	4.34	3.254	4.483
	4	3.23	4.45	3.337	4.597

将表 6-4 中的平均数差数（极差）与表 6-6 中的最小显著极差比较，检验结果与 q 检验法相同。

当各处理重复数不等时，为了简便起见，不论 *LSD* 法还是 *LSR* 法，可如式 6 – 36 所示计算出一个各处理平均的重复数 n_0，以代替计算 $S_{\bar{x}_i - \bar{x}_j}$ 或 $S_{\bar{x}}$ 所需的 n。

$$n_0 = \frac{1}{k-1}\left[\sum n_i - \frac{\sum n_i^2}{\sum n_i}\right] \qquad (6-39)$$

式中 k 为试验的处理数，n_i（$i = 1,\ 2,\ \cdots,\ k$）为第 i 处理的重复数。

以上介绍的三种多重比较方法，其检验尺度有如下关系：

$$LSD\ 法 \leqslant 新复极差法 \leqslant q\ 检验法$$

当秩次距 $k = 2$ 时，取等号；秩次距 $k \geqslant 3$ 时，取小于号。在多重比较中，*LSD* 法的尺度最小，q 检验法尺度最大，新复极差法尺度居中。根据上述排列顺序，前面方法检验显著的差数，用后面方法检验未必显著；用后面方法检验显著的差数，用前面方法检验必然显著。一个试验资料究竟采用哪一种多重比较方法，主要应根据否定一个正确的 H_0 和接受一个不正确的 H_0 的相对重要性来决定。如果否定正确的 H_0 是事关重大或后果严重的，或对试验要求严格时，用 q 检验法较为妥当；如果接受一个不正确的 H_0 是事关重大或后果严重的，则宜用新复极差法。生物试验中，由于试验误差较大，常采用新复极差法；F 检验显著后，为了简便，也可采用 *LSD* 法。

三、多重比较结果的表示法

各平均数经多重比较后，应以简明的形式将结果表示出来，常用的有以下两种方式。

1. 三角形法

此法是将多重比较结果直接标记在平均数多重比较表上，如表 6 – 4 所示。由于在多重比较表中各个平均数差数构成一个三角形阵列，故称为三角形法。此法的优点是简便直观，缺点是占的篇幅较大。

2. 标记字母法

此法是先将各处理平均数由大到小、自上而下排列，然后在最大平均数后标记字母 a，并将该平均数与以下各平均数依次相比，凡差异不显著标记同一字母 a，直到某一个与其差异显著的平均数标记字母 b；再以标有字母 b 的平均数为标准，与上方比它大的各个平均数比较，凡差异不显著一律再加标 b，直至显著为止；再以标记有字母 b 的最大平均数为标准，与下面各未标记字母的平均数相比，凡差异不显著，继续标记字母 b，直至某一个与其差异显著的平均数标记 c，……如此重复下去，直至最小一个平均数被标记比较完毕为止。这样，各平均数间凡有一个相同字母的即为差异不显著，凡无相同字母的即为差异显著。用小写拉丁字母表示显著水平 $\alpha = 0.05$，用大写拉丁字母表示显著水平 $\alpha = 0.01$。在利用字母标记法表示多重比较结果时，常在三角形法的基础上进行。此法的优点是占篇幅小，在科技文献中常见。

对于【例 6 – 1】，现根据表 6 – 4 所表示的多重比较结果用字母标记如表 6 – 7 所示（用新复极差法检验，表 6 – 4 中 A_4 与 A_3 的差数 3. 22 在 $\alpha = 0.05$ 的水平上不显著，其余的与 LSD 法同）。

表 6 – 7 多重比较结果的字母标记（SSR 法）

处理	平均数 $\bar{x}$	$\alpha = 0.05$	$\alpha = 0.01$
A_1	31. 18	a	A
A_4	27. 96	b	AB
A_2	26. 28	b	B
A_3	24. 74	b	B

在表 6 – 7 中，先将各处理平均数由大到小、自上而下排列。当显著水平 $\alpha = 0.05$ 时，先在平均数 31. 18 行上标记字母 a；由于 31. 18 与 27. 96 之差为 3. 22，在 $\alpha = 0.05$ 水平上显著，所以在平均数 27. 96 行上标记字母 b；然后以标记字母 b 的平均数 27. 96 与其下方的平均数 26. 28 比较，差数为 1. 68，在 $\alpha = 0.05$ 水平上不显著，所以在平均数 26. 28 行上标记字母 b；再将平均数 27. 96 与平均数 24. 74 比较，差数为 3. 22，在 $\alpha = 0.05$ 水平上不显著，所以在平均数 24. 74 行上标记字母 b。类似地，可以在 $\alpha = 0.01$ 将各处理平均数标记上字母，结果如表 6 – 7 所示。q 检验结果与 SSR 法检验结果相同。

由表 6 – 7 可以发现，A_1 饲料对鸡的平均增重极显著地高于 A_2 和 A_3 饲料，显著高于 A_4 饲料；A_4、A_2、A_3 三种饲料对鸡的平均增重差异不显著。四种饲料其中以 A_1 饲料对鸡的增重效果最好。

应当注意，无论采用哪种方法表示多重比较结果，都应注明采用的是哪一种多重比较法。

四、方差分析的基本步骤

根据任务一和任务二的介绍，方差分析的基本步骤现归纳如下所述。

（1）计算各项平方和与自由度。

（2）列出方差分析表，进行 F 检验。

（3）若 F 检验显著，则进行多重比较。多重比较的方法有最小显著差数法（LSD 法）和最小显著极差法（LSR 法：包括 q 检验法和新复极差法）。表示多重比较结果的方法有三角形法和标记字母法。

○ 项目三　单因素试验的方差分析

一、单因素试验介绍

在试验中，将要考查的指标称为试验指标，影响试验指标的条件称为因素。因素可分为两类，一类是人们可以控制的；一类是人们不能控制的。例如，原料成分、反应温度、溶液浓度等是可以控制的，而测量误差、气象条件等一般是难以控制的。以下所说的因素都是可控因素，因素所处的状态称为该因素的水平。在方差分析中，根据所研究试验因素的多少，可分为单因素、双因素和多因素试验资料的方差分析。单因素试验资料的方差分析是其中最简单的一种，目的在于正确判断该试验因素各水平的优劣。根据各处理内重复数是否相等，单因素方差分析又分为重复数相等和重复数不等两种情况。

二、各处理重复数相等的方差分析

【例 6-2】抽测 5 个不同品种的若干头母猪的窝产仔数，结果如表 6-8 所示，试检验不同品种母猪平均窝产仔数的差异是否显著。

表 6-8　　　　　　　　　　　　五个不同品种母猪的窝产仔数

品种号	观察值 x_{ij}/（头/窝）					$x_i.$	$\bar{x}_i.$
1	8	13	12	9	9	51	10.2
2	7	8	10	9	7	41	8.2
3	13	14	10	11	12	60	12
4	13	9	8	8	10	48	9.6
5	12	11	15	14	13	65	13
合计						$x.. = 265$	

这是一个单因素试验，$k=5$，$n=5$。现对此试验结果进行方差分析如下所述。

（1）计算各项平方和与自由度

$$C = x_{..}^2/kn = 265^2/(5 \times 5) = 2809.00$$

$$SS_T = \sum\sum x_{ij}^2 - C = (8^2 + 13^2 + \cdots + 14^2 + 13^2) - 2809.00$$

$$= 2945.00 - 2809.00 = 136.00$$

$$SS_t = \frac{1}{n}\sum x_i^2 - C = \frac{1}{5}(51^2 + 41^2 + 60^2 + 48^2 + 65^2) - 2809.00$$

$$= 2882.20 - 2809.00 = 73.20$$

$$SS_e = SS_T - SS_t = 136.00 - 73.20 = 62.80$$

$$\mathrm{d}f_T = kn - 1 = 5 \times 5 - 1 = 24, \mathrm{d}f_t = k - 1 = 5 - 1 = 4, \mathrm{d}f_e = \mathrm{d}f_T - \mathrm{d}f_t = 24 - 4 = 20$$

（2）列出方差分析表，进行 F 检验，如表 6-9 所示。

表 6-9　　　　　　　　　不同品种母猪的窝产仔数的方差分析表

变异来源	平方和	自由度	均方	F 值
品种间	73.20	4	18.30	5.83**
误差	62.80	20	3.14	
总变异	136.00	24		

根据 $df_1 = df_t = 4$，$df_2 = df_e = 20$ 查临界 F 值得：$F_{0.05(4,20)} = 2.87$，$F_{0.01(4,20)} = 4.43$，因为 $F > F_{0.01(4,20)}$，即 $P < 0.01$，表明品种间产仔数的差异极显著。

（3）多重比较　采用新复极差法，各处理平均数多重比较，如表 6-10 所示。

表 6-10　　　　　不同品种母猪的平均窝产仔数多重比较表（SSR 法）

品种	平均数 $\bar{x}_{i.}$	$\bar{x}_{i.} - 8.2$	$\bar{x}_{i.} - 9.6$	$\bar{x}_{i.} - 10.2$	$\bar{x}_{i.} - 12.0$
5	13.0	4.8**	3.4*	2.8*	1.0
3	12.0	3.8**	2.4	1.8	
1	10.2	2.0	0.6		
4	9.6	1.4			
2	8.2				

因为 $MS_e = 3.14$，$n = 5$，所以 $S_{\bar{x}}$ 为

$$S_{\bar{x}} = \sqrt{MS_e/n} = \sqrt{3.14/5} = 0.793$$

根据 $df_e = 20$，秩次距 $k = 2$，3，4，5，由附录 8 查出 $\alpha = 0.05$ 和 $\alpha = 0.01$ 的各临界 SSR 值，乘以 $S_{\bar{x}} = 0.7925$，即得各最小显著极差，所得结果如表 6-11 所示。

表 6-11　　　　　　　　　　SSR 值及 LSR 值

df_e	秩次距 k	$SSR_{0.05}$	$SSR_{0.01}$	$LSR_{0.05}$	$LSR_{0.01}$
20	2	2.95	4.02	2.339	3.188
	3	3.10	4.22	2.458	3.346
	4	3.18	4.33	2.522	3.434
	5	3.25	4.40	2.577	3.489

将表 6-10 中的差数与表 6-11 中相应的最小显著极差比较，结果表明：5 号品种母猪的平均窝产仔数极显著高于 2 号品种母猪，显著高于 4 号和 1 号品种，但与 3 号品种差异不显著；3 号品种母猪的平均窝产仔数极显著高于 2 号品种，与 1 号和 4 号品种差异不显著；1 号、4 号、2 号品种母猪的平均窝产仔数间差异均不显著。五个品种中以 5 号品种母猪的窝产仔数最高，3 号品种次之，2 号品种母猪

的窝产仔数最低。

三、各处理重复数不等的方差分析

在各处理重复数不等的情况下，方差分析步骤与各处理重复数相等的情况相同，只是在有关计算公式上略有差异。

设处理数为 k；各处理重复数为 n_1，n_2，$\cdots$，n_k；试验观测值总数为 $N = \sum n_i$，则

$$C = x^2_{..}/N$$

$$SS_T = \sum \sum x^2_{ij} - C, SS_t = \sum x^2_{i.}/n_i - C, SS_e = SS_T - SS_t$$

$$\mathrm{d}f_T = N - 1, \mathrm{d}f_t = k - 1, \mathrm{d}f_e = \mathrm{d}f_T - \mathrm{d}f_t \tag{6-40}$$

【例 6-3】5 个不同品种牛的育肥试验，后期 15d 增重质量（kg），如表 6-12 所示。试比较品种间增重有无差异。

表 6-12 　　　　　　　　　　　　5 个品种牛 30d 增重质量

品种	增重/kg						n_i	$x_{i.}$	$\bar{x}_{i.}$
B_1	21.5	19.5	20.0	22.0	18.0	20.0	6	121.0	20.2
B_2	16.0	18.5	17.0	15.5	20.0	16.0	6	103.0	17.2
B_3	19.0	17.5	20.0	18.0	17.0		5	91.5	18.3
B_4	21.0	18.5	19.0	20.0			4	78.5	19.6
B_5	15.5	18.0	17.0	16.0			4	66.5	16.6
合计							25	460.5	

此例处理数 $k = 5$，各处理重复数不等。现对此试验结果进行方差分析如下：

（1）计算各项平方和与自由度

利用式（6-37）计算得

$C = x^2_{..}/N = 460.5^2/25 = 8482.41$

$SS_T = \sum \sum x^2_{ij} - C = (21.5^2 + 19.5^2 + \cdots + 17.0^2 + 16.0^2) - 8482.41$

$= 8567.75 - 8482.41 = 85.34$

$SS_t = \sum x^2_{i.}/n_i - C = (121.0^2/6 + 103.0^2/6 + 91.5^2/5 + 78.8^2/4 + 66.5^2/4) - 8482.41$

$= 8528.91 - 8482.41 = 46.50$

$$SS_e = SS_T - SS_t = 85.34 - 46.50 = 38.84$$

$$\mathrm{d}f_T = N - 1 = 25 - 1 = 24$$

$$\mathrm{d}f_t = k - 1 = 5 - 1 = 4$$

$$\mathrm{d}f_e = \mathrm{d}f_T - \mathrm{d}f_t = 24 - 4 = 20$$

（2）列出方差分析表，进行 F 检验　临界 F 值为：$F_{0.05(4,20)} = 2.87$，$F_{0.01(4,20)} =$

4.43，因为品种间的 F 值 $5.99 > F_{0.01(4,20)}$，$P < 0.01$，表明品种间差异极显著，如表 6 – 13 所示。

表 6 – 13   5 个品种育肥牛增重方差分析表

变异来源	平方和	自由度	均方	F 值
品种间	46.50	4	11.63	5.99**
品种内（误差）	38.84	20	1.94	
总变异	85.34	24		

（3）进行多重比较　采用新复极差法，各处理平均数多重比较，如表 6 – 14 所示。因为各处理重复数不等，应先由式（6 – 37）计算出平均重复次数 n_0 来代替标准误 $S_{\bar{x}} = \sqrt{MS_e/n}$ 中的 n，此例

$$n_0 = \frac{1}{k-1}\left[\sum n_i - \frac{\sum n_i^2}{\sum n_i}\right] = \frac{1}{5-1}\left[25 - \frac{6^2 + 6^2 + 5^2 + 4^2 + 4^2}{25}\right] = 4.96$$

于是，标准误 $S_{\bar{x}}$

$$S_{\bar{x}} = \sqrt{MS_e/n_0} = \sqrt{1.94/4.96} = 0.625$$

表 6 – 14   5 个品种育肥牛平均增重多重比较表（SSR 法）

品种	平均数 $\bar{x}_{i\cdot}$	$\bar{x}_{i\cdot} - 16.6$	$\bar{x}_{i\cdot} - 17.2$	$\bar{x}_{i\cdot} - 18.3$	$\bar{x}_{i\cdot} - 19.6$
B_1	20.2	3.6**	3.0**	1.9	0.6
B_4	19.6	3.0**	2.4*	1.3	
B_3	18.3	1.7	1.1		
B_2	17.2	0.6			
B_5	16.6				

根据 $df_e = 20$，秩次距 $k = 2$，3，4，5，从附表 8 中查出 $\alpha = 0.05$ 与 $\alpha = 0.01$ 的临界 SSR 值，乘以 $S_{\bar{x}} = 0.63$，即得各最小显极差，所得结果如表 6 – 15 所示。

表 6 – 15 SSR 值及 LSR 值表

df_e	秩次距（k）	$SSR_{0.05}$	$SSR_{0.01}$	$LSR_{0.05}$	$LSR_{0.01}$
	2	2.95	4.02	1.844	2.513
20	3	3.10	4.22	1.938	2.638
	4	3.18	4.33	1.988	2.706
	5	3.25	4.40	2.031	2.750

将表 6 – 14 中的各个差数与表 6 – 15 中相应的最小显著极差比较，多重比较结

果表明，B_1、B_4品种的平均增重极显著或显著高于B_2、B_5品种的平均增重，其余不同品种之间差异不显著。可以认为B_1、B_4品种增重最快，B_2、B_5品种增重较差，B_3品种居中。

单因素试验只能解决一个因素各水平之间的比较问题。如上述研究几个品种牛的育肥试验，只能比较几个品种的增重快慢。而影响增重的其他因素，如饲料中能量的高低、蛋白质含量的多少、饲喂方式及环境温度的变化等就无法得以研究。实际上，往往对这些因素有必要同时考查，只有这样才能做出更加符合客观实际的科学结论，才有更大的应用价值。这就要求进行双因素或多因素试验。下面介绍双因素试验资料的方差分析法。

项目四 双因素试验的方差分析

一、双因素试验概述

在许多实际问题中，往往要同时考虑两个因素对试验指标的影响。例如，进行某一项试验，当影响指标的因素不是一个而是多个时，要分析各因素的作用是否显著，就要用到多因素的方差分析。当有两个因素时，除每个因素的影响之外，还有这两个因素的搭配问题。如图6 - 2中的两组试验结果，都有两个因素A和B，每个因素取两个水平。

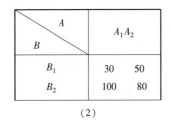

图 6 - 2

图6 - 2（1）中，无论B在什么水平（B_1还是B_2），水平A_2下的结果总比A_1下的高20；同样地，无论A是什么水平，B_2下的结果总比B_1下的高40。这说明A和B单独地各自影响结果，互相之间没有作用。

图6 - 2（2）中，当B为B_1时，A_2下的结果比A_1的高，而且当B为B_2时，A_1下的结果比A_2的高；类似地，当A为A_1时，B_2下的结果比B_1的高70，而A为A_2时，B_2下的结果比B_1的高30。这表明A的作用与B所取的水平有关，而B的作用也与A所取的水平有关。即A和B不仅各自对结果有影响，而且它们的搭配方式也有影响。把这种影响称作因素A和B的交互作用，记作$A \times B$在双因素试验的方差分析中，不仅要检验水平A和B的作用，还要检验它们的交互作用。

二、等重复的双因素试验方差分析

设有两个因素 A，B 作用于试验的指标，因素 A 有 r 个水平 A_1，A_2，$\cdots$，Ar，因素 B 有 s 个水平 B_1，B_2，$\cdots$，B_s，现对因素 A，B 的水平的每对组合 $(A_i$，$B_j)$，$i = 1$，2，$\cdots$，r；$j = 1$，2，$\cdots$，s 都作 t（$t \geqslant 2$）次试验（称为等重复试验），得到如表 6 – 16 的结果。

表 6 – 16　　　　　　　　　　　　等重复的双因素试验

	B_1	B_2	$\cdots$	B_s
A_1	x_{111}，$x_{112}\cdots$，x_{11t}	x_{121}，$x_{122}\cdots$，x_{12t}	$\cdots$	x_{1s1}，$x_{1s2}\cdots$，x_{1st}
A_2	x_{211}，$x_{212}\cdots$，x_{21t}	x_{221}，$x_{222}\cdots$，x_{22t}	$\cdots$	x_{2s1}，x_{2s2}，$\cdots$，x_{2st}
$\cdots$	$\cdots$	$\cdots$	$\cdots$	$\cdots$
A_r	x_{r11}，$x_{r12}\cdots$，x_{r1t}	x_{r21}，$x_{r22}\cdots$，x_{r2t}	$\cdots$	x_{rs1}，$x_{rs2}\cdots$，x_{rst}

设 $x_{ijk} \sim N(\mu_{ij}$，$\sigma^2)$，$i = 1$，2，$\cdots$，r；$j = 1$，2，$\cdots$，s；$k = 1$，2，$\cdots$，t，各 x_{ijk} 独立，这里 μ_{ij}，σ^2 均为未知参数，或写为

$$\begin{cases} x_{ijk} = \mu_{ij} + \varepsilon_{ijk}, j = 1,2,\cdots,r; j = 1,2,\cdots,s; \\ \varepsilon_{ijk} \sim N(0,\sigma^2), k = 1,2,\cdots,t; \\ \text{各 } \varepsilon_{ijk} \text{ 相互独立}。 \end{cases} \tag{6-41}$$

记

$$\mu = \frac{1}{rs} \sum_{i=1}^{r} \sum_{j=1}^{s} \mu_{ij}, \mu_{i\cdot} = \frac{1}{s} \sum_{j=1}^{s} \mu_{ij}, i = 1,2,\cdots,r,$$

$$\mu_{\cdot j} = \frac{1}{r} \sum_{i=1}^{r} \mu_{ij}, j = 1,2,\cdots,s,$$

$$\alpha_i = \mu_{i\cdot} - \mu, i = 1,2,\cdots,r, B_j = \mu_{\cdot j} - \mu, j = 1,2,\cdots,s,$$

$$\gamma_{ij} = \mu_{ij} - \mu_{i\cdot} - \mu_{\cdot j} + \mu.$$

于是　　　　　　　　　　　　　$\mu_{ij} = \mu + \alpha_i + \beta_j + \gamma_{ij}.$ 　　　　　　　　　（6 – 42）

称 μ 为总平均，α_i 为水平 A_i 的效应，β_j 为水平 B_j 的效应，γ_{ij} 为水平 A_i 和水平 B_j 的交互效应，这是由 A_i，B_j 搭配起来联合作用而引起的。可知

$$\sum_{i=1}^{r} \alpha_i = 0, \sum_{j=1}^{s} \beta_j = 0,$$

$$\sum_{i=1}^{r} \gamma_{ij} = 0, j = 1,2,\cdots,s,$$

$$\sum_{j=1}^{s} \gamma_{ij} = 0, i = 1,2,\cdots,r,$$

这样式 6 – 40 可写成

$$\begin{cases} x_{ijk} = \mu + \alpha_i + \beta_j + \gamma_{ij} + \varepsilon_{ijk}, \\ \sum_{i=1}^{r} \alpha_i = 0, \ \sum_{j=1}^{s} \beta_j = 0, \ \sum_{i=1}^{r} \gamma_{ij} = 0, \ \sum_{j=1}^{s} \gamma_{ij} = 0, \\ \varepsilon_{ijk} \sim N(0, \sigma^2), i = 1, 2, \cdots, r; \ j = 1, 2, \cdots, s; \ k = 1, 2, \cdots, t, \\ \text{各 } \varepsilon_{ijk} \text{ 相互独立}。 \end{cases} \quad (6-43)$$

其中 μ，α_i，β_j，γ_{ij} 及 σ^2 都为未知参数。

式 6 – 42 就是所要研究的双因素试验方差分析的数学模型。要检验因素 A，B 及交互作用 $A \times B$ 是否显著，要检验以下 3 个假设：

$$\begin{cases} H_{01} : \alpha_1 = \alpha_2 = \cdots\cdots = \alpha_r = 0, \\ H_{11} : \alpha_1, \alpha_2, \cdots\cdots = \alpha_r \text{ 不全为零}。 \end{cases}$$

$$\begin{cases} H_{02} : \beta_1 = \beta_2 = \cdots\cdots = \beta_s = 0, \\ H_{12} : \beta_1, \beta_2, \cdots\cdots = \beta_s \text{ 不全为零}。 \end{cases}$$

$$\begin{cases} H_{03} : \gamma_{11} = \gamma_{12} = \cdots\cdots = \gamma_{rs} = 0, \\ H_{13} : \gamma_{11}, \gamma_{12}, \cdots\cdots = \gamma_{rs} \text{ 不全为零}。 \end{cases}$$

类似于单因素情况，对这些问题的检验方法也是建立在平方和分解上的。记作

$$\bar{x} = \frac{1}{rst} \sum_{i=1}^{r} \sum_{j=1}^{s} \sum_{k=1}^{t} x_{ijk},$$

$$\bar{x}_{ij.} = \frac{1}{t} \sum_{k=1}^{t} x_{ijk}, \ i = 1, 2, \cdots, r; \ j = 1, 2, \cdots, s,$$

$$\bar{x}_{i..} = \frac{1}{st} \sum_{j=1}^{s} \sum_{k=1}^{t} x_{ijk}, \ i = 1, 2, \cdots, r,$$

$$\bar{x}_{.j.} = \frac{1}{rt} \sum_{i=1}^{r} \sum_{k=1}^{t} x_{ijk}, \ j = 1, 2, \cdots, s,$$

$$S_T = \sum_{i=1}^{r} \sum_{j=1}^{s} \sum_{k=1}^{t} (x_{ijk} - \bar{x})^2.$$

不难验证 $\bar{x}$，$\bar{x}_{i..}$，$\bar{x}_{.j.}$，$\bar{x}_{ij.}$ 分别是 μ，$\mu_{i.}$，$\mu_{.j}$，μ_{ij} 的无偏估计。

由 $x_{ijk} - \bar{x} = (x_{ijk} - \bar{x}_{ij.}) + (\bar{x}_{i..} - \bar{x}) + (\bar{x}_{.j.} - \bar{x}) + (\bar{x}_{ij.} - \bar{x}_{i..} - \bar{x}_{.j.} + \bar{x})$，$1 \leqslant i \leqslant r$，$1 \leqslant j \leqslant s$，$1 \leqslant k \leqslant t$，得平方和的分解式，如式 6 – 43 所示。

$$S_T = S_E + S_A + S_B + S_{A \times B} \quad (6-44)$$

其中

$$S_E = \sum_{i=1}^{r} \sum_{j=1}^{s} \sum_{k=1}^{t} (x_{ijk} - \bar{x}_{ij.})^2$$

$$S_A = st \sum_{i=1}^{r} (\bar{x}_{i..} - \bar{x})^2$$

$$S_B = rt \sum_{j=1}^{s} (\bar{x}_{.j.} - \bar{x})^2$$

$$S_{A \times B} = t \sum_{i=1}^{r} \sum_{j=1}^{s} (\bar{x}_{ij.} - \bar{x}_{i..} - \bar{x}_{.j.} + \bar{x})^2$$

S_E 称为误差平方和，S_A，S_B 分别称为因素 A，B 的效应平方和，$S_{A \times B}$ 称为 A，B 交互效应平方和。

当 H_{01}：$\alpha_1 = \alpha_2 = \cdots = \alpha_r = 0$ 为真时，

$$F_A = \frac{S_A}{(r-1)} \Bigg/ \frac{S_E}{[rs(t-1)]} \sim F[r-1, rs(t-1)]$$

当假设 H_{02} 为真时，

$$F_B = \frac{S_B}{(s-1)} \Bigg/ \frac{S_E}{[rs(t-1)]} \sim F[s-1, rs(t-1)]$$

当假设 H_{03} 为真时，

$$F_{A \times B} = \frac{S_{A \times B}}{(r-1)(s-1)} \Bigg/ \frac{S_E}{[rs(t-1)]} \sim F[(r-1)(s-1), rs(t-1)]$$

当给定显著性水平 α 后，假设 H_{01}，H_{02}，H_{03} 的拒绝域分别为

$$\begin{cases} F_A \geqslant F_\alpha[r-1, rs(t-1)] \\ F_B \geqslant F_\alpha[s-1, rs(t-1)] \\ F_{A \times B} \geqslant F_\alpha[(r-1)(s-1), rs(t-1)] \end{cases} \quad (6-45)$$

经过上面的分析和计算，可得出双因素试验的方差分析，如表 6-17 所示。

表 6-17　　　　　　　　　　双因素试验的方差分析表

方差来源	平方和	自由度	均方和	F 比
因素 A	S_A	$r-1$	$\overline{S}_A = \dfrac{S_A}{r-1}$	$F_A = \dfrac{\overline{S}_A}{\overline{S}_E}$
因素 B	S_B	$s-1$	$\overline{S}_B = \dfrac{S_B}{r-1}$	$F_B = \dfrac{\overline{S}_B}{\overline{S}_E}$
交互作用	$S_{A \times B}$	$(r-1)(s-1)$	$\overline{S}_{A \times B} = \dfrac{S_{A \times B}}{(r-1)(s-1)}$	$F_{A \times B} = \dfrac{\overline{S}_{A \times B}}{\overline{S}_E}$
误差	S_E	$rs(t-1)$	$\overline{S}_E = \dfrac{S_E}{rs(t-1)}$	
总和	S_T	$rst-1$		

在实际中，与单因素方差分析类似，可按以下较简便的公式来计算 S_T，S_A，S_B，$S_{A \times B}$，S_E。

记

$$T_{\cdots} = \sum_{i=1}^{r} \sum_{j=1}^{s} \sum_{k=1}^{t} x_{ijk}$$

$$T_{ij\cdot} = \sum_{k=1}^{t} x_{ijk}, \ i = 1, 2, \cdots, r; \ j = 1, 2, \cdots, s$$

$$T_{i\cdot\cdot} = \sum_{j=1}^{s} \sum_{k=1}^{t} x_{ijk}, \ i = 1, 2, \cdots, r$$

$$T_{\cdot j\cdot} = \sum_{i=1}^{r} \sum_{k=1}^{t} x_{ijk}, \ j = 1, 2, \cdots, s$$

即有

$$\begin{cases} S_T = \sum_{i=1}^{r} \sum_{j=1}^{s} \sum_{k=1}^{t} x_{ijk}^2 - \frac{T_{...}^2}{rst} \\ S_A = \frac{1}{st} \sum_{i=1}^{r} T_{i..}^2 - \frac{T_{...}^2}{rst} \\ S_B = \frac{1}{rt} \sum_{j=1}^{s} T_{.j.}^2 - \frac{T_{...}^2}{rst} \\ S_{A \times B} = \frac{1}{t} \sum_{i=1}^{r} \sum_{j=1}^{s} T_{ij.}^2 - \frac{T_{...}^2}{rst} - S_A - S_B \\ S_E = S_T - S_A - S_B - S_{A \times B} \end{cases} \qquad (6-46)$$

【例6-4】为探讨某食品化学反应中温度和催化剂对收率的影响，实验员选了三种温度（A）和三种不同的催化剂（B），观察数据如表6-18所示。试在显著水平0.10下分析不同的温度（A），催化剂（B）以及它们的交互作用（$A \times B$）对收率有无显著影响。

表6-18 温度和催化剂对收率的影响

温度/℃	催化剂		
	甲	乙	丙
40	39，36	41，35	40，30
60	43，37	42，39	43，36
80	37，41	39，40	36，38

根据题意，需检验假设 H_{01}，H_{02}，H_{03}。$r = s = 3$，$t = 2$，$T_{...}$，$T_{ij.}$，$T_{i..}$，$T_{.j.}$ 的计算如表6-19所示。

表6-19 【例6-4】的计算结果

硫化时间	加速剂			$T_{i..}$
	甲	乙	丙	
40	75	80	78	233
60	76	81	79	236
80	70	79	74	223
$T_{.j.}$	221	240	231	692

$$S_T = \sum_{i=1}^{r} \sum_{j=1}^{s} \sum_{k=1}^{t} x_{ijk}^2 - \frac{T_{...}^2}{rst} = 178.44$$

$$S_A = \frac{1}{st} \sum_{i=1}^{r} T_{i..}^2 - \frac{T_{...}^2}{rst} = 15.44$$

$$S_B = \frac{1}{rt} \sum_{j=1}^{s} T_{.j.}^2 - \frac{T_{...}^2}{rst} = 30.11$$

$$S_{A \times B} = \frac{1}{t} \sum_{i=1}^{r} \sum_{j=1}^{s} T_{ij.}^2 - \frac{T_{...}^2}{rst} - S_A - S_B = 2.89$$

$$S_E = S_T - S_A - S_B - S_{A \times B} = 130$$

得方差分析表如 6-20 所示。

表 6-20 例 6-4 的方差分析表

方差来源	平方和	自由度	均方和	F 比
因素 A（温度）	15.44	2	7.72	$F_A = 0.53$
因素 B（催化剂）	30.11	2	15.56	$F_B = 1.04$
交互作用 $A \times B$	2.89	4	0.7225	$F_{A \times B} = 0.05$
误差	130	9	14.44	
总和	178.44			

由于 $F_{0.10}(2, 9) = 3.01 > F_A$，$F_{0.10}(2, 9) > F_B$，$F_{0.10}(4, 9) = 2.69 > F_{A \times B}$，因而接受假设 H_{01}，H_{02}，H_{03}，即温度、催化剂以及它们的交互作用对化学反应的收率的影响不显著。

三、无重复的双因素试验方差分析

在双因素试验中，如果对每一对水平的组合（A_i，B_j）只做一次试验，即不重复试验，所得结果如表 6-21 所示。

表 6-21 无重复双因素试验

因素 A ＼ 因素 B	B_1	B_2	…	B_s
A_1	x_{11}	x_{12}	…	x_{1s}
A_2	x_{21}	x_{22}	…	x_{2s}
…	…	…	…	…
A_r	x_{r1}	x_{r2}	…	x_{rs}

这时 $\bar{x}_{ij.} = x_{ijk}$，$S_E = 0$，S_E 的自由度为 0，故不能利用双因素等重复试验中的公式进行方差分析。但如果认为 A，B 两因素无交互作用，或已知交互作用对试验指标影响很小，则可将 $S_A \times B$ 取作 S_E，仍可利用等重复的双因素试验对因素 A，B 进行方差分析。对这种情况下的数学模型及统计分析表示如下所示。

由式 6-42 可得到，

$$\begin{cases} x_{ij} = \mu + \alpha_i + \beta_j + \varepsilon_{ij}; \\ \sum_{i=1}^{r} \alpha_i = 0, \quad \sum_{j=1}^{s} \beta_j = 0; \\ \varepsilon_{ij} \sim N(0, \sigma^2), i = 1, 2, \cdots, r; j = 1, 2, \cdots, s; \\ \text{各 } \varepsilon_{ijk} \text{ 相互独立}。 \end{cases} \tag{6-47}$$

要检验的假设有以下两个：

$$\begin{cases} H_{01}: \alpha_1 = \alpha_2 = \cdots = \alpha_r = 0; \\ H_{11}: \alpha_1, \alpha_2, \cdots = \alpha_r \text{ 不全为零}。 \end{cases}$$

$$\begin{cases} H_{02}: \beta_1 = \beta_2 = \cdots = \beta_s = 0; \\ H_{12}: \beta_1, \beta_2, \cdots = \beta_s \text{ 不全为零}。 \end{cases}$$

记
$$\bar{x} = \frac{1}{rs} \sum_{i=1}^{r} \sum_{j=1}^{s} x_{ij}, \quad \bar{x}_{i \cdot} = \frac{1}{s} \sum_{j=1}^{s} x_{ij}, \quad \bar{x}_{\cdot j} = \frac{1}{r} \sum_{i=1}^{r} x_{ij} \tag{6-48}$$

平方和分解公式为
$$S_T = S_A + S_B + S_E \tag{6-49}$$

其中
$$S_T = \sum_{i=1}^{r} \sum_{j=1}^{s} (x_{ij} - \bar{x})^2, \quad S_A = s \sum_{j=1}^{s} (\bar{x}_{i \cdot} - \bar{x})^2 \tag{6-50}$$

$$S_B = r \sum_{j=1}^{s} (\bar{x}_{\cdot j} - \bar{x})^2, \quad S_E = \sum_{i=1}^{r} \sum_{j=1}^{s} (x_{ij} - \bar{x}_{i \cdot} - \bar{x}_{\cdot j} + \bar{x})^2 \tag{6-51}$$

分别为总平方和、因素 A，B 的效应平方和及误差平方和。

取显著性水平为 α，当 H_{01} 成立时，

$$F_A = \frac{(s-1)S_A}{S_E} \sim F[(r-1), (r-1)(s-1)] \tag{6-52}$$

H_{01} 拒绝域为

$$F_A \geqslant F_\alpha[(r-1), (r-1)(s-1)] \tag{6-53}$$

当 H_{02} 成立时

$$F_B = \frac{(r-1)S_B}{S_E} \sim F[(s-1), (r-1)(s-1)] \tag{6-54}$$

H_{02} 拒绝域为

$$F_B \geqslant F_\alpha[(s-1), (r-1)(s-1)] \tag{6-55}$$

得方差分析如表 6-22 所示。

表 6-22 无重复双因素试验方差分析表

方差来源	平方和	自由度	均方和	F 比
因素 A	S_A	$r-1$	$\bar{S}_A = \dfrac{S_A}{r-1}$	$F_A = \bar{S}_A / \bar{S}_E$
因素 B	S_B	$s-1$	$\bar{S}_B = \dfrac{S_B}{S-1}$	$F_B = \bar{S}_B / \bar{S}_E$
误差	S_E	$(r-1)(s-1)$	$\bar{S}_E = \dfrac{S_E}{(r-1)(s-1)}$	
总和	S_T	$rs-1$		

【例6-5】测试品牌白酒在不同酒精含量和各种温度下的挥发值，表6-23列出了试验的数据，问试验温度、酒精含量对白酒的挥发值的影响是否显著？（$\alpha = 0.01$）

表6-23　　　　　　　品牌白酒在不同酒精含量和各种温度下的挥发试验

酒精含量 试验温度	38%	45%	52%
30℃	10.6	11.6	14.5
20℃	7.0	11.1	13.3
10℃	4.2	6.8	11.5
0℃	4.2	6.3	8.7

解：已知 $r = 4$，$s = 3$，需检验假设 H_{01}，H_{02}，经计算得方差分析如表6-24所示。

表6-24　　　　　　　　　　例6-5的方差分析表

方差来源	平方和	自由度	均方和	F比
温度作用	64.58	3	21.53	23.79
酒精含量作用	60.74	2	30.37	33.56
试验误差	5.43	6	0.905	
总和	130.75	11		

由于 $F_{0.01}$（3，6）$= 9.78 < F_A$，拒绝 H_{01}。$F_{0.01}$（2，6）$= 10.92 < F_B$，拒绝 H_{02}。检验结果表明，试验温度、酒精含量对白酒的挥发值影响是显著的。

练习题

1. 多个处理平均数间的相互比较为什么不宜用 t 检验法？

2. 什么是方差分析？方差分析在科学研究中有何意义？

3. 单因素和双因素试验资料方差分析的数学模型有何区别？方差分析的基本假定是什么？

4. 进行方差分析有哪些基本步骤？

5. 什么叫多重比较？多个平均数相互比较时，LSD 法与一般 t 检验法相比有何优点？还存在什么问题？如何决定选用哪种多重比较法？

6. 在同样饲养管理条件下，三个品种羊的增重如下表，试对三个品种增重差异是否显著进行检验。

三个品种羊增重情况表　　　　　　　单位：kg

品种	增重 x_{ij}									
A_1	16	12	18	18	13	11	15	10	17	18
A_2	10	13	11	9	16	14	8	15	13	8
A_3	11	8	13	6	7	15	9	12	10	11

（ $MS_e = 8.57$ ， $F = 6.42$ ）

7. 用三种酸类处理某牧草种子，观察其对牧草幼苗生长的影响（指标：幼苗干重，单位：mg），试验资料如表所示。

不同酸类对幼苗干重影响　　　　　　　单位：mg

处理	幼苗干重				
对照	4.23	4.38	4.10	3.99	4.25
HCl	3.85	3.78	3.91	3.94	3.86
丙酸	3.75	3.65	3.82	3.69	3.73
丁酸	3.66	3.67	3.62	3.54	3.71

（1）进行方差分析（不用 LSD 法、LSR 进行多重比较， $F = 33.86^{**}$ ）。

（2）对下列问题通过单一自由度正交比较给以回答。

①酸液处理是否能降低牧草幼苗生长？

②有机酸的作用是否不同于无机酸？

③两种有机酸的作用是否有差异？

（ $F_1 = 86.22^{**}$ ， $F_2 = 13.13^{**}$ ， $F_3 = 2.26$ ）

8. 为了比较 4 种饲料（A）和猪的 3 个品种（B），从每个品种随机抽取 4 头猪（共 12 头）分别喂以 4 种不同饲料。随机配置，分栏饲养、位置随机排列。从 60 日龄起到 90 日龄的时期内分别测出每头猪的日增重（g），数据如表所示，试检验饲料及品种间的差异显著性。（ $F_A = 11.13$ ， $F_B = 13.21$ ， $MS_e = 202.0833$ ）。

4 种饲料 3 个品种猪 60～90 日龄日增重　　　　　　　单位：g

	A_1	A_2	A_3	A_4
B_1	505	545	590	530
B_2	490	515	535	505
B_3	445	515	510	495

9. 研究酵解作用对血糖浓度的影响，从 8 名健康人体中抽取血液并制备成血滤液。每个受试者的血滤液又可分成 4 份，然后随机地将 4 份血滤液分别放置 0min、45min、90min、135min 测定其血糖浓度，资料如下表所示。试检验不同受试者和放置不同时间的血糖浓度有无显著差异。

不同受试者、放置不同时间血滤液的血糖浓度　　单位：mg/100mL

受试者编号	放置时间/min			
	0	45	90	135
1	95	95	89	83
2	95	94	88	84
3	106	105	97	90
4	98	97	95	90
5	102	98	97	88
6	112	112	101	94
7	105	103	97	88
8	95	92	90	80

（$F=78.6^{**}$，$F=28.8^{**}$）

10. 为了从 3 种不同原料和 3 种不同温度中选择使酒精产量最高的水平组合，设计了两因素试验，每一水平组合重复 4 次，结果如下表所示，试进行方差分析。

用不同原料及不同温度发酵的酒精产量

原料	温度 B											
	B_1（30℃）				B_2（35℃）				B_3（40℃）			
A_1	41	49	23	25	11	12	25	24	6	22	26	11
A_2	47	59	50	40	43	38	33	36	8	22	18	14
A_3	48	35	53	59	55	38	47	44	30	33	26	19

（$F_A=12.68^{**}$，$F_B=24.88^{**}$，$F_{A\times B}=2.77^{*}$，$M_{Se}=67.19$）

11. 用生长素处理豌豆，共 6 个处理。豌豆种子发芽后，移植 24 株，分成 4 组，每组 6 个木箱，每箱 1 株 1 个处理。试验共有 4 组 24 箱，试验时按组排列于温室中，使同组各箱的环境条件一致。然后记录各箱见第一朵花时 4 株豌豆的总节间数，其结果如下表所示。

处理方式	组				总和	平均
	1	2	3	4		
对照	60	62	61	60	243	60.8
赤霉素	65	65	68	65	263	65.8
动力精	63	61	61	60	245	61.3
吲哚乙酸	64	67	63	61	255	63.8
硫酸腺嘌呤	62	65	62	64	253	63.3
马来酸	61	62	62	65	250	62.5
总和	375	382	377	375	T = 1509	

模块七

直线回归与相关

学习目标

1. 了解回归关系和相关关系的概念及它们之间的关系。
2. 了解相关关系的种类、内容和任务。
3. 掌握回归分析的概念和特点。
4. 掌握并能熟练进行一元线性回归分析。

任务描述

1. 通过学习回归与相关的概念以及它们之间的区别和联系，能够区分回归关系和相关关系。

2. 通过学习相关分析的种类、内容和任务，能够根据实际情况判断相关分析的种类，进行相关系数的计算。

3. 通过学习一元线性回归分析，能够根据实际情况建立一元线性回归模型，进行一元回归模型的检验，并熟练运用模型进行预测。

项目一　回归与相关概念

一、变量的相互关系

许多现象之间具有一定的联系，可区分为不同类型。

1. 回归关系

回归关系即函数关系、确定性关系，是指现象之间存在着严格的依存关系。当一个或若干个变量 X 取一定数值时，某一个变量 Y 有确定的值与之相对应。一般情况下，确定性的函数关系可表示为 $Y = f(X)$，如在社会科学领域，贷款利息 = 贷款总额 × 利率。

2. 相关关系

相关关系是指不能用函数来表示的变量间关系，也称为非确定性关系或统计关系，反映现象之间确实存在的，而关系数值不固定的相互依存关系。作为根据变量叫自变量，一般用 X 代表，发生对应变化的变量叫因变量，一般用 Y 代表。一般可表示为 $Y = f(X, \varepsilon)$，其中 ε 为随机变量。

例如，受教育年限与收入水平（受性格、机遇、家境、社会关系影响）；广告费与销售额，固定资产投资额与国民收入的关系，母亲身高与子女身高的关系；居民收入与储蓄额；学校学生人数与学校附近餐馆营业额关系。

二、变量的散点图

在做两个变量 X 与 Y 的关系分析时，首先要搜集数据，从变量 X 中得到 x_1，从变量 Y 中得到 y_1，我们可以得到 n 对数据 (x_1, y_1)、(x_2, y_2)、……（x_n, y_n），为了对 X、Y 的关系进行初步考查，并且直观地将其描述出来，可以把这些数据作为直角坐标上的点描述出来，称为散点图。

三、两者之间的联系与区别

两者之间的联系：相关分析就是用一个指标（相关系数）来表明现象间相互依存关系的性质和密切程度；回归分析是在相关关系的基础上进一步说明变量间相关关系的具体形式，可以从一个变量的变化去推测另一个变量的变化。

（1）由于人类认知水平的限制，有些函数关系可能表现为相关关系。

（2）对具有相关关系的变量进行量上的测定需要借助于函数关系。

相关分析与回归分析的区别：①目的不同：相关分析是用一定的数量指标度量变量间相互联系的方向和程度；回归分析是要寻求变量间联系的具体数学形式，要根据自变量的固定值去估计和预测因变量的值。②对变量的处理不同：相关分析不区分自变量和因变量，变量均视为随机变量；回归区分自变量和因变量，只有因变量是随机变量。

注意：相关和回归分析都是就现象的宏观规律、平均水平而言的。

项目二　相关分析

一、相关关系的种类

现象之间的相关关系可以从不同的角度进行分类，不同种类的相关关系需要用不同的方法进行研究。

1. 按相关因素的多少分为单相关和复相关

现象之间的相关因素，只涉及到一个自变量和一个因变量之间的依存关系，就称为单相关。如果涉及到三个以上变量之间关系时，即一个因变量与其中两个或多个自变量的复杂依存关系，就称为复相关，或多元相关。在实际中，像施肥量与亩产量，身高与体重，总产量与单位成本等都是单相关。资金周转速度、流通费用、销售量、销售价格与销售利润间的关系即为复相关。从方法上讲，单相关是复相关的基础，在实际工作中，如果存在多个自变量因素，常常都是抓住最主要的因素研究其相关关系。也就是说，可以把多因素的复相关，抓住主要因素化成单相关来加以研究和测定。

2. 按相关的形式不同分为直线相关和曲线相关

直线相关又称线性相关，是指两个变量的对应取值在坐标轴上大致呈一条直线。曲线相关指两个变量的对应取值在坐标轴上大致呈一条曲线，如抛物线、双曲线、指数曲线等。

相关关系表现为直线或某一种曲线，这是客观现象本身所固有的，不是由人的主观意识所决定的。现象表现为不同形式的相关关系，就要用不同的统计方法去研究。因此，进行相关分析时，首先要确定相关关系的表现形式。

3. 按相关变量变化的方向不同分为正相关和负相关

当一个现象的变量数值增加或减少，另一个现象的变量数值也增加或减少，两个变量的变动方向一致，有同增或同减的关系，称为正相关。如在一定范围内，施肥量增多，亩产量也增多；单位产品原材料消耗量降低，单位成本也随之降低等，都是属于正相关现象。

当一个现象的变量数值增加时，另一个现象的变量数值相应地减少，即两个变量是一增一减或一减一增的关系，称为负相关。如劳动生产率的提高，产品成本降低；商品价格降低，商品的销售量增多等，都是属于负相关现象。

4. 按相关的程度分为完全相关、不完全相关和不相关

两个变量之间，当自变量为一定量时，因变量的改变量也随之完全确定，这两个变量之间的关系，称为完全相关。实质上就是确定性的函数关系，也就是说，函数关系是特殊的相关关系。两种现象的变量各自独立，互不影响，就称为不相关。例如，苹果的脆与甜是不相关的。两个现象之间的关系，介于完全相关与不相关之间，称为不完全相关。一般的相关现象都属于这种不完全相关关系。这类相关现象是相关分析的主要研究对象。

二、相关分析的内容

相关分析是对客观现象间存在的相关关系进行分析研究的一种统计方法。其目的在于对现象间所存在的依存关系，以及所表现出的规律性进行数量上的推断和认识，以便做出预测和决策。相关分析的内容包括以下两个方面。

1. 判别现象间有无相关关系

现象间有无相关关系，这是相关分析的出发点。只有现象间确实存在相关关系，才可能进行相关分析。所以进行相关分析时，首先要通过定性分析，借助相关表和相关图来判别现象间是否确实存在相关关系，否则就会产生认识上的偏差，得出错误的分析结论。

2. 测定相关关系的表现形态和密切程度

相关关系是一种数量上不严格的相互依存关系。只有当变量间确实存在高度密切的相关关系时，才可能进行相关分析，对现象进行预测、推算和决策。因此，判定现象间存在相关关系后，需要进一步测定相关关系的表现形态和密切程度。统计上，一般是通过编制相关表、绘制相关图和计算相关系数来做出判断。

三、相关分析的任务

相关分析的目的，就是要在错综复杂的客观现象中，通过大量观察的统计资料，探讨现象之间相互依存关系的形式和相关的密切程度，找出合适的表达形式，为推算未知和预测未来提供数据，具体任务有以下几方面。

1. 揭示现象之间是否具有相关关系

这要从两个方面加以判断：一方面要对现象之间的联系开展理论研究，按照经济理论，专业知识和实践经验，进行定性分析和判断；另一方面要对大量的实际统计资料，通过编制相关表，绘制相关图等一系列统计分析方法，对被研究的现象变量之间是否真正存在相关关系做出统计判断。

2. 测定现象相关关系的密切程度

相关关系是一种不严格的数量关系，统计分析的任务之一就是要确定这种数量关系的密切程度，通常是计算相关系数或相关指数，以反映相关关系的密切程度。

3. 构建现象相关关系数学模型

依据相关的密切程度，研究确定相关变量之间数量关系的表现形式，确立恰当的数学模型，以便对其进行回归分析。

4. 测定因变量估计值的误差程度

根据已确定的变量之间相关的直线方程或曲线方程，在给定若干个自变量值时，可求出因变量相应的估计值。一般来说，估计值与实际值是有一定出入的，相关分析要通过科学方法测定估计值与实际的误差程度，从而确认相关与回归分析的可靠性大小。

四、相关关系的测定

测定现象之间的相关关系有相关系数、相关指数等统计分析指标，下面介绍相关系数及其计算方法。

1. 相关系数的概念和特点

相关系数是指在直线相关的条件下，说明两个现象之间相关关系紧密程度的统计分析指标。用 r 表示。相关系数的取值范围和意义可概括为以下几点，相关系数对应直线相关程度如表 7 - 1 所示。

（1）r 的取值范围为 $-1 \leqslant r \leqslant 1$。

（2）r 的绝对值越接近 1，表明相关关系越密切；越接近 0，表明相关关系越不密切。

（3）$r = +1$ 或 $r = -1$，表明两个现象完全相关。

（4）$r = 0$，表明两变量无直线相关关系。

（5）$r > 0$，现象呈正相关；$r < 0$，现象呈负相关。实践中，一般将现象的相关关系分为四个等级：$|r| < 0.3$ 表示微弱相关，$0.3 \leqslant |r| < 0.5$ 表示低度相关；$0.5 \leqslant |r| < 0.8$ 表示显著相关；$|r| \geqslant 0.8$ 表示高度相关。

表 7 - 1　　　　　　　　　　相关系数对应直线相关程度

相关系数的值	直线相关程度	相关系数的值	直线相关程度
$|r| = 0$	完全不相关	$0.5 < |r| \leqslant 0.8$	显著相关
$0 < |r| \leqslant 0.3$	微弱相关	$0.8 < |r| \leqslant 1$	高度相关
$0.3 < |r| \leqslant 0.5$	低度相关	$|r| = 1$	完全相关

2. 相关系数的特点

（1）两变量为对等关系，可以不区分自变量和因变量，其相关系数只有一个值。

（2）相关系数有正负号，反映正相关或负相关关系。

（3）若以抽样调查取得资料，则两变量均应有相同的随机性，这也是对等关系的要求。对全面统计资料而言，不存在随机性的问题，均为确定性资料。

3. 简单相关系数的计算

（1）积差法计算公式

$$r = \frac{\sum (x_i - \bar{x})(y_i - \bar{y})}{\sqrt{\sum (x_i - \bar{x})^2} \sqrt{\sum (y_i - \bar{y})^2}} \tag{7-1}$$

式中，r 表示简单相关系数；x 表示自变量；y 表示因变量；x_i 表示自变量及其变量值；y_i 表示因变量及其变量值。该公式也可写成

$$r = \frac{\sigma_{xy}^2}{\sigma_x \sigma_y} \tag{7-2}$$

式中，r 表示简单相关系数；$\sigma_x = \sqrt{\frac{1}{n}\sum (x-\bar{x})^2}$ 代表自变量的标准差；$\sigma_y = \sqrt{\frac{1}{n}\sum (y-\bar{y})^2}$ 代表因变量的标准差；$\sigma_{xy}^2 = \frac{1}{n}\sum (x-\bar{x})(y-\bar{y})$ 代表自变量 x 与因变量 y 的协方差。由此可知，相关系数是两个变量协方差与两个变量标准差乘积的比。

【例 7 – 1】某食品公司连续 10 年广告费的投入与每年销售收入的关系，如表 7 – 2 所示，请说明广告费的投入与年销售收入的相关情况。

表 7 – 2　　　　　　　　　某食品公司广告费与销售收入

年份	1	2	3	4	5	6	7	8	9	10
年广告费/万元	2	2	3	4	5	6	6	6	7	7
年销售收入/万元	50	51	52	53	53	54	55	56	56	57

利用表 7 – 2 的统计资料计算简单相关系数。

先计算年广告费 x 的平均数 $\bar{x}$ 和年销售收入 y 的平均数 $\bar{y}$

$$\bar{x} = \frac{48}{10} = 4.8$$

$$\bar{y} = \frac{537}{10} = 53.7$$

再将表 7 – 3 中的数据代入积差法公式得

$$r = \frac{36}{\sqrt{32.6}\,\sqrt{45.57}} = \frac{36}{5.7096 \times 6.7505} = \frac{36}{38.4530} = 0.9340$$

相关系数 $r = 0.9340$，说明 A 产品年广告费用与年销售收入之间的关系是高度相关关系。

表 7 – 3　　　　　　　　　积差法相关系数计算表

年份	年广告费 x_i/万元	年销售收入 y_i/万元	$x_i - \bar{x}$	$y_i - \bar{y}$	$(x_i - \bar{x})^2$	$(y_i - \bar{y})^2$	$(x_i - \bar{x})(y_i - \bar{y})$
1	2	50	– 2.8	– 3.7	7.84	13.69	10.36
2	2	51	– 2.8	– 2.6	7.84	6.76	7.28
3	3	52	– 1.8	– 1.7	2.24	0.89	3.06
4	4	53	– 0.8	– 0.7	0.64	0.49	0.56
5	5	53	0.2	0.7	0.04	0.49	0.14

续表

年份	年广告费 x_i/万元	年销售收入 y_i/万元	$x_i - \bar{x}$	$y_i - \bar{y}$	$(x_i - \bar{x})^2$	$(y_i - \bar{y})^2$	$(x_i - \bar{x})(y_i - \bar{y})$
6	6	54	1.2	0.3	1.44	0.09	0.36
7	6	55	1.2	1.3	1.44	1.69	0.36
8	6	56	1.2	2.3	1.44	5.29	1.56
9	7	56	2.2	2.3	4.84	5.29	5.06
10	7	57	2.2	3.3	4.84	10.89	7.26
合计	48	537	—	—	32.6	45.57	36

（2）简捷法

简捷法相关系数计算表如表 7-4 所示。

表 7-4　　　　　　　　　　　　简捷法相关系数计算表

年份	年广告费 x_i/万元	年销售收入 y_i/万元	x^2	y^2	xy
1	2	50	4	2500	100
2	2	51	4	2601	102
3	3	52	9	2704	156
4	4	53	16	2809	212
5	5	53	25	2809	265
6	6	54	36	2916	324
7	6	55	36	3025	330
8	6	56	36	3136	336
9	7	56	49	3136	392
10	7	57	49	3249	399
合计	48	537	264	28885	2616

根据积差法计算简单相关系数比较麻烦，计算项目较多，会导致相关系数的数值出现一定程度的误差。将积差法公式整理变形，得出相关系数的简捷计算公式

$$r = \frac{n\sum xy - \sum x \sum y}{\sqrt{n\sum x^2 - (\sum x)^2}\sqrt{n\sum y^2 - (\sum y)^2}} \qquad (7-3)$$

【例 7-2】根据【例 7-1】表中数据，利用表 3 用简捷法计算简单相关系数

$$r = \frac{10 \times 2616 - 48 \times 537}{\sqrt{10 \times 264 - 48^2}\sqrt{10 \times 28885 - 537^2}}$$

$$= \frac{26160 - 25776}{\sqrt{2640 - 2304} \sqrt{288850 - 288369}}$$

$$= \frac{384}{18.3303 \times 21.9317} = 0.9340$$

利用简捷算法计算的结果与积差法计算的结果基本相同，但简捷算法少计算了一部分数值，提高了计算效率，也就相应提高了相关系数的准确性。

（3）其他变形公式

利用相关系数积差法公式可推导出相关系数的其他计算公式

$$r = \frac{\sum xy - n\,\overline{xy}}{\sqrt{\sum x^2 - n\bar{x}^2}\ \sqrt{\sum y^2 - n\bar{y}^2}} \tag{7-4}$$

或

$$r = \frac{\overline{xy} - \overline{x}\,\overline{y}}{\sqrt{\frac{1}{n}\sum(x-\bar{x})^2}\ \sqrt{\frac{1}{n}\sum(y-\bar{y})^2}} \tag{7-5}$$

◦项目三 一元线性回归分析

一、回归分析的概念与特点

1. 回归分析的概念

回归分析就是对具有相关关系的两个变量之间的数量变化的一般关系进行测定，确定一个与之相应的数学表达式，以便进行估计和预测的一种统计方法。

2. 回归分析的特点

（1）回归分析的两个变量是非对等关系。在回归分析中，两个变量之间哪一个是因变量哪一个是自变量，要根据研究目的的具体情况来确定。自变量、因变量不同，所得出的分析结果也不相同。而在相关分析中，相关关系的两个变量是对等的，不必区分哪一个是自变量，哪一个是因变量。

（2）在回归分析中，因变量 Y 是随机变量，自变量 X 是可控变量。可依据研究的目的，分别建立对于 X 的回归方程或对于 Y 的回归方程；而相关分析中，被研究的两个变量都是随机变量，它只能通过计算相关系数来反映两个变量之间的密切程度。

3. 回归分析的类型

回归分析研究两个及两个以上的变量时，根据变量的地位、作用不同，分为自变量和因变量。一般把作为估测根据的变量叫做自变量，把待估测的变量叫做因变量。反映自变量和因变量之间联系的数学表达式叫做回归方程，某一类回归方程的总称为回归模型。在回归分析中根据研究的变量多少可以分为一元回归和多元回归。若只有一个自变量和一个因变量的回归称为一元回归或简单回归。若自变量的数目在两个或两个以上，因变量只有一个，则称为多元回归。根据所建立的回归模型的形式，又可以分为线性回归和非线性回归。

4. 回归分析的内容

（1）建立回归方程　依据研究对象变量之间的关系建立回归方程。

（2）进行相关关系的检验　相关关系检验就是选择恰当的相关指标，判定所建立的回归方程中变量之间关系的密切程度。相关程度越高，就表明回归方程与实际值的偏差越小，拟合效果越好。如果回归方程变量间的相关关系不好，所建立的回归方程就失去了意义。

（3）利用回归模型进行预测　如果回归方程拟合得好，就可以用它来做变量的预测，根据自变量取值来估计因变量的值。由于回归方程与实际值之间存在误差，预测值不可能就是由回归方程计算所得的确定值，其应该处于一个范围或区间。这个区间称为预测值的置信区间，它说明回归模型的适用范围或精确程度。实际值位于该区间的可靠度一般应在95%以上。

5. 相关分析与回归分析的区别与联系

就其研究对象来说，它们都是研究变量之间的相互关系。但是相关分析与回归分析存在着明显的区别：相关分析泛指两个变量之间存在相关关系时，不必指出何者是自变量或因变量，两个变量是对等关系，都是随机变量；在回归分析中，必须根据研究目的，分别确定其中的自变量和因变量，两个变量是不对等关系，其中因变量是随机变量，而自变量是非随机变量。二者研究的侧重点不同。相关分析主要是研究变量之间是否存在相关关系及相关关系的表现形式和密切程度；而回归分析是运用一定的回归模型来测定一个或几个自变量的变化对因变量数量变化的影响。本书着重介绍一元线性回归分析。

二、一元线性回归分析

1. 一元线性回归模型

一元线性回归模型也称简单线性回归模型，是分析两个变量之间相互关系的数学方程式，其一般表达式

$$\hat{y} = a + bx \tag{7-6}$$

式中：$\hat{y}$代表因变量y的估计值；x代表自变量，a、b称为回归模型的待定参数，其中b又称为回归系数，它表示自变量每增加一个单位时，因变量的平均增减量。

用x_i表示自变量x的实际值，用y_i表示因变量y的实际值（$i=1$，2，3，…，n），因变量的实际值与估计值之差用e_i表示，称为估计误差或残差。即：$e_i = y_i - \hat{y}_i$。

依据最小平方理论可得

$$\sum_{i=1}^{n} y_i = na + b \sum_{i=1}^{n} x_i \tag{7-7}$$

$$\sum_{i=1}^{n} x_i y_i = a \sum_{i=1}^{n} x_i + b \sum_{i=1}^{n} x_i^2 \tag{7-8}$$

由以上两式即可求出 a，b 的计算公式

$$b = \frac{\sum\limits_{i=1}^{n} x_i y_i - \dfrac{1}{n} \sum\limits_{i=1}^{n} x_i \sum\limits_{i=1}^{n} y_i}{\sum\limits_{i=1}^{n} x_i^2 - \dfrac{1}{n} \left(\sum\limits_{i=1}^{n} x_i \right)^2} = \frac{\sum\limits_{i=1}^{n} x_i y_i - n \cdot \overline{xy}}{\sum\limits_{i=1}^{n} x_i^2 - n \cdot \bar{x}^2} \tag{7-9}$$

$$a = \frac{\sum\limits_{i=1}^{n} y_i - b \sum\limits_{i=1}^{n} x_i}{n} = \bar{y} - b\bar{x} \tag{7-10}$$

上述回归方程式在平面坐标系中表现为一条直线，即回归直线。当 $b > 0$ 时，y 随 x 的增加而增加，两变量之间存在着正相关关系；当 $b < 0$ 时，y 随 x 的增加而减少，两变量之间为负相关关系；当 $b = 0$ 时，y 为一常量，不随 x 的变动而变动。这为判断现象之间的相互关系，分析现象之间是否处于正常状态提供了标准。

【例 7 - 3】应用表 7 - 1 的资料建立一元线性回归模型。

设年广告费为自变量 x，年销售收入因变量 y，则有

$$y = a + bx \tag{7-11}$$

依据式 7 - 10 数据可得

$$b = \frac{\sum\limits_{i=1}^{n} x_i y_i - \dfrac{1}{n} \sum\limits_{i=1}^{n} x_i \sum\limits_{i=1}^{n} y_i}{\sum\limits_{i=1}^{n} x_i^2 - \dfrac{1}{n} \left(\sum\limits_{i=1}^{n} x_i \right)^2} = \frac{2616 - \dfrac{1}{10} \times 48 \times 537}{264 - \dfrac{1}{10} \times 48^2} \approx 1.1429$$

一元线性回归方程计算表，如表 7 - 5 所示。

表 7 - 5 一元线性回归方程计算表

年份	年广告费 x/万元	年销售收入 y/万元	x^2	y^2	xy
1	2	50	4	2500	100
2	2	51	4	2601	102
3	3	52	9	2704	156
4	4	53	16	2809	212
5	5	53	25	2809	265
6	6	54	36	2916	324
7	6	55	36	3025	330
8	6	56	36	3136	336
9	7	56	49	3136	392
10	7	57	49	3249	399
合计	48	537	264	28885	2616

$$a = \frac{\sum_{i=1}^{n} y_i - b \sum_{i=1}^{n} x_i}{n} = \frac{537 - 1.14286 \times 48}{10} \approx 48.2143$$

一元线性回归方程为

$$y = 48.2143 + 1.1429x$$

方程中 $a = 48.2143$ 为初始水平，$b = 1.1429$ 为回归系数。该方程表明年广告费每增加一万元，年销售收入将会增加 1.1429 万元。

2. 一元回归模型的检验

（1）相关系数及其显著性检验　一般说来，相关系数可以反映自变量 x 和因变量 y 之间的线性相关程度，相关系数 r 的绝对值越接近于 1，则 x 与 y 之间的线性关系越密切。但相关系数通常是根据总体的样本数据计算得出，带有一定的随机性，会出现误差，因而有必要对相关系数进行显著性检验，以此来说明建立的回归模型有无实际意义。

为保证回归方程具有最低的线性关系，人们将相关系数 r 的临界值列成专门的表，即相关系数检验表。在给定的显著性水平 α 值以及自由度 n，查相关系数检验表，即可找到对应的 r 的最低临界值 r_α，据此就可以判断线性关系是否成立。显著性水平 α 通常取 0.05（95% 以上建立的回归模型方才可靠、精确）。自由度指的是样本容量 n 与回归模型中待定参数的个数 m 之间的差，即自由度 $= n - m$。如例 7.3 中样本容量 $n = 10$，回归模型中待定参数个数 $m = 2$，则自由度 $= n - m = 10 - 2 = 8$。若 $|r| \geq r_{\alpha(n-m)}$，表明在显著性水平 α 条件下，变量间的线性关系是显著的，建立的回归方程是有意义的；若 $|r| < r_{\alpha(n-m)}$，表明在显著性水平 α 条件下变量间的线性关系不显著，建立的回归模型实际意义待定。

【例 7-4】依据【例 7-3】的资料，对某食品企业产品年广告费及年销售收入的相关关系进行显著性检验。

由【例 7-1】计算可知，$r = 0.9340$，自由度 $= n - m = 10 - 2 = 8$，给定 $\alpha = 0.05$，查附表 10 "相关系数检验表"得 $r_{0.05(10-2)} = 0.632$。$r > r_{0.05(10-2)}$，它表明有 95% 的概率保证某食品企业产品年广告费与年销售收入之间具有线性相关关系，所建立的回归方程 $y = 48.2143 + 1.1429x$ 是有意义的。

（2）估计标准误差检验　估计标准误差也称为估计标准差或估计标准误，是残差平方和的算术平均数的平方根，用 S_y 表示。其计算公式为

$$S_y = \sqrt{\frac{\sum_{i=1}^{n} e_i^2}{n - m}} \qquad (7-12)$$

式中　S_y——估计标准误差；

e_i——估计残差（实际值与估计值之差）；

n——样本容量；

m——回归模型中待定参数的个数。

$$\sum_{i=1}^{n} e_i^2 = \sum_{i=1}^{n} (y_i - \hat{y})^2 = \sum_{i=1}^{n} (y_i - a - bx_i)^2 \qquad (7-13)$$

残差的平方和可以反映出实际值与回归直线的离散程度。而计算其平均数，可以消除求和项数对残差平方和的影响。因而，在此基础上计算出的估计标准误差更能反映出实际值与回归直线的平均离散程度。估计标准差是一项误差分析指标，用于判断回归模型拟合的优劣程度。

上式计算估计标准差较繁琐，可以采用简捷计算方法估计标准差。其简捷计算公式为

$$S_y = \sqrt{\frac{\sum_{i=1}^{n} y_i^2 - a \sum_{i=1}^{n} y_i - b \sum_{i=1}^{n} x_i y_i}{n - m}} \qquad (7-14)$$

【例 7-5】运用表 7-5 中的数据计算估计标准差。由表 7-5 可知，$\sum_{i=1}^{n} y_i^2 = 28885$，$a = 48.2143$，$b = 1.1429$，$\sum_{i=1}^{n} y_i = 537$，$n = 10$，$m = 2$，$\sum_{i=1}^{n} x_i y_i = 2616$，则用简捷公式计算估计标准差

$$S_y = \sqrt{\frac{28885 - 48.2143 \times 537 - 1.1429 \times 2616}{10 - 2}} = 0.7154$$

S_y 越大，实际值与回归直线的离散程度越大；反之，S_y 越小，实际值与回归直线的离散程度越小。一般要求 $\dfrac{S_y}{\bar{y}} < 15\%$。

运用上述两种公式计算出的估计标准差从理论上说应该是相等的，但在实际计算过程中，由于回归方程的待定系数 a 和 b 也是利用公式计算出来的，在计算的过程中通常会涉及到四舍五入的情况，从而导致两种计算公式的结果不一致。但其偏差往往很小，不会影响对问题的分析。

上例中 $S_y = 0.7154$，$\bar{y} = 53.7$，$\dfrac{S_y}{\bar{y}} = \dfrac{0.7154}{53.7} = 0.0133$

由此可见，一元线性回归方程 $y = 48.2143 + 1.1429x$ 精度较好。

3. 运用模型进行预测

一元线性回归模型通过上述检验，若其精度较好，拟合度优，即可用其进行预测。如本节例 7-1 中一元线性回归方程 $y = 48.2143 + 1.1429x$，若 2005 年该企业产品广告费为 8 万元，将 $x = 8$（万元）代入回归方程中，则年销售收入预测值为

$$y = 48.2143 + 1.1429 \times 8 = 57.3862 (万元)$$

由于实际计算中不可避免要出现误差，因而预测值应该是在一定的范围之内的一个数值，而不是一个确定值。因此，除了测算一个数值点外，还应测算预测值可能产生的范围，即测算其置信区间。上述预测只测算了一个数值点，假定其他因素不变，$S_y = 0.7154$，置信度为 95%（$F_{(t)} = 95\%$），查附录 2 的正态分布概

率表，$F_{(t)} = 95\%$，$t = 1.96$，则该企业产品 2005 年估计销售收入为

$$\hat{y} = 57.3862 \pm 1.96 \times 0.7154$$

即年广告费为 8 万元时，其年销售收入在（55.984，58.7918 ）之间。

【例 7 - 6】某地居民日平均消费水平和食品类销售额统计资料如表 7 - 5 第 2、3 列所示，根据表中资料分析居民平均消费水平与食品类销售额的关系，并预测居民年平均消费水平达到 213 元时的食品类销售额。

表 7 - 5　　　　　　　　某地食品销售额依居民消费水平回归方程计算表

年份	居民平均消费 水平 x_i/元	食品类销售额 y_i/元	x_iy_i	x_i^2	y_i^2
1	64	56	3584	4096	3136
2	70	60	4200	4900	3600
3	77	66	5082	5929	4356
4	82	70	5740	6724	4900
5	92	78	7176	8464	6084
6	107	88	9416	11449	7744
7	125	102	12750	15625	10404
8	143	118	16874	20449	13924
9	165	136	22440	27225	18496
10	189	155	29295	35721	24025
合计	1114	929	116557	140582	96669

第一，建立回归模型。令居民平均消费水平为 x，食品类销售额为 $\hat{y}$。设 $\hat{y} = a + bx$。

第二，计算参数 a 和 b 的值。依据表 7 - 5 资料计算可得

$$b = \frac{\sum_{i=1}^{n} x_iy_i - \frac{1}{n}\sum_{i=1}^{n} x_i \sum_{i=1}^{n} y_i}{\sum_{i=1}^{n} x_i^2 - \frac{1}{n}(\sum_{i=1}^{n} x_i)^2} = \frac{116557 - 1114 \times 929 \times \frac{1}{10}}{140582 - (1114)^2 \times \frac{1}{10}} = 0.7927$$

$$a = \frac{1}{n}\sum_{i=1}^{n} y_i - b\frac{1}{n}\sum_{i=1}^{n} x_i = \frac{929}{10} - 0.7927 \times \frac{1}{10} \times 1114 = 4.593$$

由此，可得一元线性回归方程：$\hat{y} = 4.593 + 0.7927x$。

第三，进行相关性检验。

（1）计算相关系数

$$r = \frac{n\sum xy - \sum x \sum y}{\sqrt{n\sum x^2 - (\sum x)^2}\sqrt{n\sum y^2 - (\sum y)^2}} = 0.9997$$

可见，$\hat{y}$ 与 x 具有高度线性相关。

（2）估计标准误差检验

$$S_y = \sqrt{\dfrac{\sum\limits_{i=1}^{n} y_i^2 - a\sum\limits_{i=1}^{n} y_i - b\sum\limits_{i=1}^{n} x_i y_i}{n-m}}$$

$$= \sqrt{\dfrac{96669 - 4.593 \times 929 - 0.7927 \times 116557}{10-2}} = 0.9598$$

$$\bar{y} = 92.9$$

$$\frac{S_y}{\bar{y}} = \frac{0.9598}{92.9} = 0.0103 < 15\%$$

由此可判断出 $\hat{y}$ 与 x 的线性相关是较强的。

第四，预测当居民平均消费水平达到 213 元时，食品类销售额是多少。

将 $x = 213$（元），代入 $\hat{y} = 4.593 + 0.7927x$，得

$$\hat{y} = 4.593 + 0.7927 \times 213 = 173.438(元)$$

若其可靠度为 95%，则其置信区间为（$173.438 - 1.96 \times 0.9598$，$173.438 + 1.96 \times 0.9598$）即置信区间为（171.56，175.36），则当下一年食品类销售额的预测范围在 171.52 ~ 175.32 元。

练习题

1. 回归关系与相关关系的定义以及它们之间的相互关系？

2. 相关关系如何分类？

3. 某医院用光电比色计检验尿汞时，得尿汞含量（mg/L）与消光系数计数的结果如下表所示。

尿汞含量 x	2	4	6	8	10
消光系数 y	64	138	205	285	360

若 y 与 x 具有线性相关关系，则线性回归方程是＿＿＿＿＿＿＿＿＿＿。

4. 若施化肥量 x（kg）与小麦产量 y（kg）之间的线性回归方程为 $y = 250 + 4x$，当施化肥量为 50kg 时，预计小麦产量为＿＿＿＿＿＿ kg。

5. 某车间为了规定工时定额，需确定加工零件所花费的时间，为此做了 4 次试验，得到的数据如下表所示。

零件的个数 x/个	2	3	4	5
加工的时间 y/h	2.5	3	4	4.5

若加工时间 y 与零件个数 x 之间有较好的相关关系。

（1）求加工时间与零件个数的线性回归方程。

（2）试预报加工 10 个零件需要的时间。

6. 某运动员训练次数与运动成绩之间的数据关系如下表所示。

次数 x	30	33	35	37	39	44	46	50
成绩 y	30	34	37	39	42	46	48	51

（1）作出散点图。

（2）求出回归方程。

（3）计算相关系数并进行相关性检验。

（4）试预测该运动员训练 47 次及 55 次的成绩。

7. 抽取由 10 名大学生组成的随机样本，研究他们在高中与大学的英语成绩得出下表结果：

高考成绩（分）x	40	60	95	88	76	83	98	80	95	68
大学成绩（分）y	50	72	95	90	75	88	95	83	90	73

试用相关系数 r 测定其相关程度。

8. 下面是几家百货商店食品销售额和利润率的资料，请进行一元线性回归分析。

商店编号	每人月平均销售额/千元	利润率/%
1	6	12.6
2	5	10.4
3	8	18.5
4	1	3.0
5	4	8.1
6	7	16.3
7	6	12.3
8	3	6.2
9	3	6.6
10	7	16.8
合计	50	—

9. 有一试验，其参数 x 与指标 y 的对应关系如表所示，请进行一元线性回归分析。

序号	x	y	x_2	y_2	xy
1	15.0	39.4	225.00	1552.36	591.00
2	25.8	42.9	665.64	1840.41	1106.82
3	30.0	41.0	900.00	1681.00	1230.00
4	36.6	43.1	1339.56	1857.61	1577.46
5	44.4	49.2	1971.36	2420.64	2184.48
Σ	151.8	215.6	5101.56	9352.02	6689.76

10. 为研究某一化学反应过程中，温度 x（℃）对产品得率 Y（%）的影响，测得数据如表所示。请进行一元线性回归分析。

温度 x/℃	100	110	120	130	140	150	160	170	180	190
得率 Y/%	45	51	54	61	66	70	74	78	85	89

模块八

正交试验设计

学习目标

1. 了解各类正交表。
2. 了解正交表的特点。
3. 掌握正交试验设计的基本步骤。
4. 掌握正交试验设计的直观分析法和方差分析法。

任务描述

1. 通过学习正交试验设计各步骤的要求，能够根据试验要求选择因素、水平、试验指标、合适的正交表、正确的表头设计。

2. 通过学习正交试验的数据分析，掌握直观分析法和方差分析法。

项目一 正交试验概述

在科学研究、生产运行、产品开发等实践中，对于单因素或双因素试验，因其因素少，试验的设计、实施与分析都比较简单，但对于 3 个或 3 个以上的试验因素，若进行全面试验，则试验的规模将很大，往往因试验条件的限制而难于实施。正交试验设计就是安排多因素试验、寻求最优水平组合的一种高效率试验设计方法。它是由试验因素的全部水平组合中，挑选部分有代表性的水平组合进行试验的，通过对这部分试验结果的分析了解全面试验的情况，找出最优的水平组合。正交试验设计极大地减少了试验次数，提高试验效率，是解决多因素试验的有效方法。

一、正交表

1. 各列水平数均相同的正交表

各列水平数均相同的正交表，也称单一水平正交表。这类正交表名称的写法举例如下。

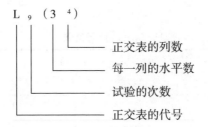

各列水平均为 2 的常用正交表有：L_4（2^3），L_8（2^7），L_{12}（2^{11}），L_{16}（2^{15}），L_{20}（2^{19}），L_{32}（2^{31}）。

各列水平数均为 3 的常用正交表有：L_9（3^4），L_{27}（3^{13}）。

各列水平数均为 4 的常用正交表有：L_{16}（4^5）。

各列水平数均为 5 的常用正交表有：L_{25}（5^6）。如表 8 - 1 所示为正交表举例。

表 8 - 1 　　　　　　　　　　　L_4（2^3）正交表

试验号	列　号		
	1	2	3
1	1	1	1
2	1	2	2
3	2	1	2
4	2	2	1

正交的含意：若将表中 2 换成 - 1，则任一列之和为 0，任两列乘积的和为 0。若将列看作向量，则两向量垂直相交，即正交。

2. 混合水平正交表

各列水平数不相同的正交表，叫混合水平正交表，下面就是一个混合水平正交表名称的写法。

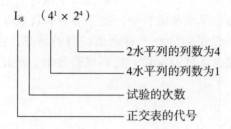

L_8（$4^1 \times 2^4$）常简写为 L_8（4×2^4）。此混合水平正交表含有 1 个 4 水平列，4 个 2 水平列，共有 $1 + 4 = 5$ 列。

3. 有交互作用的正交表

（1）交互列的位置　要查交互列表，如 L_8（2^7）如表 8-2、表 8-3 所示。

表 8-2　　　　　　　　　　　L_8（2^7）正交表

试验号	列　号						
	1	2	3	4	5	6	7
1	1	1	1	1	1	1	1
2	1	1	1	2	2	2	2
3	1	2	2	1	1	2	2
4	1	2	2	2	2	1	1
5	2	1	2	1	2	1	2
6	2	1	2	2	1	2	1
7	2	2	1	1	2	2	1
8	2	2	1	2	1	1	2

表 8-3　　　　　　　　　　L_8（2^7）二列间交互作用表

列号	1	2	3	4	5	6	7
1	(1)	3	2	5	4	7	6
2		(2)	1	6	7	4	5
3			(3)	7	6	5	4
4				(4)	1	2	3
5					(5)	3	2
6						(6)	1
7							(7)

（2）混杂　若在交互两因素的交互列上，安排其他因素或其他因素的交互，则在此列将出现混杂现象。

（3）如何对待混杂

①若不想用较多的试验，则就可能有混杂，此时要用专业经验来判断。

②若不研究规律，只找出参数较优组合，则可不考虑混杂。

二、正交表的特点

1. 正交性

（1）任一列中，各水平都出现，且出现的次数相等。

例：L_8（2^7）中不同数字只有 1 和 2，它们各出现 4 次；L_9（3^4）中不同数字有 1、2 和 3，它们各出现 3 次。

（2）任两列之间各种不同水平的所有可能组合都出现，且出现的次数相等。

例：L_8（2^7）中（1，1）、（1，2）、（2，1）、（2，2）各出现两次；L_9（3^4）中（1，1）、（1，2）、（1，3），（2，1）、（2，2）、（2，3）、（3，1）、（3，2）、（3，3）各出现 1 次。即每个因素的一个水平与另一因素的各个水平所有可能组合次数相等，表明任意两列各个数字之间的搭配是均匀的。

2. 代表性

一方面，任一列的各水平都出现，使得部分试验中包括了所有因素的所有水平；任两列的所有水平组合都出现，使任意两因素间的试验组合为全面试验。

另一方面，由于正交表的正交性，正交试验的试验点必然均衡地分布在全面试验点中，具有很强的代表性。因此，部分试验寻找的最优条件与全面试验所找的最优条件，应有一致的趋势。

3. 综合可比性

（1）任一列的各水平出现的次数相等。

（2）任两列间所有水平组合出现次数相等，使得任一因素各水平的试验条件相同。这就保证了在每列因素各水平的效果中，最大限度地排除了其他因素的干扰。从而可以综合比较该因素不同水平对试验指标的影响情况。

根据以上特性，我们用正交表安排的试验，具有均衡分散和整齐可比的特点。

所谓均衡分散，是指用正交表挑选出来的各因素水平组合在全部水平组合中的分布是均匀的。

整齐可比是指每一个因素的各水平间具有可比性。因为正交表中每一因素的任一水平下都均衡地包含着另外因素的各个水平，当比较某因素不同水平时，其他因素的效应都彼此抵消。如在 A、B、C 3 个因素中，A 因素的 3 个水平 A_1、A_2、A_3 条件下各有 B、C 的 3 个不同水平，如表 8-4 所示：

表 8 – 4

A_1	B_1C_1	A_2	B_1C_2	A_3	B_1C_3
	B_2C_2		B_2C_3		B_2C_1
	B_3C_3		B_3C_1		B_3C_2

在这 9 个水平组合中，A 因素各水平下包括了 B、C 因素的 3 个水平，虽然搭配方式不同，但 B、C 皆处于同等地位。当比较 A 因素不同水平时，B 因素不同水平的效应相互抵消，C 因素不同水平的效应也相互抵消。所以 A 因素 3 个水平间具有综合可比性。同样，B、C 因素 3 个水平间亦具有综合可比性。

正交表的三个基本性质中，正交性是核心，是基础，代表性和综合可比性是正交性的必然结果。

三、正交试验设计的基本步骤

设计实验方案的主要步骤如下。
（1）明确试验目的，确定试验指标；
（2）确定需要考察的因素，选取适当的水平；
（3）选用适当的正交表；
（4）进行表头设计；
（5）编制试验方案；
（6）试验结果分析。

1. 明确试验目的，确定试验指标

试验设计前必须明确试验目的，即本次试验要解决什么问题。试验目的确定后，对试验结果如何衡量，即需要确定出试验指标。试验指标可以是定量指标，也可以是定性指标。一般为了便于试验结果的分析，定性指标可按相关的标准打分或模糊数学处理进行数量化，将定性指标定量化。

2. 选因素、定水平，列因素水平表

根据专业知识、以往的研究结论和经验，从影响试验指标的诸多因素中，通过因果分析筛选出需要考察的试验因素。一般确定试验因素时，应以对试验指标影响大的因素、尚未考查过的因素、尚未完全掌握其规律的因素为先。试验因素选定后，根据所掌握的信息资料和相关知识，确定每个因素的水平，一般以 2 ~ 4 个水平为宜。对主要考查的试验因素，可以多取水平，但不宜过多（≤6），否则试验次数骤增。因素的水平间距，应根据专业知识和已有的资料，尽可能把水平值取在理想区域。

3. 选择合适的正交表

正交表的选择是正交试验设计的首要问题。确定了因素及其水平后，根据因素、水平及需要考查的交互作用的多少来选择合适的正交表。正交表的选择原则是在能够安排试验因素和交互作用的前提下，尽可能选用较小的正交表，以减少试验次数。基本原则如下所述。

（1）先看水平数。若各因素全是2水平，就选用 L（2^*）表；若各因素全是3水平，就选 L（3^*）表。若各因素的水平数不相同，就选择适用的混合水平表。

（2）每一个交互作用在正交表中应占一列或两列。要看所选的正交表是否足够大，能否容纳得下所考虑的因素和交互作用。为了对试验结果进行方差分析或回归分析，还必须至少留一个空白列，作为"误差"列，在极差分析中要作为"其他因素"列处理。

（3）要看试验精度的要求。若要求高，则宜取试验次数多的 L 表。

（4）若试验费用很昂贵，或试验的经费很有限，或人力和时间都比较紧张，则不宜选实验次数太多的 L 表。

（5）按原来考虑的因素、水平和交互作用去选择正交表，若无正好适用的正交表可选，简便且可行的办法是适当修改原定的水平数。

（6）对某因素或某交互作用的影响是否确实存在没有把握的情况下，选择 L 表时常为该选大表还是选小表而犹豫。若条件许可，应尽量选用大表，让影响存在的可能性较大的因素和交互作用各占适当的列。某因素或某交互作用的影响是否真的存在，留到方差分析进行显著性检验时再做结论。这样既可以减少试验的工作量，又不至于漏掉重要的信息。

一般情况下，试验因素的水平数应等于正交表中的水平数；因素个数（包括交互作用）应不大于正交表的列数；最低的试验次数（行数）= ∑（每列水平数 − 1）+1。

例：选择一个4因素3水平试验的正交表可以选用 L_9（3^4）或 L_{27}（3^{13}）。

（A）不考查因素间的交互作用，宜选用 L_9（3^4）。

（B）考查交互作用，则应选用 L_{27}（3^{13}）。

4. 表头设计

表头设计，就是把试验因素和要考查的交互作用分别安排到正交表的各列中的过程。

（1）若试验不考虑交互作用，则表头设计可以是任意的。

例：不考查交互作用，可将因素（A）、（B）和（C）、（D）依次安排在 $L_9(3^4)$ 的第1、2、3、4列上，如表8-5所示。

表8-5 无交互作用 L_9（3^4）表头设计

列号	1	2	3	4
因素	A	B	C	D

（2）若试验有交互作用时，表头设计则必须严格地按交互作用正交表设计。

三个因素 A、B、C，2 个水平时，正交表的设计如表 8-6 所示。

表 8-6 L_8（2^7）二列间交互作用表

列号 \ 列号	1 (A)	2 (B)	3 ($A \times B$)	4 (C)	5 ($A \times C$)	6 ($B \times C$)	7
1 (A)	(1)	3	2	5	4	7	6
2 (B)		(2)	1	6	7	4	5
3 ($A \times B$)			(3)	7	6	5	4
4 (C)				(4)	1	2	3
5 ($A \times C$)					(5)	3	2
6 ($B \times C$)						(6)	1
7							(7)

如表 8-6 所示，最上一行和最左侧一列数字以及括号（呈对角线）内的数字是列号，其余数字均为交互作用的列号。对于三因素 A、B、C 而言，先将因素 A、B 置放在表的第 1、2 列，则 A 和 B 相交的位置上的数字为 3。即 $A \times B$ 应置放在第 3 列上，再将因素 C 置放于第 4 列，则 A 和 C 相交位置上的数字是 5，B 和 C 相交位置上的数字是 6，这样 A 和 C 及 B 和 C 的交互作用列应分别为第 5 列和第 6 列。如果考查时还有第四个因素 D，并将它置放于第 6 列，根据上表可得如表 8-7 的表头设计。

表 8-7   有交互作用 L_8（2^7）表头设计

列号	1	2	3	4	5	6	7
因素	A	B	$A \times B$	C	$A \times C$	D	$A \times D$
			$C \times D$	$B \times D$		$B \times C$	

这样的设计中，虽有 B 和 $C \times D$、C 与 $B \times D$、D 与 $B \times C$ 的混杂，但如果已知 B、C、D 之间的交互作用很小。故不致影响试验结果的分析，仍可引进因素 A、B、C 及交互作用 $A \times B$、$A \times C$ 及 $A \times D$ 的考查。如果要对四个因素及其两两之间的交互作用都作全面的考查，不允许上述存在的几种混杂，故此时不能选用 L_8（2^7）表，而选用 L_{16}（2^{15}）二列向的交互作用表，如表 8-8 所示。

表 8-8 L_{16}（2^{15}）二列向的交互作用表

列号	1	2	3	4	5	6	7	8	9	10	11	12	13	14	15
1	(1)	3	2	5	4	7	6	9	8	11	10	13	12	15	14
2		(2)	1	6	7	4	5	10	11	8	9	14	15	12	13

续表

列号	1	2	3	4	5	6	7	8	9	10	11	12	13	14	15
3			(3)	7	6	5	4	11	10	9	8	15	14	13	12
4				(4)	1	2	3	12	13	14	15	8	9	10	11
5					(5)	3	2	13	12	15	14	9	8	11	10
6						(6)	1	14	15	12	13	10	11	8	9
7							(7)	15	14	13	12	11	10	9	8
8								(8)	1	2	3	4	5	6	7
9									(9)	3	2	5	4	7	6
10										(10)	1	6	7	4	5
11											(11)	7	6	5	4
12												(12)	1	2	3
13													(13)	3	2
14														(14)	1
15															(15)

这样，对于四因素的标头设计，如表8-9所示。

表8-9　　　　　有交互作用 L_{16}（2^{15}）表头设计

列号	1	2	3	4	5	6	7	8	9	10	11	12	13	14	15
因素	A	B	$A\times B$	C	$A\times C$	$B\times C$		D	$A\times D$	$B\times D$		$C\times D$			

如表8-9所示，D 未置入第7列。原因是 D 置于7列后，$A\times D$ 应置第6列，导致与 $B\times C$ 的混杂。

对于五因素二水平的试验，在同时考虑各因素之间的交互作用时，因五因素自身及它们之间的两两交互作用共有15项，仍可用 L_{16}（2^{15}）二列间交互作用表，其表头设计，如表8-10所示。

表8-10　　　　　有交互作用 L_{16}（2^{15}）表头设计

列号	1	2	3	4	5	6	7	8	9	10	11	12	13	14	15
因素	A	B	$A\times B$	C	$A\times C$	$B\times C$	$D\times E$	D	$A\times D$	$B\times D$	$C\times E$	$C\times D$	$B\times E$	$A\times E$	E

5. 编制试验方案，按方案进行试验，记录试验结果。

把正交表中安排各因素的列（不包含欲考查的交互作用列）中的每个水平数

字换成该因素的实际水平值,便形成了表8-11中的正交试验方案。

表8-11说明试验号并非试验顺序,为了排除误差干扰,试验中可随机进行;安排试验方案时,部分因素的水平可采用随机安排。

表8-11 　　　　　　　　　试验方案及试验结果表

试验号	因素				实验结果
	A	B	C	D	
1	1	1	1	1	
2	1	2	2	2	
3	1	3	3	3	
4	2	1	2	3	
5	2	2	3	1	
6	2	3	1	2	
7	3	1	3	2	
8	3	2	1	3	
9	3	3	2	1	

6. 实验结果分析

采用正交表设计的试验,都可用正交表分析试验的结果。分析方法有直观分析法和方差分析两种方法,在后面章节中会详细讲述。

◦ 项目二 　正交试验设计结果的直观分析法

对于正交试验设计结果的分析,通常采用两种方法:一种是直观分析法;另一种是方差分析法。本节介绍是直观分析法(又称极差分析法),它简单易懂,应用广泛。根据考查试验结果指标数量的多少,正交试验设计分为单指标正交试验设计(考查指标只有一个)和多指标正交试验设计(考查指标≥2)。

一、单指标正交试验设计的极差分析

1. 分析的内容

(1)找出因素对指标影响的主次。

(2)找出各因素的较优水平,即取哪个水平最好。

(3)找出参数的较优组合:即各因素取何水平搭配起来最好,考虑了交互作用。

2. 分析的步骤

(1)算出各因素同一水平的指标和 k_m 与均值 k_m , $k_m = \dfrac{k_m}{a/b}$, $m = 1 \sim b$。

（2）由各水平的均值算出极差 $R = k_{\max} - k_{\min}$。

（3）找出各因素的较优水平：指标好的为较优水平（jysp），事先要知道指标是越高越好还是越低越好。

（4）根据极差 R 的大小确定因素的主次，即对指标影响的大小，R 越大影响越显著。

（5）若考查交互作用时，要找出较优搭配（水平搭配）。

（6）找出因素水平的较优组合：在试验中可能出现，也可能不出现。

（7）进行验证试验，作进一步分析。

3. 注意事项

（1）若交互作用比其中某一因素的影响大时，应先从交互中找出因素主次和较优水平。

（2）对于空列，反映了试验误差，若恰为某两因素的交互作用列，且该列极差很大，则该交互作用不能忽略。

4. 应用实例

【例 8 – 1】使用酶法液化生产山楂汁，选择了四个因素进行实验，加水量（A），加酶量（B），酶解温度（C），酶解时间（D），因素水平如表 8 – 12 所示。

表 8 – 12　　　　　　　　【例 8 – 1】中试验的因素与水平表

水平	因　素			
	加水量/（mL/100g）	加酶量/（mL/100g）	酶解温度/℃	酶解时间/h
1	10	1	20	1.5
2	50	4	35	2.5
3	90	7	50	3.5

试验中，考查因素 A、B、C、D 的单独作用，不考查交互作用。因此，试验选用 $L_9(3^4)$ 正交表。正交试验设计方案、试验结果和极差分析如表 8 – 13 所示，试验结果采用评分法统计。

表 8 – 13　　　　　　　【例 8 – 1】中的正交试验方案及直观分析结果

试验号	因　素				试验结果
	A	B	C	D	
1	1	1	1	1	0
2	1	2	2	2	17
3	1	3	3	3	24

续表

试验号	因素				试验结果
	A	B	C	D	
4	2	1	2	3	12
5	2	2	3	1	47
6	2	3	1	2	28
7	3	1	3	2	1
8	3	2	1	3	18
9	3	3	2	1	42
K_1	41	13	46	89	
K_2	87	82	71	46	
K_3	61	94	72	54	
k_1	13.67	4.33	15.33	29.67	$T = 189$
k_2	29.00	27.33	23.67	15.33	
k_3	20.33	31.33	24.00	18.00	
R	15.33	27.00	8.67	14.33	
jysp	A_2	B_3	C_3	D_1	
因素主次	$B > A > D > C$				
较优组合	$A_2\ B_3\ C_3\ D_1$				

试验结果越大越好，由表 8 – 13 中可以直接看出，第 5 号试验组合条件 A_2B_2 C_3D_1 的试验结果最大，是 9 种试验中最好的，但这一试验方案是否就是最佳搭配呢？为了寻求最佳的山楂汁生产工艺，还需要进行计算分析。

（1）计算 k_m 值　从表 8 – 13 中可以看出，A_1 的作用只反映在第 1、2、3 号试验中，A_2 的作用只反映在第 4、5、6 号试验中，A_3 的作用只反映在第 7、8、9 号试验中。或者说为了考查 A_1 的作用，进行了一组试验，即由 1、2、3 号试验组成，为了考察 A_2 的作用，进行了一组试验，即由 4、5、6 号试验组成，为了考察 A_3 的作用，进行了一组试验，即由 7、8、9、号试验组成。

A 因素 1 水平所对应的试验指标之和为 $K_{A1} = y_1 + y_2 + y_3 = 0 + 17 + 24 = 41$，其平均值 k_1 等于 13.67；A 因素 2 水平所对应的试验指标之和为 $K_{A2} = y_4 + y_5 + y_6 = 12 + 47 + 28 = 87$ 其平均值 k_2 等于 29.00；A 因素 3 水平所对应的试验指标之和为 $K_{A3} = y_7 + y_8 + y_9 = 1 + 18 + 42 = 61$ 其平均值 k_3 等于 20.33。

考查 A 因素进行的三组试验中，B、C、D 因素各水平都只出现了一次，且由于 B、C、D 之间无交互作用，B、C、D 因素的各水平的不同组合对试验指标无影响。因此，对 A_1、A_2、A_3 来说，三组试验的试验条件是完全一样的。如果因素 A 对试验指标无影响，那么 k_1、k_2、k_3 应相等，但计算结果实际上不相等，显然这是由于 A 因素变动水平引起的。

同理，求得 B、C、D 因素个水平的 k_1、k_2、k_3 值。

（2）由各水平的均值算出极差 $R = k_{max} - k_{min}$，$R_A = 29.00 - 13.67$，同理得到 R_B、R_C、R_D。

（3）找出各因素的较优水平（jysp） 试验结果越大越好，因此较优水平分别是 A_2、B_3、C_3、D_1。

（4）根据极差 R 的大小确定因素的主次 由表 8 – 13 中各因素水平均值的大小，得到因素的主次顺序为：$B > A > D > C$。

（5）绘制因素与指标趋势图 为了更直观地反映因素对试验指标的影响规律和趋势，以因素水平为横坐标，以试验指标的平均值为纵坐标，绘制因素与指标趋势图，如图 8 – 1 所示。因素与指标趋势图可以更直观地说明指标随因素水平的变化而变化的趋势，可为进一步试验时选择因素水平指明方向。

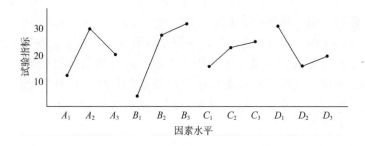

图 8 – 1　因素与指标趋势图

如图 8 – 1 所示，因素水平引起指标值上升或下降的幅度大，该因素就是主要因素（比如因素 B），反之，为次要因素（比如因素 C）。

（6）较优组合 本例中 A、B、C、D 四个因素的较优水平组合 $A_2B_3C_3D_1$ 即为本试验的最优水平组合，即酶法液化生产山楂汁的最优工艺条件为加水量 50mL/100g，加酶量 7mL/100g，酶解温度为 50℃，酶解时间为 1.5h。

通常，各因素最好的水平组合在一起就形成了最优的组合条件（或最优工艺条件），但同时还需要考虑因素的主次顺序，在实际科研和生产中，最优组合的确定是灵活的，对主要因素选出最好水平，而对次要因素，既可以根据试验选取最好水平，又可以根据某些既定条件，例如操作性强或者操作方便、经济实惠节省开支等来选取因素的各具体水平。

本例中直接分析的最好条件是 $A_2B_2C_3D_1$，而分析计算（直观分析）的最优工艺条件是 $A_2B_3C_3D_1$。本例有 4 个 3 水平的因素，可产生 81 个试验条件，由正交表选出的 9 种组合条件只是其中的 1/9，但是凭借正交表的正交性，这 9 种组合条件均衡分散在 81 种组合试验条件中，代表性很强。本例直观分析的 $A_2B_3C_3D_1$ 并不在实施的 9 个试验之中，这表明优化结果不仅反映了已做的试验信息，而且反映了全面的试验信息，体现了正交试验设计的优越性。然而有时会出现计算分析的结果不如直接分析得出的结果，若出现这种情况，一般来说是由没有考虑交互作用或者误差过大所引起的，需要做进一步的研究。

（7）验证试验　为了考查最优试验的再现性，若条件允许，还应做验证性试验。其方法是把通过直接看从已做过的试验中找出的最好水平组合，与通过数据分析得到的最优组合做对比试验，比较其优劣。对于本例将通过"直接看"找出的最好水平组合（即第 5 号试验）$A_2B_2C_3D_1$ 与通过极差分析找出的最优水平组合 $A_2B_3C_3D_1$ 做对比试验，从而进一步判断找出的生产工艺条件是否最优。

二、多指标正交试验设计的极差分析

1. 综合平衡法

综合平衡法是对每一指标都作单指标极差分析，得到每个指标的影响因素、主次顺序和最佳水平组合，然后根据理论知识和实际经验，对各指标的分析结果进行综合比较和分析，得出较优方案。

【例 8 - 2】在油炸方便面生产中，主要原料质量和主要工艺参数对产品的质量有影响，今欲通过试验确定最佳生产条件。试验的目的是探讨最佳工艺条件，以提高方便面的质量，试验指标应能反映产品质量的好坏，评价方便面质量好坏的主要指标是脂肪含量、水分含量和复水时间。脂肪含量越低越好，水分含量越高越好，复水时间越短越好。

根据专业知识和实践经验，确定试验四个因素进行试验，湿面筋值（A），改良剂用量（B），油炸时间（C），油炸温度（D），因素水平表如表 8 - 14 所示。

表 8 - 14　　　　　　　　　　【例 8 - 2】中试验的因素与水平表

水平	因素			
	湿面筋值/%	改良剂用量/%	油炸时间/s	油炸温度/℃
1	28	0.05	70	150
2	32	0.075	75	155
3	36	0.1	80	160

本试验是 4 因素 3 水平试验，不考虑因素间的交互作用，因此，应选 L_9（3^4）安排试验。正交试验设计方案、试验结果和极差分析如表 8 - 15 所示。

由表 8 - 15 可以看到脂肪、水分和复水时间三个指标直观分析的结果（包括 K 值、k 值、R 值、因素主次和较优组合），可以看出对于不同的指标而言，因素影响的主次顺序是不一样的，不同指标所对应的最优组合条件也是不同的，但是通过综合平衡分析可以得到综合的优方案。针对本例综合平衡过程如下所述。

首先，把水平选取上没有矛盾的因素的水平定下来，即如果对三个指标影响都重要的某一因素，都是取某一水平为好，是一致的，对此因素即选此水平为好。在本试验中无这样的因素，因此我们只能逐个考虑每一因素。

对因素 A 而言，其对脂肪影响的大小排第一位，此时取 A_3 为好；其对复水时间影响的大小也排第一位，此时取 A_2 为好；而其对水分影响的大小排第三位，为次要因素，因此 A 可取 A_2 与 A_3，但是 A_2 时复水时间比取 A_3 时缩短了 14%，而脂肪只比取 A_3 时增加了 11.3%。且从水分指标上比较。取 A_2 时也比取 A_3 时水分含量高。故 A 应取 A_2。

对因素 B 而言，其对复水时间的影响大小排第三位，此时取 B_2 为好；其对脂肪影响的大小和对水分均排第四位，均为次要因素。因此应以复水时间这一指标来考虑，故 B 应取 B_2。

对因素 C 而言，其对脂肪影响的大小排第三位，为次要因素；对水分影响的大小排第二位，此时取 C_2 为好；其对复水时间影响的大小排第二位，此时取 C_3 为好。因此 C 可取 C_2 和 C_3，取 C_2 时复水时间比 C_3 增加了 25.6%，但水分含量减少了 30.3% 故 C 取 C_3。

对因素 D 而言，其对脂肪影响的大小排第二位，此时取 D_2 为好；对水分影响的大小排第一位，此时取 D_2 为好；对复水时间的影响大小排第四位，为次要因素。因此 D 应取 D_2。

以上分析方法称为综合平衡法。

所以，本试验的较优条件为 $A_2B_2C_3D_2$。即湿面筋值为 32%，改良即用量为 0.075%，油炸时间为 80s，油炸温度为 155℃。此条件不在九次试验中，可追加一次试验加以验证。

表 8 - 15　　　　【例 8 - 2】中的正交试验方案及直观分析结果

试验号	因　素				脂肪含量 /%	水分含量 /%	复水时间 /s
	A	B	C	D			
1	1	1	1	1	24.8	2.1	3.5
2	1	2	2	2	22.5	3.8	3.7
3	1	3	3	3	23.6	2.0	3.0
4	2	1	2	3	23.8	2.8	3.0
5	2	2	3	1	22.4	1.7	2.2
6	2	3	1	2	19.3	2.7	2.8
7	3	1	3	2	18.4	2.5	3.0
8	3	2	1	3	19.0	2.0	2.7
9	3	3	2	1	20.7	2.3	3.6

续表

试验号		因素				脂肪含量 /%	水分含量 /%	复水时间 /s
		A	B	C	D			
脂肪含量	K_1	70.9	67.0	63.1	67.9			
	K_2	65.5	63.9	67.0	60.2			
	K_3	58.1	63.6	64.4	66.4			
	k_1	23.6	22.3	21.0	22.6	$T = 194.5$		
	k_2	21.8	21.3	22.3	20.1			
	k_3	19.4	21.2	21.5	22.1			
	R	4.2	1.1	1.3	2.5			
	因素主次			$A > D > C > B$				
	较优组合			$A_3 B_3 C_1 D_2$				
水分含量	K_1	7.9	7.4	6.8	6.1			
	K_2	7.2	7.5	8.9	9.0			
	K_3	6.8	6.9	6.2	6.8			
	k_1	2.63	2.47	2.27	2.03	$T = 21.9$		
	k_2	2.40	2.50	2.97	3.00			
	k_3	2.27	2.30	2.07	2.27			
	R	0.36	0.20	0.90	0.97			
	因素主次			$D > C > A > B$				
	较优组合			$A_1 B_2 C_2 D_2$				
复水时间	K_1	10.2	9.5	9.0	9.3			
	K_2	8.0	8.6	10.3	9.5			
	K_3	9.3	9.4	8.2	8.7			
	k_1	3.40	3.17	3.00	3.10	$T = 27.5$		
	k_2	2.67	2.87	3.43	3.17			
	k_3	3.10	3.13	2.73	2.90			
	R	0.73	0.30	0.70	0.27			
	因素主次			$A > C > B > D$				
	较优组合			$A_2 B_2 C_3 D_3$				

2. 综合评分法

综合评分法是根据各个指标的重要程度，对得出的试验结果进行分析，给每一个试验评出一个分数，作为这个试验的总指标，然后根据这个总指标，利用单指标试验结果的直观分析法做进一步的分析。

确定好的试验方案，关键是如何评分，下面介绍几种方法：

（1）直接给出每一号试验结果的综合分数。

（2）对每号试验的每个指标分别评分，再求综合分：若各指标重要性相同，则求各指标的分数总和；若各指标重要性不相同，求各指标的分数加权和。

如何对每个指标评出合理的分数：

（1）非数量性指标：依靠经验和专业知识给出分数。

（2）有时指标值本身就可以作为分数，如回收率、纯度等。

（3）用"隶属度"来表示分数。

$$隶属度 = \frac{指标值 - 指标最小值}{指标最大值 - 指标最小值}$$

【例8-3】玉米淀粉改性制备高取代度的三乙酸淀粉酯的试验中，需要考查两个指标，即取代度和酯化率，这两个指标都是越大越好，试验的因素和水平如表8-16所示，不考虑因素之间的交互作用，正交试验设计方案及试验结果及分析结果，如表8-17所示。（注：根据实际要求，取代度和酯化率的权重分别取0.4和0.6）

表8-16 　　　　　　　【例8-3】中试验的因素与水平表

水平	因素		
	(A) 反应时间/h	(B) 吡啶用量/g	(C) 乙酸酐用量/g
1	3	150	100
2	4	90	70
3	5	120	130

表8-17 　　　　　　　【例8-3】中的正交试验方案及直观分析结果

试验号	因素				取代度	酯化率/%	取代度隶属度	酯化率隶属度	综合分
	A	B	空列	C					
1	1	1	1	1	2.96	65.70	1.00	1.00	1.00
2	1	2	2	2	2.18	40.36	0	0	0
3	1	3	3	3	2.45	54.31	0.35	0.55	0.47
4	2	1	2	3	2.70	41.09	0.67	0.03	0.29
5	2	2	3	1	2.49	56.29	0.40	0.63	0.54
6	2	3	1	2	2.41	43.23	0.29	0.11	0.18
7	3	1	3	2	2.71	41.43	0.68	0.04	0.30
8	3	2	1	3	2.42	56.29	0.31	0.63	0.50
9	3	3	2	1	2.83	60.14	0.83	0.78	0.80

续表

试验号	因素				取代度	酯化率 /%	取代度 隶属度	酯化率 隶属度	综合分
	A	B	空列	C					
K_1	1.47	1.59	1.68	2.34					
K_2	1.01	1.04	1.09	0.48					
K_3	1.60	1.45	1.31	1.26					
k_1	0.49	0.53	0.56	0.78					
k_2	0.34	0.35	0.36	0.16					
k_3	0.53	0.48	0.44	0.42					
极差 R	0.19	0.18	0.20	0.62					
因素主次			$C > A > B$						
较优组合			$A_3 B_1 C_1$						

表 8–17 中计算过程及结果分析：

（1）计算隶属度

指标隶属度 =（指标值 – 指标最小值）/（指标最大值 – 指标最小值）

故 3 号试验的取代度隶属度 =（2.45 – 2.18）/（2.96 – 2.18）= 0.35，3 号试验的酯化度隶属度 =（54.31 – 40.36）/（65.70 – 40.36）= 0.55，3 号试验的综合分 = 0.35 × 0.4 + 0.55 × 0.6 = 0.47；同理求得其他实验隶属度及综合分。

（2）计算 K 值、k 值、R 值　对 A 因素而言：$K_1 = 1 + 0 + 0.47 = 1.47$，$k_1 = 1.47 \div 3 = 0.49$；$K_2 = 0.29 + 0.54 + 0.18 = 1.01$，$k_2 = 1.01 \div 3 = 0.34$；$K_3 = 0.30 + 0.50 + 0.80 = 1.60$，$k_3 = 1.60 \div 3 = 0.53$；$R = 0.53 – 0.34 = 0.19$。同理求得其他因素 K 值、k 值、R 值。

（3）因素主次　不考虑因素之间的交互作用，且由 R 的大小 $C > A > B$ 得各因素的主次顺序为 C（乙酸酐用量），A（反应时间），B（吡啶用量）。

（4）较优方案的确定　根据 k 值的大小确定较优组合为 $A_3 B_1 C_1$，即反应时间 5h，吡啶用量 150g，乙酸酐用量 100g。

由上述例题可知，综合评分法特点为：①将多指标的问题，转换成了单指标的问题，使结果的分析计算量小，简单方便。②结果分析的可靠性主要取决于评分的合理性，但准确评分难。

三、有交互作用正交试验设计的极差分析

1. 交互作用的概念

前面所讨论的正交试验设计与结果分析问题，都是因素间没有（或不考虑）交互作用的情况。事实上，因素之间总是存在着交互作用的，这是客观存在的普

遍现象，只不过交互作用的程度不同而已。一般地，当交互作用很小时，就认为不存在交互作用。在许多试验中，不仅因素对指标有影响，而且因素之间还会联合搭配起来对指标产生影响。因素对试验总效果的影响是由每个因素的单独作用再加上各个因素之间的搭配作用决定的。这种因素间的联合搭配对试验指标产生的影响作用称为交互作用。

在试验设计中，表示因素 A、B 间的交互作用记作 $A \times B$，称作一级交互作用；表示因素 A、B、C 之间的交互作用记作 $A \times B \times C$，称作二级交互作用；以此类推，还有三级、四级交互作用。二级和三级以上交互作用称为高级交互作用。

2. 交互作用的处理原则

在试验设计中，交互作用一律当作因素看待。这是处理交互作用问题的一条总的原则。作为因素，各级交互作用都可以安排在能考虑交互作用的正交表的相应列上，它们对试验指标的影响都可以分析清楚，而且计算非常简便。但交互作用又与因素不同，表现在以下方面。

（1）交互作用的列不影响试验方案及其实施。

（2）一个交互作用并不一定只占正交表的一列，而是占有 $(m-1)^p$ 列。即表头设计时，交互作用所占正交表的列数与因素的水平 m 有关，与交互作用级数 p 有关。

显然，两水平因素的各级交互作用列均占一列；对于三水平因素，一级交互作用占两列，二级交互作用占四列……可见，m 和 p 越大交互作用所占列数就越多。

一般在多因素试验中，如果所有各级交互作用全考虑的话，所选正交表的试验号必然等于其全面试验的次数。这显然是不可取的。因此，为突出正交试验设计可以大量减少试验次数的优点，必须在满足试验要求的条件下，忽略某些可以忽略的交互作用，有选择地、合理地考查某些交互作用，这需要综合考虑试验目的、专业知识、以往的经验及现有试验条件等多方面情况。

一般交互作用的处理原则如下所述。

（1）忽略高级交互作用。

（2）有选择的考虑一级交互作用。

（3）试验因素尽量取两个水平　两水平因素的各级交互作用均只占一列；因此，因素选取两个水平，可以减少交互作用所占列数。

3. 交互作用的判别

下面通过例子对交互作用的判别进行说明。

【例 8-4】茄汁鲭鱼罐头不脱水加工工艺比传统加工工艺有许多优点，但也存在产品固形物含量不稳定的问题。为解决这一问题，今欲探讨杀菌温度和杀菌时间对固形物含量稳定性的影响，杀菌温度和时间各取两个水平，如表 8-18 所示。

表 8-18		【例 8-4】因素水平表	
水平	因素	杀菌时间/min	杀菌温度/℃
1		55	116
2		65	121

试验后。在 A、B 各种搭配下成品固形物含量如表 8-19 所示。

表 8-19		【例 8-4】的试验结果	
B	A	A_1	A_2
	B_1	70.3	80.8
	B_2	75.6	68.0

根据表 8-19 数据作图，如图 8-2 所示。

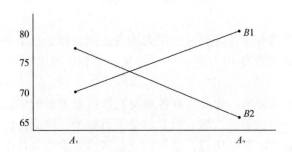

图 8-2　A 和 B 的交互作用情况

如图 8-2 所示，在 B_1 水平下，A_2 比 A_1 固形物含量高，高出 10.5%，但在 B_2 条件下，A_2 比 A_1 的固形物含量低，低 7.6%。这就是说，A 因素的水平好坏，受 B 因素水平的控制，这种情况就称为因素 A 与因素 B 有交互作用。

假设试验结果如表 8-20 所示那种情况，由表中试验数据作图，如图 8-3 所示。

表 8-20		【例 8-3】的试验结果	
B	A	A_1	A_2
	B_1	70	80
	B_2	65	75

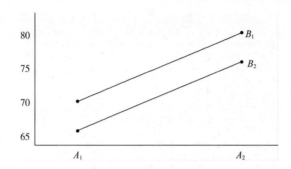

图 8 - 3　A 和 B 的交互作用情况

如图 8 - 3 所示，无论 B 取哪个水平，A_2 水平下成品固形物含量总比 A_1 水平下高 10％；同样，无论 A 取哪个水平，B_2 水平下成品固形物含量总比 B_1 水平下低 15％。也就是，A 因素水平的好坏（或好坏程度）不受 B 因素水平的影响，反之亦然。这种情况称为因素 A 与因素 B 之间无交互作用。

4. 应用实例

【例 8 - 5】豇豆脱水正交试验设计。以干制品中维生素 C 含量为指标，维生素 C 含量越高越好。研究 3 个因素，每因素取 2 水平。因素水平，如表 8 - 21 所示。

表 8 - 21　　　　　　　　　　【例 8 - 5】的因素水平表

水平 \ 因素	A	B	C
	介质温度/℃	介质速度/（m/s）	漂烫时间/min
1	70	0.5	5
2	60	0.7	7

试验中，除考查因素 A、B、C 的单独作用外，还要考查任两个因素的交互作用。因此，试验选用 $L_8(2^7)$ 正交表。试验结果和极差分析如表 8 - 22 所示。

表 8 - 22　　　　　　　　　【例 8 - 5】的正交试验结果和极差分析表

试验号	因素							维生素 C 含量 / （mg/kg）
	A	B	$A \times B$	C	$A \times C$	$B \times C$	空列	
1	1	1	1	1	1	1	1	23.627
2	1	1	1	2	2	2	2	20.250
3	1	2	2	1	1	2	2	28.300
4	1	2	2	2	2	2	1	23.433

续表

试验号	因素							维生素 C 含量 / (mg/kg)
	A	B	$A \times B$	C	$A \times C$	$B \times C$	空列	
5	2	1	2	1	2	1	2	30.276
6	2	1	2	2	1	2	1	32.498
7	2	2	1	1	2	2	1	25.435
8	2	2	1	2	1	1	2	24.863
K_1	95.610	106.651	94.175	107.638	109.288	102.199	104.993	$T = 208.682$
K_2	113.072	102.031	114.507	101.044	99.394	106.486	103.689	
k_1	23.903	26.663	23.544	26.910	27.322	25.550	26.248	
k_2	28.268	25.508	28.627	25.261	27.848	26.621	25.922	
R_j	4.365	1.155	5.083	1.649	2.474	1.071	0.326	
jysp	A_2	B_1	$(A \times B)_2$	C_1	$(A \times C)_1$	$(B \times C)_2$		
因素主次			$A \times B > A > A \times C > C > B > B \times C$					
较优搭配			$A_2 \times B_1$，$A_2 \times C_2$					

由表 8-21 中可以看出各因素及其交互作用的直观分析结果（包括 K 值、k 值、R 值、较优水平、因素主次和较优搭配），如果不考虑交互作用，根据试验指标越大越好，可以得到较优组合为 $A_2B_1C_1$。但是根据排出的因素主次可知，交互作用 $A \times B$ 排在第一位，交互作用 $A \times C$ 排在第三位，所以确定 A、B 的水平应该按因素 A、B 各水平搭配好坏来确定，确定 C 的水平应该按因素 A、C 各水平搭配好坏来确定。如表 8-23、表 8-24 所示。

表 8-23　　　　　　　　【例 8-5】中的 A、B 水平搭配表

因素	A_1	A_2
B_1	$(y_1 + y_2)$ /2 = (23.627 + 20.250) /2 = 21.758	$(y_5 + y_6)$ /2 = (30.276 + 32.498) /2 = 31.387
B_2	$(y_3 + y_4)$ /2 = (28.300 + 23.433) /2 = 25.866	$(y_7 + y_8)$ /2 = (25.435 + 24.863) /2 = 25.149

表 8-24　　　　　　　　【例 8-5】中的 A、C 水平搭配表

因素	A_1	A_2
C_1	$(y_1 + y_3)$ /2 = (23.627 + 28.300) /2 = 25.964	$(y_5 + y_7)$ /2 = (30.276 + 25.435) /2 = 27.856
C_2	$(y_2 + y_4)$ /2 = (20.250 + 23.433) /2 = 21.842	$(y_6 + y_8)$ /2 = (32.498 + 24.863) /2 = 28.680

比较表 8-22 中的四个值，31.387 最大，所以取 31.387 对应的组合 A_2B_1 为最优组合，比较表 8-23 中的四个值，28.680 最大，所以取 28.680 对应的组合 A_2C_2

为最优组合，因此本试验的最优组合为 $A_2B_1C_2$，即介质温度 60℃、介质速度 0.5m/s、漂烫时间 7min。显然，不考虑交互作用的较优组合（本实验为 $A_2B_1C_1$）和考虑交互作用时的较优组合（$A_2B_1C_2$）不完全一致，这正反映了因素间交互作用对试验结果的影响。

因此，有交互作用与无交互作用的区别是排列因素主次顺序时应该包括交互作用；确定较优方案时要考虑交互作用的影响。

项目三 正交试验设计结果的方差分析法

极差分析法简单明了，通俗易懂，计算工作量少便于推广普及。但这种方法也有缺陷，具体如下所述。

（1）利用空列的 R 值作为判断各因素和交互作用的误差界限，不够精确。而对于那些没有空列的设计，就无法判断其误差的大小。

（2）此外，各因素对试验结果的影响大小无法给以精确的数量估计，不能提出一个标准来判断所考察因素对指标影响是否显著。为了弥补极差分析的缺陷，可采用方差分析。

正交试验的正交分析一般包括下面几部分内容。

（1）判断哪些因素对指标的影响是显著的，哪些是不显著的。

（2）找出参数水平的较优组合。

（3）较优组合方案指标的预测。

一、方差分析的基本步骤与格式

用正交表 $L_n(r^m)$ 来安排试验，则总的试验次数为 n，每个因素的水平数为 r，正交表的列数为 m，试验结果为 x_i（$i = 1, 2, \cdots, n$）。

1. 计算离差平方和

（1）总离差平方和

$$SS_T = \sum_{i=1}^{n}(y_i - \bar{y})^2 = \sum_{i=1}^{n}y_i^2 - \frac{1}{n}(\sum_{i=1}^{n}y_i)^2 = Q - P \tag{8-1}$$

式中

$$T = \sum_{i=1}^{n}y_i \qquad Q = \sum_{i=1}^{n}y_i^2 \qquad P = \frac{1}{n}(\sum_{i=1}^{n}y_i)^2 = \frac{T^2}{n} \tag{8-2}$$

（2）各因素引起的离差平方和　第 j 列所引起的离差平方和

$$SS_J = \frac{r}{n}(\sum_{i=1}^{n}K_i^2) - \frac{T^2}{n} = \frac{r}{n}(\sum_{i=1}^{n}K_i^2) - P \tag{8-3}$$

因此

$$SS_T = \sum_{j=1}^{m}SS_j \tag{8-4}$$

（3）交互作用的离差平方和　若交互作用只占有一列，则其离差平方和就等于所在列的离差平方和 SS_j，若交互作用占有多列，则其离差平方和等于所占多列离差平方和之和，如 $A \times B$ 的交互作用有两列，则

$$SS_{A \times B} = SS_{(A \times B)_1} + SS_{(A \times B)_2} \tag{8-5}$$

（4）试验误差的离差平方和　方差分析时，在进行表头设计时一般要求留有空列，即误差列，误差的离差平方和为所有空列所对应离差平方和之和即

$$SS_e = \sum SS_{空列} \tag{8-6}$$

2. 计算自由度

（1）总自由度　$df_T = n - 1$。

（2）任一列离差平方和对应的自由度　$df_j = r - 1$。

（3）交互作用的自由度　（以 $A \times B$ 为例）：

$$df_{A \times B} = df_A \times df_B \qquad df_{A \times B} = (r - 1)df_j$$

若 $r = 2$，$df_{A \times B} = df_j$

若 $r = 3$，$df_{A \times B} = 2df_j = df_A + df_B$

（4）误差的自由度　$df_e =$ 空白列自由度之和。

3. 计算均方

将各离差平方和分别除以各自相应的自由度，即得到均方

$$MS_A = \frac{SS_A}{df_A}; \ MS_{A \times B} = \frac{SS_{A \times B}}{df_{A \times B}}; \ MS_e = \frac{SS_e}{df_e} \tag{8-7}$$

4. 计算 F 值

各均方除以误差的均方得到 F 值，例如

$$F_A = \frac{MS_A}{MS_e}; \ F_{A \times B} = \frac{MS_{A \times B}}{MS_e} \tag{8-8}$$

5. 显著性检验

例如：若 $F_A > F_\alpha(df_A, df_e)$，则因素 A 对试验结果有显著影响。

若 $F_{A \times B} > F_\alpha(df_{A \times B}, df_e)$，则交互作用 $A \times B$ 对试验结果有显著影响。

6. 列方差分析表

经上述计算后，列出方差分析表，如表 8 – 25 所示。

表 8 – 25　　　　　　　　　　　　方差分析表

方差来源	离差平方和 SS	自由度 df	均方 MS	F 值	F_α
A	$SS_A = SS_1$	$df_A = m - 1$	$MS_A = SS_A / df_A$	$F_A = MS_A / MS_e$	$F_\alpha(df_A, df_e)$
B	$SS_B = SS_2$	$df_B = m - 1$	$MS_B = SS_B / df_B$	$F_B = MS_B / MS_e$	
$A \times B$	$SS_{A \times B} = SS_3$	$df_{A \times B} = df_A \times df_B$	$MS_{A \times B} = SS_{A \times B} / df_{A \times B}$	$F_{A \times B} = MS_{A \times B} / MS_e$	
…	…	…	…	…	
误差 e	SS_e	df_e	$MS_e = SS_e / df_e$		
总和 T	SS_T	$df_T = n - 1$			

7. 选取较优组合

根据 k_j 找出较优水平，根据 F 确定因素主次，确定交互作用的优搭配。

显著因素选较优水平，显著交互选较优搭配，若有矛盾且交互作用比单一因素显著，则以优搭配为主。

不显著因素若无显著的交互作用，则选合适水平，在以后的研究中作固定参数。

不显著交互作用忽略。

确定较优组合：显著因素选较优水平，不显著因素选合适水平。

二、应用实例

【例 8 - 6】某一种抗生素的发酵培养基由 A、B、C，三种成分组成，各有两个水平，除考查 A、B、C 三个因素的主效因外，还考查 A 与 B、B 与 C 的交互作用。试安排一个正交试验方案并进行结果分析。

本试验目的为探究影响抗生素发酵培养基的因素，试验指标为发酵培养基产量，根据题意因素水平，如表 8 - 26 所示。

表 8 - 26　　　　　　　　　　【例 8 - 6】的因素水平表

水平	因素		
	A	B	C
1	A_1	B_1	C_1
2	A_2	B_2	C_2

试验除考查 A、B、C 三个因素的主效因外，还考查 $A \times B$、$B \times C$ 的交互作用，因此，试验选用 $L_8(2^7)$ 正交表。试验结果和极差分析，如表 8 - 27 所示。

表 8 - 27　　　　　　　　　　【例 8 - 6】的正交试验极差分析结果

试验号	因素							结果（y_i）
	A	B	$A \times B$	C	空列	$B \times C$	空列	
1	1	1	1	1	1	1	1	55
2	1	1	1	2	2	2	2	38
3	1	2	2	1	1	2	2	97
4	1	2	2	2	2	1	1	89
5	2	1	2	1	2	1	2	122
6	2	1	2	2	1	2	1	124
7	2	2	1	1	2	2	1	79
8	2	2	1	2	1	1	2	61

续表

试验号	因素							结果（y_i）
	A	B	$A \times B$	C	空列	$B \times C$	空列	
K_1	279	339	233	353	337	327	347	
K_2	386	326	432	312	328	338	318	
k_1	69.75	84.75	58.25	88.25	84.25	81.75	86.75	$T = 665$
k_2	96.50	81.50	108.00	78.00	82.00	84.50	79.50	
R_j	26.75	3.25	49.75	10.25	2.25	2.75	7.25	
jysp	A_2	B_1	$(A \times B)_2$	C_1		$(B \times C)_2$		
主次顺序	$A \times B > A > C > B > B \times C$							

试验结果分析：

（1）计算各项平方和

$T^2 = 665^2 = 442225$ $Q = \sum\limits_{i=1}^{n} y_i^2 = 55^2 + 38^2 + \cdots + 61^2 = 62021$ $P = T^2/n = 665^2/8 = 55278.125$；

总平方和 $SS_T = Q - P = = 6742.875$；

A 因素平方和 $SS_A = \dfrac{r}{n}\sum\limits_{i=1}^{n} K_{iA}^2 - P = (279^2 + 386^2)/4 - 55278.1250 = 1431.125$；

B 因素平方和 $SS_B = \dfrac{r}{n}\sum\limits_{i=1}^{n} K_{iB}^2 - P = (339^2 + 326^2)/4 - 55278.1250 = 21.125$；

C 因素平方和 $SS_C = \dfrac{r}{n}\sum\limits_{i=1}^{n} K_{iC}^2 - P = (353^2 + 312^2)/4 - 55278.1250 = 210.125$；

$A \times B$ 平方和 $SS_{A \times B} = \dfrac{r}{n}\sum\limits_{i=1}^{n} K_{i(A \times B)}^2 - P = (233^2 + 432^2)/4 - 55278.1250 = 4950.125$；

$B \times C$ 平方和 $SS_{B \times C} = \dfrac{r}{n}\sum\limits_{i=1}^{n} K_{i(B \times C)}^2 - P = (327^2 + 338^2)/4 - 55278.1250 = 15.125$；

误差平方和 $SS_e = SS_T - SS_A - SS_B - SS_{A \times B} - SS_{B \times C}$

$= 6742.8750 - 1431.1250 - 21.1250 - 210.1250 - 4950.1250 - 15.1250$

$= 115.250$。

（2）计算自由度

总自由度 $df_T = n - 1 = 8 - 1 = 7$

各因素自由度 $df_A = d_{fB} = df_C = 2 - 1 = 1$

交互作用自由度 $df_{A \times B} = df_{B \times C} = (2-1) \times (2-1) = 1$

误差自由度 $df_e = df_T - df_A - df_C - df_{A \times B} - df_{B \times C} = 7 - 1 - 1 - 1 - 1 - 1 = 2$

（3）列出方差统计表，进行 F 检验。方差分析结果如表 8-28 所示。

方差来源	离差平方和 SS	自由度 df	均方 MS	F 值	F_α
A	1431.125	1	1431.125	24.8351*	$F_{0.01}$ (1, 2) =98.49
B	21.125	1	21.125	0.3666	$F_{0.05}$ (1, 2) =18.51
$A \times B$	4950.125	1	4950.125	85.9042*	
C	210.125	1	210.125	3.6464	
空列	10.125	1	10.125		
$B \times C$	15.125	1	15.125	0.2625	
空列	105.125	1	105.125		
误差	115.250	2	57.625		
总和	6742.875	7			

表 8 – 28　　　　　　　　　　　【例 8 – 5】的方差分析表

F 检验结果表明：A 因素和交互作用 $A \times B$ 显著，B、C 因素及 $B \times C$ 交互作用不显著。

（4）优方案的确定　因交互作用 $A \times B$ 显著，确定 A、B 的水平应该按因素 A、B 各水平搭配好坏来确定，以选出 A 与 B 的最优水平组合。

计算出 A 与 B 各水平组合的平均数：

A_1B_1 水平组合的平均数 = （55 + 38）/2 = 46.50。

A_1B_2 水平组合的平均数 = （97 + 89）/2 = 93.00。

A_2B_1 水平组合的平均数 = （122 + 124）/2 = 123.00。

A_2B_2 水平组合的平均数 = （79 + 61）/2 = 70.00。

四个值中，123.00 最大，所以取 123.00 对应的组合 A_2B_1 为最优组合，C 因素取有水平 C_1，因此本实验的较优搭配为 $A_2B_1C_1$。

练习题

1. 正交表有哪些类型？

2. 简述正交试验设计的基本程序。

3. 自溶酵母提取物是一种多用途食品配料，为探讨外加中性蛋白酶的方法，需作啤酒酵母的最适自溶条件试验，为此安排如下试验，试验指标为自溶液中蛋白质含量（％），取含量越高越好。因素水平如下表所示。

不同因素下啤酒酵母试验

水平	因素		
	A/℃	B （pH）	C/%
1	50	6.5	2.0
2	55	7.0	2.4
3	58	7.5	2.8

试验结果如下，试进行直观分析和方差分析，找出使产量为最高的条件。

试验号	A	B	C	空列	含量
1	1	1	1	1	6.25
2	1	2	2	2	4.97
3	1	3	3	3	4.54
4	2	1	2	3	7.53
5	2	2	3	1	5.54
6	2	3	1	2	5.50
7	3	1	3	2	11.40
8	3	2	1	2	10.90
9	3	3	2	1	8.95

4. 某试验考查因素 A、B、C、D 选用表，将因素 A、B、C、D 依次排在第 1，2，3，4 列上，所得 9 个试验结果依次为

45.5, 33.0, 32.5, 36.5, 32.0, 14.5, 40.5, 33.0, 28.0

试用极差分析方法指出较优工艺条件及因素影响的主次，并作因素－指标图。

5. 某四种因素两水平试验，除考查因素 A，B，C，D 外，还需要考查，今选用表，将 A，B，C，D 依次排在第 1、2、4、5 列上，所得 8 个试验结果依次为

12.8   28.2   26.1   35.3   30.5   4.3   33.3   4.0

试用极差分析法指出因素（包括交互作用）的主次顺序及较优工艺条件。

6. 某棉纺厂为了研究并条机的工艺参数对条子条干不匀率的影响，从而找出较优工艺条件进行生产，进行了三因素三水平试验，因素水平如下表。由经验知各因素间交互作用可以忽略。选表，将 A，B，C 依次排在第 1、2、3 列上。9 个试验结果依次为

21.5   21.3   19.8   22.6   21.4   19.7   22.8   20.4   20.0

试分别用极差分析法和方差分析法找出较优工艺条件，并画出因素－指标图。

水平	因素		
	A（罗拉加压）	B（后区牵伸）	C（后区隔距）
1	10×11×10（原工艺）	1.8（原工艺）	6（原工艺）
2	11×12×10	1.67	8
3	13×14×13	1.5	10

7. 为了提高某检测方法的回收率进行正交试验设计。据实际检测经验可知，

影响回收率的有 A、B、C、D 四因素，各有 1 和 2 两个水平，且 A 与 B 有交互作用，8 个试验结果是：

$$86, 95, 91, 94, 91, 96, 83, 88$$

试用方差分析法，找出最佳试验方法。

第三章

实训练习

Excel 在图表绘制中的应用

目的

1. 了解试验设计与数据处理常用的软件 Excel、Origin、SAS 等。

2. 掌握并熟练使用 Excel 分析软件创建数据表格，进行数据的整理，并进行简单的函数计算。

3. 掌握并熟练使用 Excel 制作线图、圆形图等，对数据进行整理与分析。

4. 掌握并熟练使用 Excel 在连续性变数和间断性变数资料整理中的应用。

项目一 试验设计与数据处理相关软件介绍

试验设计与数据处理常用的软件有 Excel、Origin、SAS 等，合理地使用软件可以使研究工作事半功倍。

一、Microsoft Office Excel

Microsoft Office Excel 是微软公司的办公软件 Microsoft office 的组件之一，简称为 Excel。Excel 是目前应用最广泛的表格处理软件之一，具有强有力的数据库管理、丰富的函数及图表功能，Excel 在试验设计与数据处理中的应用主要体现在图表功能、公式与函数、数据分析工具这几个方面。由于高职学生涉及试验分析相对简单，Excel 即能满足学习所需，因此本书试验分析以 Excel 为主。

二、Origin

Origin 为 Origin Lab 公司出品的专业函数绘图软件。Origin 具有数据分析和绘图两大主要功能。数据分析主要包括统计、信号处理、图像处理、峰值分析和曲线拟合等功能。分析数据时，将数据准备好，选择要分析的数据，再选择相应的菜单命令即可。绘图功能基于模板，Origin 提供了几十种二维和三维绘图模板，并允许用户自己定制模板。绘图时，只要选择所需要的模板即可。Origin 可以导入包括 ASCII、Excel、pClamp 等多种数据。Origin 图形可以输出如 JPEG、GIF、EPS、TIFF 等多种格式的图像文件。Origin 里面也支持编程，以方便拓展 Origin 的功能和执行批处理任务。

三、SAS

SAS（Statistical Analysis System）是目前国际上最著名的数学统计分析软件之一，它由数十个专用模块构成，功能包括数据访问、数据储存及管理、应用开发、图形处理、数据分析、报告编制、运筹学方法、计量经济学与预测等。SAS 系统基本上可以分为四大部分：SAS 数据库部分，SAS 分析核心，SAS 开发呈现工具，SAS 对分布处理模式的支持及其数据仓库设计。

四、Design Expert

Design – Expert 是全球顶尖的试验设计软件，是最容易使用、功能最完整、界面最具亲和力的软件。在已经发表的有关响应面（RSM）优化试验的论文中，Design – Expert 是最广泛使用的软件。

五、正交设计助手

正交试验设计（Orthogonal experimental design）是研究多因素多水平的一种设计方法，它根据正交性从全面试验中挑选出部分有代表性的点进行试验，这些点具备"均匀分散，齐整可比"的特点，是一种高效率、快速、经济的试验设计方法。正交设计助手是一款针对正交试验设计及结果分析而制作的专业软件。正交设计方法是我们常用的试验设计方法，它让我们以较少的试验次数得到更科学的试验结论。但是我们经常不得不重复一些机械的工作，比如填试验安排表，计算各个水平的均值等等。正交设计助手可以帮助完成这些繁琐的工作。在本书模块十二将会为大家详细的介绍正交设计助手。

六、SPSS

SPSS 是世界著名的统计软件之一，它应用于自然科学、社会科学等各个领域的数据统计处理。关于 SPSS 的介绍详见实训五。

项目二 Excel 在图表绘制中的应用

表格和图例是试验数据分析的两种基本表现方式。表格能将杂乱的数据简明、有条理地组织起来，图例则能将实验数据形象地显示出来，这是处理和分析数据的最基本技能。

一、列表法

在整理和分析试验数据的过程中，表格是显示数据不可缺少的基本工具。许多杂乱无章的数据，既不便于阅读，也不便于理解和分析，一旦整理在一张表格内，就会使这些试验数据变得一目了然，清晰易懂。因此，绘制表格是做好试验数据处理的基本要求。

列表法就是将试验数据列成表格，将各变量的数值依照一定的形式和顺序一一对应起来，它通常是整理数据的第一步。试验数据记录表是试验记录和试验数据初步整理的表格，是专门根据试验内容设计的一种表格。表中数据可分为三类：原始数据，中间数据和最终计算结果。试验数据记录表必须在试验正式开始之前列出，可以使试验数据记录更有计划，而且也不容易遗漏数据（表 9－1）。

表 9－1　　　　　　　　　　果汁中酸度测定记录单

基本信息	样品名称		样品编号		
	检测项目		检测日期		
分析条件	依据标准		检测方法		
	仪器名称		仪器状态		
	试验环境	温度/℃		湿度/%	
分析数据	平行试验	1	2	3	空白
	数据记录				
	检测结果				

试验数据记录表一般由三个部分组成，即表名、表头和数据资料。必要时还可以在表格下方加上表外附加。表名应放在表的上方，主要用于说明表的主要内容，为了应用方便，还应包括表号。表头通常放在第一行或第一列，也可以根据记录情况进行调整，它主要是表示所研究问题的类别名称和指标名称。数据资料是表格的主要部分，应按一定的规律排列；表外附加通常放在表格下方，主要是一些不便列在表内的内容，如指标注释、资料来源、不变的试验数据等。

由于使用者的目的和试验数据的特点不同，试验数据记录表在形式和结构上会有较大的差异，但基本原则是一致的。在拟定时应注意下列事项：

（1）表格设计应简明合理，层次清晰，以便于阅读和使用。

（2）表头要列出变量的名称，符号和单位，如果表中所有数据的单位都相同，这时可以在表的右上角标明单位。

（3）要注意有效数字位数，即记录的数字与试验的精度相匹配。

（4）试验数据较大或较小时，要用科学计数法来表示，将 $10^{\pm n}$ 符号记录在表头。

（5）数据表格记录要正规，原始数据要书写清楚整齐，不得潦草，要记录各种试验条件或现象，并妥为保管。

公式是 Excel 进行数据处理最常用的工具之一，通过公式的应用，用户可以快速计算单元格中的数据结果，并从中整理出数据的关系。在 Excel 中，有一些预定义的公式，不需要用户自己编写，称之为函数。使用者可以直接套用得到可信任的结果而提高办公效率（表 9 - 2）。

表 9 - 2　　　　　　　　　数据处理中常用的 Excel 函数

函数	函数说明
SUM	计算所有参数数值的和
AVERAGE	求出所有参数的算术平均值
COUNT	返回数据库或列表的列中满足指定条件并且包含数字的单元格数目。
STDEV	估算样本的标准偏差
STDEVP	计算样本总体的标准偏差
VAR	计算样本方差
VARP	计算样本总体的方差
MAX	计算数据集中的最大数值
MIN	计算给定参数表中的最小值
HARMEAN	计算一组正数的调和平均值
GEOMEAN	计算一组正数的几何平均值
FTEST	计算 F 检验的结果
PEARSON	计算相关系数 r
RSQ	计算决定系数 R^2

二、图示法

试验数据图示法，就是将试验数据用图形表示出来，使复杂的数据更加直观和形象，在数据分析中，一张好的数据图，往往胜过冗长的文字表述，通过数据图可以直观地看出试验数据变化的特征和规律，它的优点是形象直观、便于比较，容易看出数据中的极值点、转折点、周期性、变化率及其他特性。

用于试验数据处理的图形种类很多，本文主要介绍二维图形，常用的数据图有：线图、散点图、条形图和柱形图、圆形图和环形图等。

1. 线图

线图是将图表中各点之间用线段连起来而形成的连续图形，图中各点的高度代表该点数据的值，它一般用来描述某一变量在一段时间内的变动情况，能较好地反映事物的发展趋势。一般分为单式线图和复式线图。单式线图表示某一种事物或者现象的动态变化情况。复试线图可以在同一图中表示两种及以上事物或者现象的动态变化情况，可用于不同事物或现象的比较。在绘制复试线图时，不同线上的数据点应该用不同的符号表示，以示区别，而且还应在图上明显地注明。

2. 散点图

散点图用于表示两个变量间的相互关系，从散点图可以看出变量关系的统计规律。应用过程中，经常有人将散点图和折线图混淆，其实散点图和折线图的区别很大。折线图可以显示随单位而变化的连续数据，适用于显示在相等间隔下数据的趋势；散点图显示若干数据系列中各数值之间的关系，或者将两组数绘制为XY坐标的一个系列。在折线图中，类别数据沿水平轴均匀分布，所有值数据沿垂直轴均匀分布；散点图有两个数值轴，沿水平轴（X轴）方向显示一组数值数据，沿垂直轴（Y轴）方向显示另一组数值。散点图将这些数值合并到单一数据点并呈现出不均匀间隔或簇。散点图通常用于显示和比较数值，例如科学数据、统计数据和工程数据。

3. 条形图和柱形图

条形图是用等宽条形的长短来表示数据的大小，以反映各数据点的差异。条形图纵置时称为柱形图，柱形图是用等宽长柱的高低表示数据的大小。值得注意的是，这类图形的两个坐标轴的性质不同，其中一条轴为数值轴，用于表示数量属性的因素或变量，另一条轴为分类轴，常表示的是非数量属性因素或变量。此外，条形图和柱形图也有单式和复式两种形式，如果只涉及一项指标，则采用单式，如果涉及两个或两个以上的指标，则可采用复式。

4. 圆形图和环形图

圆形图也称饼图，它可以表示总体中各组分所占的比例。圆形图只适合于包含一个数据系列的情况，它在需要重点突出某个重要项时十分有用。将饼图的总面积看成100%，按各项的构成比将圆面积分成若干份，每3.6°圆心角所对应的面积1%，以扇形面积的大小来分别表示各项的比例。

◁ 项目三　Excel绘制图表实例

一、单式线图、标准误差

应用Excel计算标准误差并绘制单式线图，具体操作案例如下。

维生素 C 广泛存在各种新鲜蔬果中，是人体必备的重要营养素之一。测定新鲜采摘西红柿中维生素 C 含量，再测定贮藏 2、4、6、8d 后西红柿中维生素 C 含量，平行测定五次，数据如表 9 - 3 所示。求贮藏过程中，西红柿中维生素 C 平均值和样本标准误差，并作图。

表 9 - 3　　　　　　西红柿维生素 C 含量随储存天数的变化　　　　单位：mg/100g

储存天数/d	1	2	3	4	5
0	269	257	278	262	273
2	245	221	235	242	245
4	147	152	139	162	128
6	103	110	109	98	113
8	99	87	89	92	79

【具体步骤】

（1）将表格复制到 Excel，求出平均值（AVERAGE）和标准差（STDEV），并保留一位小数点。如图 9 - 1 所示。

A 储存天数/d	B 1	C 2	D 3	E 4	F 5	G 平均值	H 标准差
0	269	257	278	262	273	267.8	8.4
2	245	221	235	242	245	237.6	10.1
4	147	152	139	162	128	145.6	12.9
6	103	110	109	98	113	106.6	6.0
8	99	87	89	92	79	89.2	7.3

图 9 - 1　将表格复制到 Excel

（2）在 Excel 中选中平均值这一列。如图 9 - 2 所示。

	A 储存天数/d	B 1	C 2	D 3	E 4	F 5	G 平均值	H 标准差
1	储存天数/d	1	2	3	4	5	平均值	标准差
2	0	269	257	278	262	273	267.8	8.4
3	2	245	221	235	242	245	237.6	10.1
4	4	147	152	139	162	128	145.6	12.9
5	6	103	110	109	98	113	106.6	6.0
6	8	99	87	89	92	79	89.2	7.3
7								
8								

图 9 - 2　选中平均值

（3）在 Excel 中选择插入，然后在界面中找到图标 ⩓· 并点击，然后选择带数据标志的折线图。如图 9 - 3 所示。

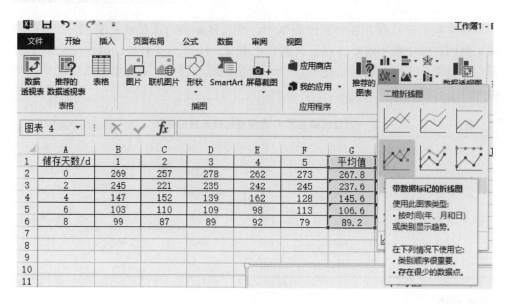

<table>
<thead>
<tr><th>储存天数/d</th><th>1</th><th>2</th><th>3</th><th>4</th><th>5</th><th>平均值</th></tr>
</thead>
<tbody>
<tr><td>0</td><td>269</td><td>257</td><td>278</td><td>262</td><td>273</td><td>267.8</td></tr>
<tr><td>2</td><td>245</td><td>221</td><td>235</td><td>242</td><td>245</td><td>237.6</td></tr>
<tr><td>4</td><td>147</td><td>152</td><td>139</td><td>162</td><td>128</td><td>145.6</td></tr>
<tr><td>6</td><td>103</td><td>110</td><td>109</td><td>98</td><td>113</td><td>106.6</td></tr>
<tr><td>8</td><td>99</td><td>87</td><td>89</td><td>92</td><td>79</td><td>89.2</td></tr>
</tbody>
</table>

图9-3　选择折线图

（4）Sheet 表中出现折线图框，选中折线图框，点击右键对话框中选择"选择数据"。如图9-4所示。

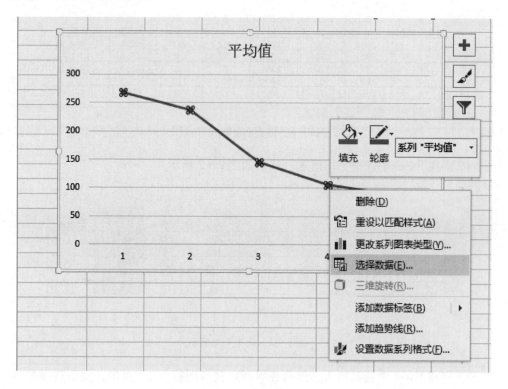

图9-4　编辑折线图

（5）点开"水平（分类）轴标签"下的 编辑(T) 。如图9-5所示。

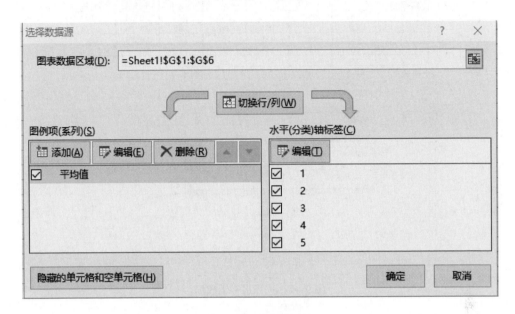

图9-5　编辑水平轴

（6）出现水平（分类）轴标签编辑对话框，点击 图 选择区域。如图9-6所示。

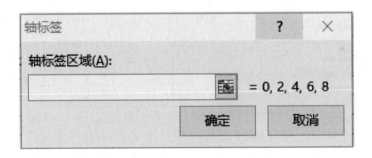

图9-6　轴标签

（7）选择储存天数下方数据，点击确定，回到选择数据对话框，点击确定。如图9-7所示。

（8）鼠标点击 图表 中误差线的标准误差。如图9-8所示。

（9）鼠标左键点击误差线，界面右侧出现设置误差线格式对话框，方向选择正负偏差，末端样式选择线端，误差量选择自定义。如图9-9所示。

（10）点击自定义中指定值，出现自定义错误栏，正错误值与负错误值均选择标准差下数值。如图9-10、图9-11所示。

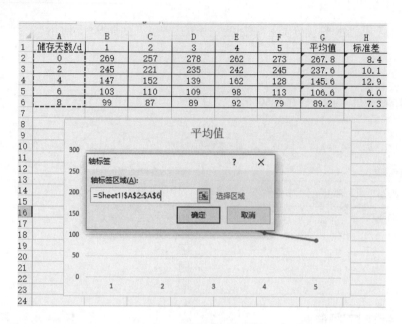

图 9 - 7　选择水平轴数据

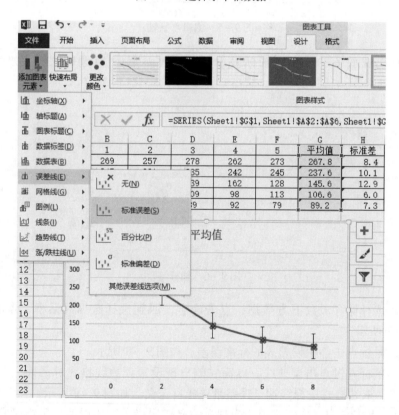

图 9 - 8　添加误差线

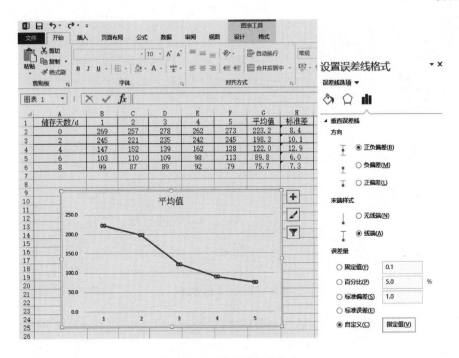

图 9-9　设置误差线格式

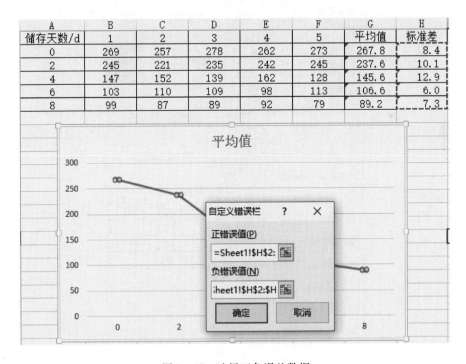

图 9-10　选择正负误差数据

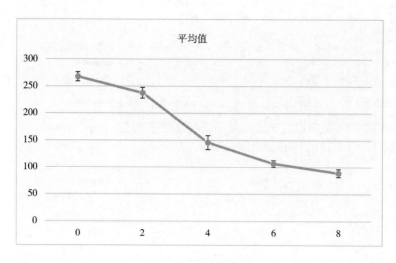

图 9 - 11　正负误差图

（11）设计界面选择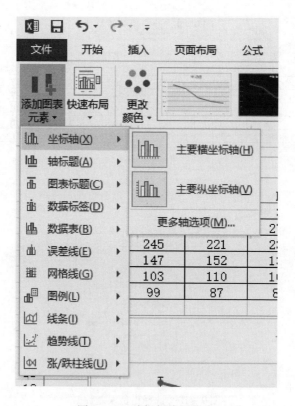，添加主要横坐标轴和纵坐标轴。如图 9 - 12 所示。

图 9 - 12　编辑折线图格式

（12）分别选中纵坐标、横坐标、网络线、图表区域和绘图区，修改设置，将图表修改成需要的格式，得到最终图形，如图 9 - 13 所示。

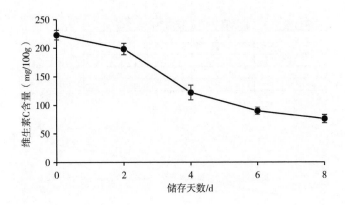

图 9 - 13　西红柿维生素 C 含量随储存天数的变化（mg/100g）

二、复试线图和双坐标轴应用

应用 Excel 绘制复式线图和双坐标轴，具体操作案例如下。

研究料液比 1∶25，调 pH 至 10 ~ 11，酶添加量为 3%，在 55 ℃ 条件下分别酶解 1h、2h、3h、4h、5h，测定这些条件对绿豆蛋白提取的影响。其结果如表 9 - 4 所示，请根据表 9 - 4 作折线图。

表 9 - 4　　　　　　　　　　酶解时间对蛋白质含量及固含量影响

酶解时间/h	固含量/%	蛋白质含量/（mg/mL）	酶解时间/h	固含量/%	蛋白质含量/（mg/mL）
1	5.6	4.26	4	5.6	7.78
2	5.4	5.2	5	5.9	8.68
3	5.8	6.15			

【具体步骤】

（1）将表格复制到 Excel。如图 9 - 14 所示。

	A	B	C
	酶解时间（h）	固含量（%）	蛋白质含量（mg/mL）
	1	5.6	4.26
	2	5.4	5.2
	3	5.8	6.15
	4	5.6	7.78
	5	5.9	8.68

图 9 - 14　将表格复制到 Excel

（2）以酶解时间为横坐标，固含量和蛋白质含量为纵坐标做出折线图。如图
9－15 所示。

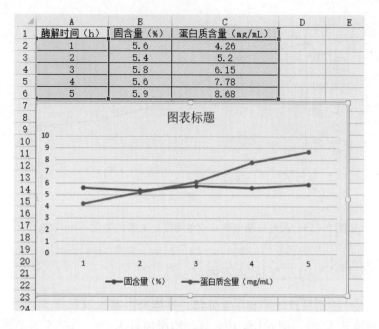

图 9－15　做折线图

（3）将标志固含量的曲线放置于次坐标轴。选中标志固含量的曲线点击右键，
选择设置数据系列格式，出现设置数据系列格式对话框，在系列选项中选择系列
绘制在次坐标轴。如图 9－16、图 9－17 所示。

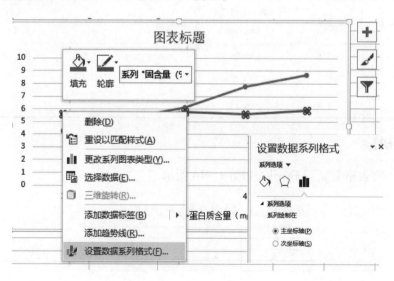

图 9－16　设置数据系列格式

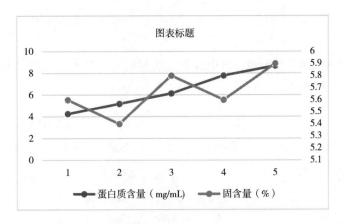

图 9 - 17　编辑表格格式

（4）选择表格出现图表工具，将图表修改成需要的格式，如图 9 - 18 所示。

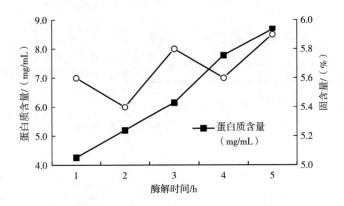

图 9 - 18　酶解时间对蛋白质含量及固含量影响

三、单式柱形图和复式条形图

应用 Excel 绘制单式柱形图和复式条形图，具体操作案例如下。

表 9 - 5 表示采用碱提法、醇提法、酶提法和微波法从植物 1 和植物 2 中提取有效成分的提取率（%）。请用单式柱形图表示从植物 1 中提取有效成分的试验中，不同提取效果的比较；用复式条形图表示不同提取方法对两种植物中有效成分提取率的比较。

表 9 - 5	采用不同方法提取植物有效成分的提取率			单位：%
	碱提法	醇提法	酶提法	微波法
植物 1	3. 3	4. 7	8. 6	9. 3
植物 2	3. 8	5. 2	9. 5	9. 8

【具体步骤】

（1）将表格复制到 Excel，选中提取方法和植物 1 两行，点击柱状图中二维柱状图。如图 9－19 所示。

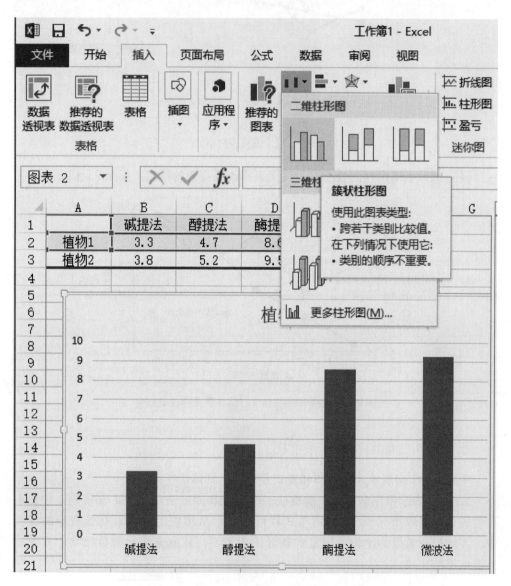

图 9－19　做单式柱状图

（2）选中全部表格，点击条状图中二维条状图。如图 9－20 所示。

（3）选择表格出现图表工具，将图表修改成需要的格式，如图 9－21、图9－22 所示。

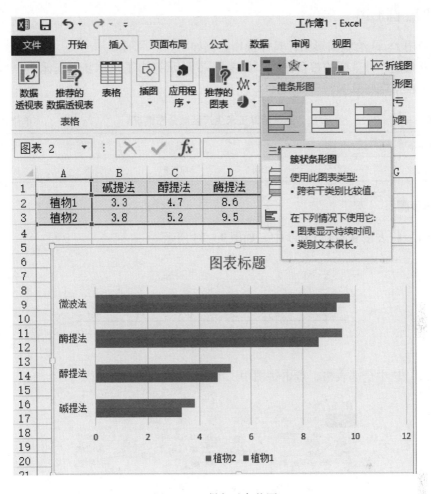

图 9 - 20　做复试条状图

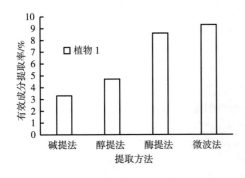

图 9 - 21　单式柱形图

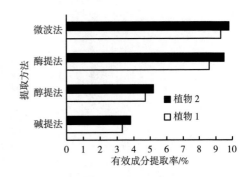

图 9 - 22　复试条形图

四、圆形图

应用 Excel 绘制圆形图，具体操作案例如下。

玉米是一种重要的粮食作物，如表 9-6 所示列出了全球新鲜玉米生产区域分布，试根据这些数据画出圆形图。

表 9-6		全球新鲜玉米生产区域分布情况			单位:%
分布区域	美洲	亚洲	非洲	大洋洲	欧洲
比例	58.5	10.6	16.8	3.8	10.3

【具体步骤】

（1）将表格复制到 Excel 中。如图 9-23 所示。

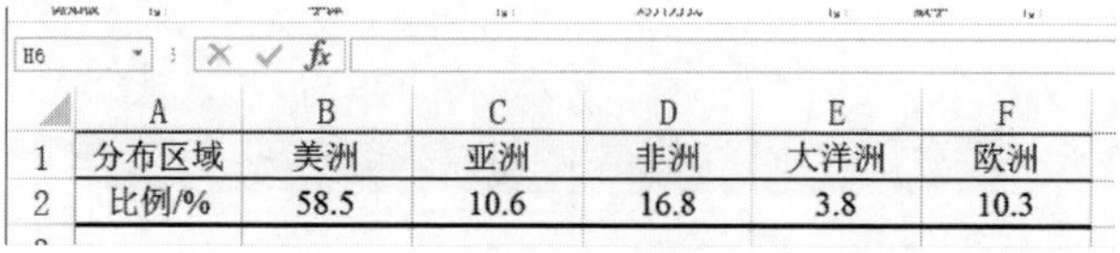

图 9-23　将表格复制到 Excel 中

（2）选中全部表格，点击饼图中二维饼图。如图 9-24 所示。

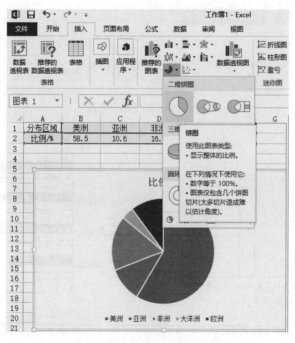

图 9-24　根据表格做饼状图

（3）选择表格出现图表工具，将图表修改成需要的格式，如图9－25所示。

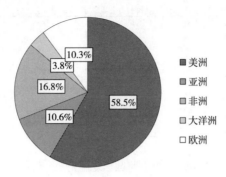

图9－25 全球新鲜玉米生产区域分布

五、Excel在连续性变数资料的整理中的应用

现以表9－7某糖心苹果品种100个果实单果质量资料为例，用Excel对数据进行整理。

表9－7				某糖心苹果品种100个果实单果质量				单位：g	
210	216	405	444	204	441	270	555	285	279
327	192	174	237	120	354	252	525	297	396
462	300	231	102	204	480	324	261	255	285
369	315	321	165	135	219	327	315	303	396
282	282	186	468	183	252	231	369	405	120
321	237	393	216	198	309	312	423	294	300
270	234	132	150	174	318	228	321	276	303
186	456	291	240	162	294	312	354	90	447
345	408	300	243	390	294	222	75	375	426
228	168	219	129	66	246	351	348	354	417

【具体步骤】

（1）将表格复制到Excel中。如图9－26所示。

（2）在Excel选项栏里点击自动求和中最大值选项，出来对话框后选中所有要整理的数据，按回车，即得到最大值。在自动求和中点击最小值，再选中所有要整理的数据，按回车，即得到最小值。如图9－27至图9－30所示。

A	B	C	D	E	F	G	H	I	J
表9-7 某糖心苹果品种100个果实单果质量（单位：g）									
210	216	405	444	204	441	270	555	285	279
327	192	174	237	120	354	252	525	297	396
462	300	231	102	204	480	324	261	255	285
369	315	321	165	135	219	327	315	303	396
282	282	186	468	183	252	231	369	405	120
321	237	393	216	198	309	312	423	294	300
270	234	132	150	174	318	228	321	276	303
186	456	291	240	162	294	312	354	90	447
345	408	300	243	390	294	222	75	375	426
228	168	219	129	66	246	351	348	354	417

图 9 – 26 将数据复制到 Excel

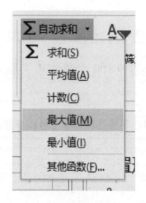

图 9 – 27 选择最大值

A2		✕ ✓ fx	=MAX(A2:J11)						
	A	B	C	D	E	F	G	H	I	J
1	表9-7 某糖心苹果品种100个果实单果质量（单位：g）									
2	210	216	405	444	204	441	270	555	285	279
3	327	192	174	237	120	354	252	525	297	396
4	462	300	231	102	204	480	324	261	255	285
5	369	315	321	165	135	219	327	315	303	396
6	282	282	186	468	183	252	231	369	405	120
7	321	237	393	216	198	309	312	423	294	300
8	270	234	132	150	174	318	228	321	276	303
9	186	456	291	240	162	294	312	354	90	447
10	345	408	300	243	390	294	222	75	375	426
11	228	168	219	129	66	246	351	348	354	417
12										
13	最大值	=MAX(A2:J11)								
14	最小值	MAX(number1, [number2], ...)								
15	全距									

图 9 – 28 选择最大值区域

	A	B	C	D	E	F	G	H	I	J
	表9-7　某糖心苹果品种100个果实单果质量（单位：g）									
	210	216	405	444	204	441	270	555	285	279
	327	192	174	237	120	354	252	525	297	396
	462	300	231	102	204	480	324	261	255	285
	369	315	321	165	135	219	327	315	303	396
	282	282	186	468	183	252	231	369	405	120
	321	237	393	216	198	309	312	423	294	300
	270	234	132	150	174	318	228	321	276	303
	186	456	291	240	162	294	312	354	90	447
	345	408	300	243	390	294	222	75	375	426
	228	168	219	129	66	246	351	348	354	417
	最大值	555								

图9-29　得到最大值

	A	B	C	D	E	F	G	H	I	J
	表9-7　某糖心苹果品种100个果实单果质量（单位：g）									
	210	216	405	444	204	441	270	555	285	279
	327	192	174	237	120	354	252	525	297	396
	462	300	231	102	204	480	324	261	255	285
	369	315	321	165	135	219	327	315	303	396
	282	282	186	468	183	252	231	369	405	120
	321	237	393	216	198	309	312	423	294	300
	270	234	132	150	174	318	228	321	276	303
	186	456	291	240	162	294	312	354	90	447
	345	408	300	243	390	294	222	75	375	426
	228	168	219	129	66	246	351	348	354	417
	最大值	555								
	最小值	66								

图9-30　求出最小值

（3）在单元格里输入公式，用最大值剪去最小值求出组距。如图9-31、图9-32所示。

	A	B	C	D	E	F	G	H	I	J
	表9-7　某糖心苹果品种100个果实单果质量（单位：g）									
	210	216	405	444	204	441	270	555	285	279
	327	192	174	237	120	354	252	525	297	396
	462	300	231	102	204	480	324	261	255	285
	369	315	321	165	135	219	327	315	303	396
	282	282	186	468	183	252	231	369	405	120
	321	237	393	216	198	309	312	423	294	300
	270	234	132	150	174	318	228	321	276	303
	186	456	291	240	162	294	312	354	90	447
	345	408	300	243	390	294	222	75	375	426
	228	168	219	129	66	246	351	348	354	417
	最大值	555								
	最小值	66								
	全距	=B13-B14								

图9-31　计算全距

A	B	C	D	E	F	G	H	I	J
			表9-7 某糖心苹果品种100个果实单果质量（单位：g）						
210	216	405	444	204	441	270	555	285	279
327	192	174	237	120	354	252	525	297	396
462	300	231	102	204	480	324	261	255	285
369	315	321	165	135	219	327	315	303	396
282	282	186	468	183	252	231	369	405	120
321	237	393	216	198	309	312	423	294	300
270	234	132	150	174	318	228	321	276	303
186	456	291	240	162	294	312	354	90	447
345	408	300	243	390	294	222	75	375	426
228	168	219	129	66	246	351	348	354	417
最大值	555								
最小值	66								
全距	=B13-B14								

图9-32 得到全距数值

（4）某糖心苹果品种 100 个果实单果质量样本容量为 100，假定分为 11 组，则组距应为 489/11 = 48.9g。为方便起见，可用 49g 作为组距。设定第一组组中值为 60，下一组组中距等于上一组数值加 45。下限 = 组中距 - 45/2，上限 = 组中距 + 45/2。在 Excel 对应的单元格进行计算。如图 9-33 所示。

最大值	555			
最小值	66			
全距	489			
组距	44.45455	45		
组号	下限	上限	组中距	计数
1	37.5	82.5	60	
2	82.5	127.5	105	
3	127.5	172.5	150	
4	172.5	217.5	195	
5	217.5	262.5	240	
6	262.5	307.5	285	
7	307.5	352.5	330	
8	352.5	397.5	375	
9	397.5	442.5	420	
10	442.5	487.5	465	
11	487.5	532.5	510	
12	532.5	577.5	555	

图9-33 分组进行计算

（5）Excel 中 countif 函数是对指定区域中符合指定条件的单元格计数的一个函数。该函数的语法规则如下：countif（rang，criteria），range 要计算其中非空单元格数目的区域，criteria 以数字、表达式或文本形式定义的条件。在第一个计数单元格需要统计大于 37.5 和小于 82.5 的单元格数，在计算格输入 = SUM（COUNTIF（A2：J11，">" & {82.5，127.5}）* {1，-1}），即可得到 100 个某糖心苹果质量大于 37.5 和小于 82.5 的个数。运算公式中 A2：J11 是统计的数据区。其他组计算方法同第一组计数方法，改变上限和下限值即可。如图9-34所示。

E19		▼	:	✕	✓	fx	=SUM(COUNTIF(A2:J11,">"&{37.5,82.5})*{1,-1})		

	A	B	C	D	E	F	G	H	I	J
1			表9-7 某糖心苹果品种100个果实单果质量（单位：g）							
2	210	216	405	444	204	441	270	555	285	279
3	327	192	174	237	120	354	252	525	297	396
4	462	300	231	102	204	480	324	261	255	285
5	369	315	321	165	135	219	327	315	303	396
6	282	282	186	468	183	252	231	369	405	120
7	321	237	393	216	198	309	312	423	294	300
8	270	234	132	150	174	318	228	321	276	303
9	186	456	291	240	162	294	312	354	90	447
10	345	408	300	243	390	294	222	75	375	426
11	228	168	219	129	66	246	351	348	354	417
12										
13	最大值	555								
14	最小值	66								
15	全距	489								
16	组距	44.45455	45							
17										
18	组号	下限	上限	组中距	计数					
19	1	37.5	82.5	60	2					
20	2	82.5	127.5	105	4					
21	3	127.5	172.5	150	7					
22	4	172.5	217.5	195	12					
23	5	217.5	262.5	240	17					
24	6	262.5	307.5	285	18					
25	7	307.5	352.5	330	15					
26	8	352.5	397.5	375	10					
27	9	397.5	442.5	420	7					
28	10	442.5	487.5	465	6					
29	11	487.5	532.5	510	1					
30	12	532.5	577.5	555	1					

图9-34 通过函数进行计数

（6）统计结果如表9-8所示。

表9-8 某糖心苹果品种100个果实单果质量的次数分布表

组号	下限	上限	组中距	计数/个
1	37.5	82.5	60	2
2	82.5	127.5	105	4
3	127.5	172.5	150	7
4	172.5	217.5	195	12
5	217.5	262.5	240	17
6	262.5	307.5	285	18
7	307.5	352.5	330	15
8	352.5	397.5	375	10

续表

组号	下限	上限	组中距	计数/个
9	397.5	442.5	420	7
10	442.5	487.5	465	6
11	487.5	532.5	510	1
12	532.5	577.5	555	1

六、Excel 在间断性变数资料的整理中的应用

表 9 - 9 表示 100 包蒜香花生每包检出不合格颗数，用 Excel 对数据进行整理。

表 9 - 9　　100 包蒜香花生每包检出不合格颗数　　单位：颗

18	15	17	19	16	15	20	18	19	17
17	18	17	16	18	20	19	17	16	18
17	16	17	19	18	18	17	17	17	18
18	15	16	18	18	18	17	20	19	18
17	19	15	17	17	17	16	17	18	18
18	19	19	17	19	17	18	16	18	17
17	19	16	16	17	17	17	16	17	16
17	19	18	18	19	19	20	15	16	19
18	17	18	10	19	17	18	17	17	16
15	16	18	17	18	16	17	19	19	17

【具体步骤】

（1）将表格复制到 Excel 中。如图 9 - 35 所示。

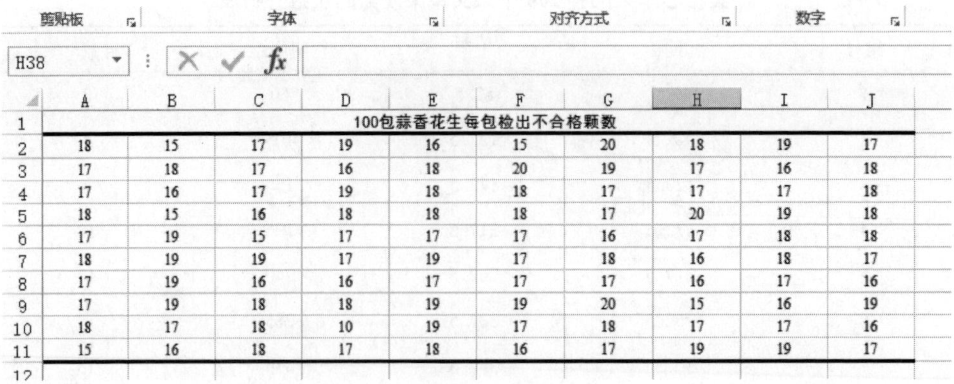

	A	B	C	D	E	F	G	H	I	J
1	100包蒜香花生每包检出不合格颗数									
2	18	15	17	19	16	15	20	18	19	17
3	17	18	17	16	18	20	19	17	16	18
4	17	16	17	19	18	18	17	17	17	18
5	18	15	16	18	18	18	17	20	19	18
6	17	19	15	17	17	17	16	17	18	18
7	18	19	19	17	19	17	18	16	18	17
8	17	19	16	16	17	17	17	16	17	16
9	17	19	18	18	19	19	20	15	16	19
10	18	17	18	10	19	17	18	17	17	16
11	15	16	18	17	18	16	17	19	19	17
12										

图 9 - 35　将表格复制到 Excel

（2）在计数单元格下需要统计每包不合格颗数为 15 的单元格数，在计算格输入 = COUNTIF（A2：J11，15），即可得到 100 包蒜香花生每包检出 15 颗不合格颗数的包数。运算公式中 A2：J11 是统计的数据区。其他组计算方法同第一组计数方法，改变不合格的颗数即可统计出来。选择函数进行计数如图 9 – 36 所示。

图 9 – 36　选择函数进行计数

（3）统计结果如表 9 – 10 所示。

表 9 – 10　　　　　　　　　100 包蒜香花生每包检出不合格颗数

组号	每包不合格颗数	次数	组号	每包不合格颗数	次数
1	15	6	4	18	25
2	16	15	5	19	17
3	17	32	6	20	4

评价与反馈

学完本工作任务后，自己都掌握了哪些技能。针对评价结果，分析原因，找出影响因素。

自我评价表

年　　　月　　　日

理论知识	实践技能	评价结果（10 分制）

总结与拓展学习 （例子）

1. 以学习小组为单位，整理出未知问题或内容，并进行讨论。
2. 本次实训有何感想？
3. 除书本上学习的应用外，找找 Excel 在图表绘制中还有什么其他的应用？

练习题

1. 在利用某种细菌发酵产生纤维素的研究中，选用甘露醇作为碳源，发酵液 pH 和残糖量随发酵时间而发生变化，试验数据如下：

发酵时间（d）	0	1	2	3	4	5	6	7	8
pH	5.4	5.8	6	5.9	5.8	5.7	5.6	5.4	5.3
残糖量/（g/L）	24.5	13.3	11.2	10.1	9.5	8.1	7.8	7.2	6.5

试根据上表数据，在一个普通直角坐标系中画出发酵时间与发酵液 pH，以及发酵时间与发酵液残糖量的关系曲线，并根据图形说明变化规律。

2. 用大孔吸附树脂纯化某种天然棕色素的实验中，以每 1g 树脂的吸附量作为试验指标，通过静态吸附试验筛选合适的大孔吸附树脂，试验数据如下表所示。试选用合适的图形来表达图中数据。

树脂型号	DA－201	NKA－9	AB－8	D－4006	D－101	S－8	NKA－Ⅱ
吸附量/（mg/g）	17.14	17.77	1.87	13.71	0.55	13.33	3.67

3. 试根据以下两个产地几种植物油的凝固点（℃）数据，画出复试柱形图或条形图。

植物油	凝固点/℃	
	甲	乙
花生油	2.9	3.5
棉籽油	－6.3	－6.2
蓖麻油	－0.1	0.5
菜籽油	5.3	5.0

4. 现以下表某学校 100 名学生体重资料为例，用 Excel 对数据进行整理。

55	58	52	72	52	70.5	85	47	92.5	89.5
53	46	57	68.5	64	55	76	45	101	48
81	47	65.5	58	52	80	75	80.5	77.5	92.5
54.5	57	69	56.5	47.5	59.5	53	57	51	48
91	87	42	64	41.5	76	65.5	54	52	49
60	68.5	46.5	58	49	54	56	61	97	68
85	67	56	65	57	69	64	75	88	80
44	78	95.5	70	51	77	66	68	74	75
52	54	50	71.5	45	97	61	52.5	67	63
64	44	59.5	47	49	57	60	74	77	58

模块十

单因素和双因素试验

目的

1. 掌握并学会安装 Excel 分析工具库。
2. 掌握并学会使用 Excel 分析单因素试验。
3. 掌握并学会使用 Excel 分析双因素试验。
4. 熟练使用 Excel 对实验和生产得到的数据进行分析。

项目一 分析工具库的安装

Microsoft Excel 除了提供了多种非常实用的作图和函数，还提供了数据分析工具。"分析工具库"是一个外部宏（程序）模块，它专门为用户提供一些高级统计函数和实用的数据分析工具。本书均在 Excel 2013 环境下进行操作。

如果需要使用"分析工具库"中的分析工具，首先必须安装"分析工具库"。具体操作步骤如下。

（1）单击"文件"按钮，然后单击"选项"，出现"Excel 选项对话框"，在"Excel 选项对话框"中选择"加载项"，如图 10 - 1 所示。

（2）在"管理"框中，选择"Excel 加载宏"，单击"转到"。如图 10 - 2 所示。

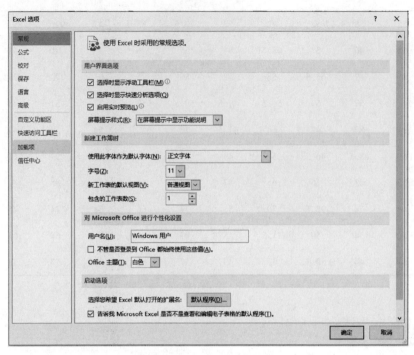

图 10 - 1　Excel 选项对话框

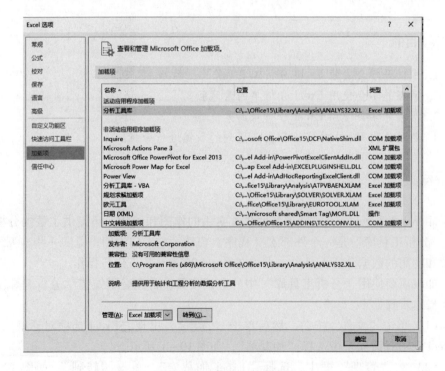

图 10 - 2　Excel 选项对话框

（3）在"可用加载宏"框中，选中"分析工具库"复选框，然后单击"确定"。如果"可用加载宏"框中未列出"分析工具库"，请单击"浏览"以找到它。如果系统提示计算机当前未安装分析工具库，请单击"是"以安装它。如图10-3所示。

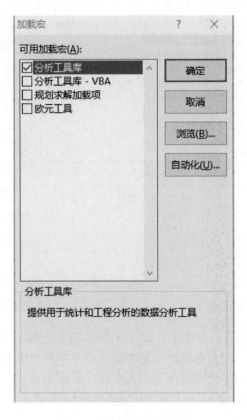

图 10-3　加载宏对话框

（4）加载分析工具库之后，"数据分析"命令将出现在"数据"选项卡上的"分析"组中。如图10-4所示。

图 10-4　数据分析选项

分析工具库安装完成后，点击数据分析，即可显示"分析工具"列表，如图 10 – 5 所示。

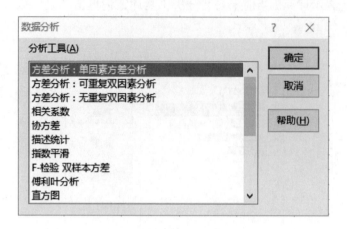

图 10 – 5　数据分析对话框

项目二　单因素试验

一、单因素试验实例

研究单因素试验对 β – 葡聚糖提取工艺的影响，选择溶液 pH、液料比、提取温度和提取时间这四个因素对提取率影响较大的工艺条件来考查其对得率的影响，在此基础上对提取工艺参数进行优化。选取提取条件为 pH11、液料比 25∶1、提取温度 80℃，选择提取时间 2 ~ 7h，研究提取时间对 β – 葡聚糖提取率的影响，结果如表 10 – 1 所示。用 Excel 对表中结果进行分析。

表 10 – 1　　　　　　　　不同提取时间对 β – 葡聚糖提取率的影响

提取时间/h	2	3	4	5	6	7
	14.8	16.2	17.4	16.8	16.3	15.0
β – 葡聚糖提取率/%	14.3	15.9	17.3	16.5	16.3	14.8
	15.0	16.4	17.5	15.9	16.0	14.5

二、Excel 在单因素方差分析中的应用

可利用 Excel "分析工具库"中"单因素方差分析"工具来进行单因素试验的方差分析，来判断提取时间是否对 β – 葡聚糖有显著影响。

【具体步骤】

（1）将表格复制到 Excel 中。如图 10 – 6 所示。

A	B	C	D	E	F	G
提取时间（h）	2	3	4	5	6	7
β-葡聚糖提取率（%）	14.8	16.2	17.4	16.8	16.3	15
	14.3	15.9	17.3	16.5	16.3	14.8
	15	16.4	17.5	15.9	16	14.5

图 10 – 6　将表格复制到 Excel 表中

（2）在数据菜单下选择数据分析，出现数据分析对话框，在对话框中选择方差分析：单因素方差分析。如图 10 – 7 所示。

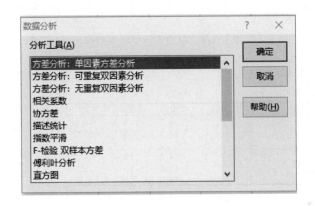

图 10 – 7　选择方差分析

（3）点击后出现方差分析：单因素方差分析对话框。将待分析数据选入输入区域；根据输入区域的数据是按行还是按列排列，选择"行"或"列"；如输入区域包含标志，则选中"标志位于第一行（列）"复选框；在 α（A）：后输入计算 F 检验临界值的置信区间或称显著水平；在输出选项中选择需要输出区域。如图 10 – 8 所示。

（4）按照要求单因素方差分析对话框之后，单击确定按钮，即可得到方差分析结果。如图 10 – 9 所示。

当 F – crit 显著水平为 0.05 时 F 临界值为 3.11，计算出 F 值为 38.20，$F >$ F – crit，提取时间对 β – 葡聚糖提取率有显著影响。P – value $\leqslant 0.01$，说明因素对试验指标影响非常显著（＊＊）。

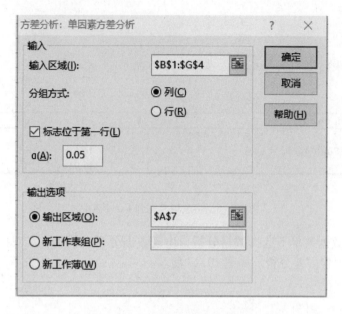

图 10 – 8　单因素方差分析对话框

方差分析：单因素方差分析						
SUMMARY						
组	观测数	求和	平均	方差		
2	3	44.1	14.7	0.13		
3	3	48.5	16.16667	0.063333		
4	3	52.2	17.4	0.01		
5	3	49.2	16.4	0.21		
6	3	48.6	16.2	0.03		
7	3	44.3	14.76667	0.063333		
方差分析						
差异源	SS	df	MS	F	P-value	F crit
组间	16.12944	5	3.225889	38.20132	5.79E-07	3.105875
组内	1.013333	12	0.084444			
总计	17.14278	17				

图 10 – 9　方差分析结果

◇ 项目三　双因素试验

一、无重复双因素方差分析实例

为了 pH 和提取时间对 β – 葡聚糖提取率的影响，对提取液 pH（A）取 4 个不同水平，对提取时间取了三个不同的水平，在不同水平组合下各测定一次 β – 葡聚糖提取率，其结果如表 10 – 2 所示，试检验两个因素对 β – 葡聚糖提取率有无显著影响。

表 10 - 2   **pH 和提取时间对 β - 葡聚糖提取率影响**

pH	提取时间/h		
	2	4	6
7	9.4	10.3	9.9
8	10.1	12.5	11.8
9	11.4	13.2	12.0
10	14.8	16.9	15.2

二、Excel 在无重复双因素方差分析中的应用

【具体步骤】

（1）将表格复制到 Excel 中。如图 10 - 10 所示。

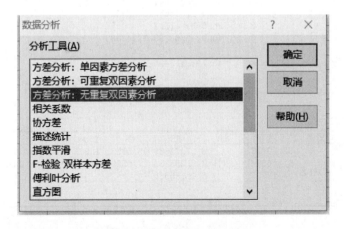

图 10 - 10   表格复制到 Excel

（2）在数据菜单下选择数据分析，出现数据分析对话框，在对话框中选择方差分析：无重复双因素分析。如图 10 - 11 所示。

图 10 - 11   数据分析对话框

（3）点击后出现方差分析：无重复双因素分析对话框。将待分析数据选入输入区域；如输入区域包含标志，则选中"标志"复选框，如不包含则不需要勾选；在 α（A）：后输入计算 F 检验临界值的置信区间或称显著水平；在输出选项中选择需要输出的区域。如图 10-12 所示。

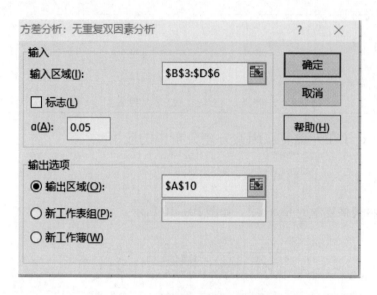

图 10-12　无重复双因素分析对话框

（4）按照要求输入双因素方差分析对话框之后，单击确定按钮，即可得到方差分析结果。如图 10-13 所示。

方差分析：无重复双因素分析

SUMMARY	观测数	求和	平均	方差
行 1	3	29.6	9.866667	0.203333
行 2	3	34.4	11.46667	1.523333
行 3	3	36.6	12.2	0.84
行 4	3	46.9	15.63333	1.243333
列 1	4	45.7	11.425	5.749167
列 2	4	52.9	13.225	7.529167
列 3	4	48.9	12.225	4.829167

方差分析

差异源	SS	df	MS	F	P-value	F crit
行	53.20917	3	17.73639	95.58533	1.87E-05	4.757063
列	6.506667	2	3.253333	17.53293	0.003119	5.143253
误差	1.113333	6	0.185556			
总计	60.82917	11				

图 10-13　方差分析结果

由于输入区域不包含标志，方差分析中"行"代表 pH，"列"提取时间。根据 F 值和 P 值可以判定两个因素对试验指标影响非常显著（＊＊）。

三、可重复双因素方差分析实例

表中列出 pH 和提取时间对某物质提取率的影响，对提取液 pH（A）取 4 个不同水平，对提取时间取了三个不同的水平，在不同水平组合下各测定两次 β - 葡聚糖提取率，其结果如表 10 – 3 所示，试检验两个因素对 β - 葡聚糖提取率有无显著影响。

表 10 – 3　　　　　温度和提取时间对 β – 葡聚糖提取率影响

温度/℃	提取时间/h		
	2	4	6
40	14, 10	9, 7	5, 11
50	11, 11	10, 8	13, 14
60	13, 9	7, 11	12, 13
70	10, 12	6, 10	14, 10

四、Excel 在可重复双因素方差分析中的应用

【具体步骤】

（1）表 10 – 3 中每种组合有重复试验，不能将它们填在同一个单元格。应按下列各式输入至 Excel，而且不能省略标志行和列。如图 10 – 14 所示。

	A	B	C	D
1		2h	4h	6h
2	40℃	14	9	5
3		10	7	11
4	50℃	11	10	13
5		11	8	14
6	60℃	13	7	12
7		9	11	13
8	70℃	10	6	14
9		12	10	10

图 10 – 14　将数据输入 Excel

（2）在数据菜单下选择数据分析，出现数据分析对话框，在对话框中选择【方差分析：可重复双因素分析】。如图 10 – 15 所示。

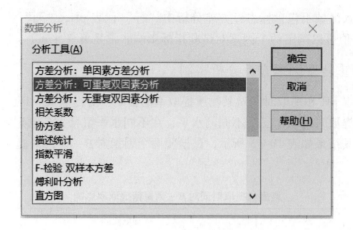

图 10 – 15 数据分析对话框

（3）点击后出现方差分析：无重复双因素分析对话框。将待分析数据选入输入区域；如输入区域包含标志，则选中"标志"复选框，如不包含则不需要勾选；在 α（A）：后输入计算 F 检验临界值的置信区间或称显著水平；在输出选项中选择需要输出的区域。如图 10 – 16 所示。

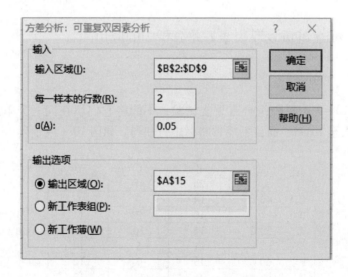

图 10 – 16 可重复双因素分析对话框

（4）按照要求双因素方差分析对话框之后，单击确定按钮，即可得到方差分析结果。如图 10 – 17 所示。

在方差分析表中，其中"样本"代表的是提取温度，"列"代表提取时间，"交互"表示是两因素的交互作用，"内部"表示的是误差。由分析结果可知提取时间对提取率有显著影响（＊），提取温度和提取时间交互作用对试验结果的影响

	A	B	C	D	E	F	G
15	方差分析：可重复双因素分析						
16							
17	SUMMARY	2h	4h	6h	总计		
18	40℃						
19	观测数	2	2	2	6		
20	求和	24	16	16	56		
21	平均	12	8	8	9.333333		
22	方差	8	2	18	9.866667		
23							
24	50℃						
25	观测数	2	2	2	6		
26	求和	22	18	27	67		
27	平均	11	9	13.5	11.16667		
28	方差	0	2	0.5	4.566667		
29							
30	60℃						
31	观测数	2	2	2	6		
32	求和	22	18	25	65		
33	平均	11	9	12.5	10.83333		
34	方差	8	8	0.5	5.766667		
35							
36	70℃						
37	观测数	2	2	2	6		
38	求和	22	16	24	62		
39	平均	11	8	12	10.33333		
40	方差	2	8	8	7.066667		
41							
42	总计						
43	观测数	8	8	8			
44	求和	90	68	92			
45	平均	11.25	8.5	11.5			
46	方差	2.785714	3.142857	8.857143			
47							
48							
49	方差分析						
50	差异源	SS	df	MS	F	P-value	F crit
51	样本	11.5	3	3.833333	0.707692	0.565693	3.490295
52	列	44.33333	2	22.16667	4.092308	0.044153	3.885294
53	交互	27	6	4.5	0.830769	0.568369	2.99612
54	内部	65	12	5.416667			
55							
56	总计	147.8333	23				
57							

图 10 – 17　方差分析结果

不显著。

评价与反馈

学完本工作任务后，自己都掌握了哪些技能。针对评价结果，分析原因，找出影响因素。

自我评价表

年 月 日

理论知识	实践技能	评价结果（10 分制）

总结与拓展学习

1. 以学习小组为单位，整理出未知问题或内容，并进行讨论。

2. 本次实训有何感想？

3. 找找实训一中介绍的哪些软件可以分析单因素和双因素实验。

练习题

1. 某乳制品公司研制出一种新型乳制品。饮料口味有四种，分别为芒果味、草莓味、香草味和原味。随机从五家超市收集前一期该种乳制品的销售量（万元），如下表所示，试问乳制品口味是否对销售产生影响。

不同口味对应销售额

口味	销售额（万元）				
芒果味	26.5	28.7	25.1	29.1	27.2
草莓味	31.2	28.3	30.8	27.9	29.6
香草味	27.9	25.1	28.5	24.2	26.5
原味	30.8	29.6	32.4	31.7	32.8

2. 四种施肥方案与三种深翻方案配合成 12 种育苗方案，作为杨树苗试验，获得苗高数据如下表，在显著性水平 $\alpha = 0.05$ 下，检验施肥方案之间的差异是否显著？

施肥　　深翻	12 种育苗方案			
	（一）	（二）	（三）	（四）
I	52、43、39	48、37、29	34、42、38	45、58、42
II	41、47、53	50、41、30	36、39、44	44、46、60
III	49、38、42	36、48、47	37、40、32	43、56、41

模块十一

一元线性回归与相关分析

目的

1. 掌握并学会使用 Excel 绘制线性标准曲线，得到一元线性回归方程。
2. 掌握并学会使用 Excel 进行一元线性回归分析。

项目一　Excel 绘制标准曲线和一元线性回归方程

一、一元线性回归试验实例

紫外测定法是维生素 C 快速测定的方法。其原理是根据维生素 C 具有对紫外光产生吸收，对碱不稳定的特性，在 243 nm 处测定样品与碱处理样品液两者吸收度值之差。并通过标准曲线，即可计算出维生素 C 的含量。配置不同浓度维生素 C 溶液，在 243 nm 处测定标准系列维生素 C 溶液的吸光度，测定结果见表 11 – 1。以维生素 C 的质量（μg）为横坐标，以对应的吸光度 A 为纵坐标做标准曲线。测定未知浓度的维生素 C 溶液吸光度值，通过标准曲线求出维生素 C 含量。

表 11 – 1　　　　　　　　　　紫外法测定维生素 C 含量实验结果

序号	1	2	3	4	5	6	7	8	样品
维生素 C 含量/μg	10	20	30	40	50	60	80	100	
测定值 1	0.022	0.099	0.161	0.221	0.287	0.339	0.444	0.558	0.268
测定值 2	0.021	0.092	0.159	0.210	0.285	0.335	0.445	0.549	0.267
测定值 3	0.018	0.095	0.165	0.219	0.283	0.340	0.444	0.552	0.259

不借助软件做标准曲线求未知样浓度，目前有两种方法。一是坐标卡纸画标准曲线法，二是根据公式计算标准曲线法。第一种方法误差较大，无法得到一元回归方程，很难得到唯一数据。第二种方法很好解决了第一种方法的问题，但是不借助软件，计算量繁重，很容易计算错误。借助 Excel 可以快速绘制出标准曲线和求出一元线性回归方程，很好地弥补了上述两种方法的不足。

二、Excel 绘制标准曲线和一元线性回归方程

【具体步骤】

（1）将表格复制到 Excel。如图 11 – 1 所示。

	A	B	C	D	E	F	G	H	I	J
1	序号	1	2	3	4	5	6	7	8	样品
2	Vc/μg	10	20	30	40	50	60	80	100	
3	测定值1	0.022	0.099	0.161	0.221	0.287	0.339	0.444	0.558	0.268
4	测定值2	0.021	0.092	0.159	0.21	0.285	0.335	0.445	0.549	0.267
5	测定值3	0.018	0.095	0.165	0.219	0.283	0.34	0.444	0.552	0.259

图 11 - 1　表格复制到 Excel

（2）计算三个测定值的平均值。如图 11 - 2 至图 11 - 4 所示。

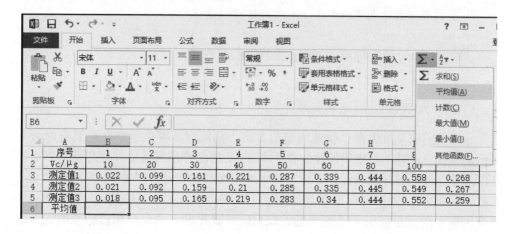

图 11 - 2　求平均值

	A	B	C	D	E	F	G	H	I	J
1	序号	1	2	3	4	5	6	7	8	样品
2	Vc/μg	10	20	30	40	50	60	80	100	
3	测定值1	0.022	0.099	0.161	0.221	0.287	0.339	0.444	0.558	0.268
4	测定值2	0.021	0.092	0.159	0.21	0.285	0.335	0.445	0.549	0.267
5	测定值3	0.018	0.095	0.165	0.219	0.283	0.34	0.444	0.552	0.259
6	平均值	=AVERAGE(B3:B5)								

图 11 - 3　求平均值

	A	B	C	D	E	F	G	H	I	J
1	序号	1	2	3	4	5	6	7	8	样品
2	Vc/μg	10	20	30	40	50	60	80	100	
3	测定值1	0.022	0.099	0.161	0.221	0.287	0.339	0.444	0.558	0.268
4	测定值2	0.021	0.092	0.159	0.21	0.285	0.335	0.445	0.549	0.267
5	测定值3	0.018	0.095	0.165	0.219	0.283	0.34	0.444	0.552	0.259
6	平均值	0.020333	0.095333	0.161667	0.216667	0.285	0.338	0.444333	0.553	0.264667

图 11 - 4　求平均值

（3）以维生素 C 的质量（μg）为横坐标，以对应的吸光度 A 为纵坐标做散点图。如图 11 - 5 所示。

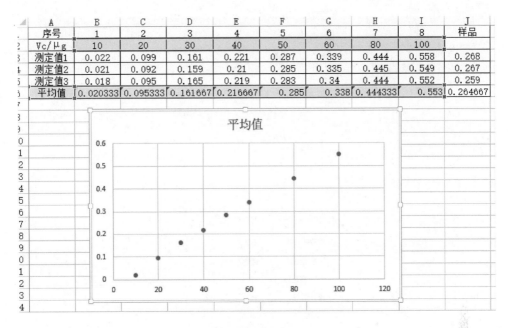

	A	B	C	D	E	F	G	H	I	J
1	序号	1	2	3	4	5	6	7	8	样品
2	Vc/μg	10	20	30	40	50	60	80	100	
3	测定值1	0.022	0.099	0.161	0.221	0.287	0.339	0.444	0.558	0.268
4	测定值2	0.021	0.092	0.159	0.21	0.285	0.335	0.445	0.549	0.267
5	测定值3	0.018	0.095	0.165	0.219	0.283	0.34	0.444	0.552	0.259
6	平均值	0.020333	0.095333	0.161667	0.216667	0.285	0.338	0.444333	0.553	0.264667

图 11 - 5　做散点图

（4）选中图中散点，右键选择添加趋势线。如图 11 - 6 所示。

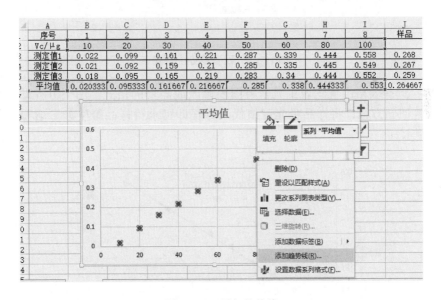

图 11 - 6　添加趋势线

（5）点击趋势线，在界面右侧设置趋势线格式。在趋势线选项中选择回归分析为线性，在显示公式和显示 R 方前划勾。如图 11 - 7 所示。

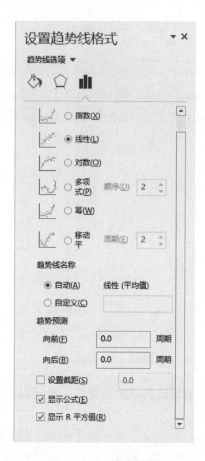

图 11 - 7 设置趋势线格式

（6）选择表格出现图表工具，将图表修改成需要的格式。图中方程即为所求一元线性回归方程，将样品吸光度值代入方程即可求得样品维生素 C 含量。如图 11 - 8 所示。

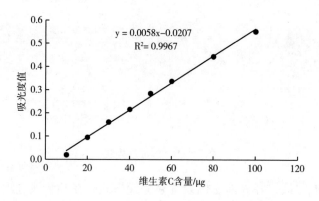

图 11 - 8 紫外法测定维生素 C 含量标准曲线

从图中得到一元线性回归方程为 $y = 0.0058x - 0.0207$，$R^2 = 0.9967$。把未知样分光光度平均值代入公式，得到未知样的浓度。

项目二　Excel 中进行一元线性回归分析

【具体步骤】

（1）将数据按列排列。如图 11-9 所示。

	A	B	C	D	E	F	G	H	I	J
序号	1	2	3	4	5	6	7	8	样品	
Vc/μg	10	20	30	40	50	60	80	100		
测定值1	0.022	0.099	0.161	0.221	0.287	0.339	0.444	0.558	0.268	
测定值2	0.021	0.092	0.159	0.21	0.285	0.335	0.445	0.549	0.267	
测定值3	0.018	0.095	0.165	0.219	0.283	0.34	0.444	0.552	0.259	
平均值	0.0203	0.0953	0.1617	0.2167	0.2850	0.3380	0.4443	0.5530	0.2647	

Vc/μg	平均值
10	0.0203
20	0.0953
30	0.1617
40	0.2167
50	0.2850
60	0.3380
80	0.4443
100	0.5530

图 11-9　按列排列数据

（2）选择【数据】界面，点击【数据分析】，在【数据分析】窗口选择【回归】，点确定后出现【回归分析】对话框。如图 11-10 所示。

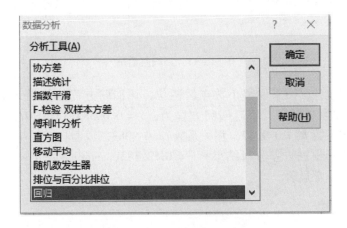

图 11-10　回归分析对话框

（3）在【回归分析】对话框内，【Y 值输入区域】选择 A 下数据，X 值输入区域选择维生素 C/μg 下数据。【标志】：如果输入区域的第一行中包含标志项，则选中此复选框；若不包含，则不选。【置信度】：Excel 默认的置信区域为 95%，相当于显著性水平 $\alpha = 0.05$。【常数为零】：如果要强制回归线过原点，则选中此复选框。【输出选项】选择需要的输出区域。【残差】根据需要选择。【正态分布】需要绘制正态概率图选此框。选择好后，点击确定，出现回归统计结果。如图 11 - 11、图 11 - 12 所示。

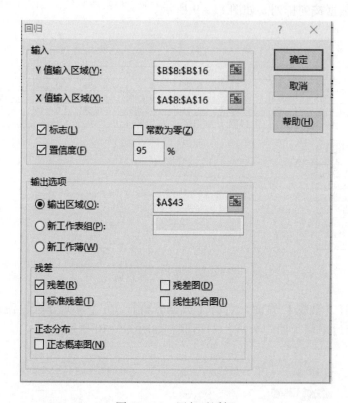

图 11 - 11　回归对话框

根据回归统计，结果保留小数点后四位，该回归方程的截距（Intercept）为 -0.0207，斜率为 0.0058，所以回归方程为：$Y = 0.0058X - 0.0207$；根据统计结果，得到决定系数 $R^2 = 0.9967$，相关系数 $r = 0.9983$，说明自变量与因变量之间有较高的相关性；根据方差分析结果，$F = 1812.383$，significance $F < 0.01$，所以建立的回归方程非常显著。

评价与反馈

学完本工作任务后，自己都掌握了哪些技能。针对评价结果，分析原因，找出影响因素。

43	SUMMARY OUTPUT					
44						
45	回归统计					
46	Multiple	0.998349				
47	R Square	0.9967				
48	Adjusted	0.99615				
49	标准误差	0.011062				
50	观测值	8				
51						
52	方差分析					
53		df	SS	MS	F	gnificance F
54	回归分析	1	0.221758	0.221758	1812.383	1.12E-08
55	残差	6	0.000734	0.000122		
56	总计	7	0.222492			
57						

58		Coefficien	标准误差	t Stat	P-value	Lower 95%	Upper 95%	下限 95.0%	上限 95.0%
59	Intercept	-0.02073	0.007754	-2.6734	0.036859	-0.0397	-0.00176	-0.0397	-0.00176
60	Vc/μg	0.005847	0.000137	42.57209	1.12E-08	0.005511	0.006183	0.005511	0.006183

61			
62			
63			
64	RESIDUAL OUTPUT		
65			
66	观测值	预测 平均值	残差
67	1	0.037737	-0.0174
68	2	0.096203	-0.00087
69	3	0.154669	0.006998
70	4	0.213134	0.003532
71	5	0.2716	0.0134
72	6	0.330066	0.007934
73	7	0.446997	-0.00266
74	8	0.563928	-0.01093

图 11-12　回归分析结果

自我评价表

年　　月　　日

理论知识	实践技能	评价结果（10 分制）

总结与拓展学习

1. 以学习小组为单位，整理出未知问题或内容，并进行讨论。

2. 本次实训有何感想？

3. 找一找怎么使用 Excel 数据分析工具进行多元回归分析的方法。

练习题

1. 福林（Folin）–酚试剂法测定蛋白质的浓度原理是：蛋白质或多肽分子中有带酚基酪氨酸或色氨酸，在碱性条件下，可使酚试剂中的磷钼酸化合物还原成蓝色（生成钼蓝和钨蓝化合物）。蓝色的深浅与蛋白质的含量成正比，可用比色法测定。测定不同浓度的牛血清蛋白吸光度值，请求出下表数据中的回归方程及 R^2。

蛋白质浓度与吸光度的关系

蛋白质浓度/（mg/mL）	0.00	0.01	0.02	0.04	0.06	0.08	0.10
吸光度	0.000	0.079	0.215	0.264	0.346	0.450	0.493

2. 请根据上题数据进行回归分析。

模块十二

正交试验

目的

1. 掌握并学会使用正交设计助手设计多因素多水平正交试验。
2. 掌握并学会使用正交设计助手分析正交试验数据，并正确解读分析结果。

项目一 正交设计助手设计三因素三水平试验

一、软件简介

正交设计助手是一款针对正交试验设计及结果分析而制作的专业软件。正交设计方法是我们常用的试验设计方法，它让我们以较少的试验次数得到科学的试验结论。但是我们经常不得不重复一些机械的工作，比如填试验安排表，计算各个水平的均值等等。正交设计助手可以帮助您完成这些繁琐的工作。此款软件支持混合水平试验，支持结果输出到 RTF、CVS、HTML 页面和直接打印。

二、三因素三水平试验实例

采用 $L_9 (3^3)$ 试验设计，核桃乳含量、枣糖浆含量、糖含量为三个因素，每个因素的不同浓度设为三个水平。

表 12 −1	大枣核桃乳饮料配方正交试验因素水平表		单位:%
水平	因素		
	A 核桃汁含量	B 枣糖浆含量	C 糖含量
1	30	1	5
2	35	2	10
3	40	3	15

三、用正交小助手进行试验设计

【具体步骤】

（1）打开软件后，在文件菜单项下可以"新建工程"或"打开工程"，工程文件以 lat 作为扩展名。实验项目树区域，右键点击当前的工程名，可修改工程名称。如图 12 −1 所示。

图 12 −1　文件菜单

（2）再点击实验，新建实验，在当前工程文件中新增一个实验项目，一个工程可包含多个实验项目。新建实验后会出现设计向导。注意：右键点击当前的实验名称，可以修改实验信息或删除当前实验。如图 12 −2 所示。

图 12 −2　实验菜单

（3）每个试验项目包括有：①实验名称、实验描述、选用的正交表类型；②选用的正交表；③表头设计结果（每个试验因素的名称、所在列及各水平的描述）。如图 12 −3 所示。

（4）选择正交表，本试验为四因素三水平，应选取 L_9（3^4）。如图 12 −4 所示。

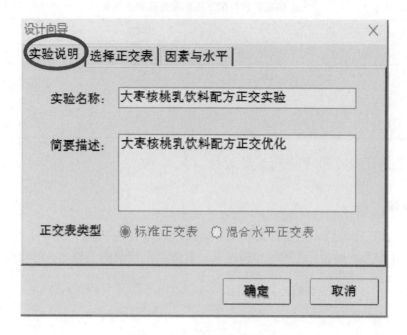

图 12 – 3　实验说明对话框

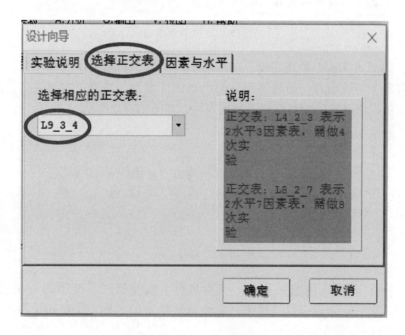

图 12 – 4　正交表对话框

（5）填写因素和水平信息，点击确定。如图 12 – 5 所示。

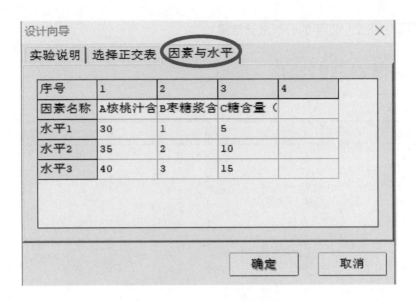

图 12 - 5　因素与水平对话框

（6）点击工程前的小图标，就会出现已设置好的实验计划表。如图 12 - 6 所示。

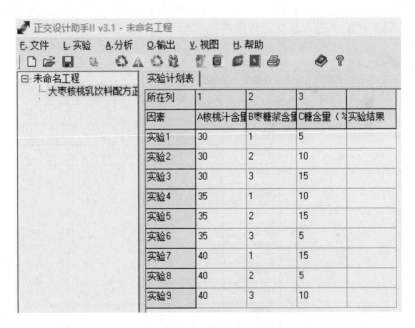

图 12 - 6　实验计划表

设计好试验，按照上表进行试验即可。

项目二 正交小助手的分析试验结果

上述案例试验结果如表 12 - 2 所示。

表 12 - 2　　　　　　　　　　正交试验 L_9（3^3）结果分析

序号	A	B	C	结果与评分
1	1	1	1	3.4
2	1	2	2	5.7
3	1	3	3	6.9
4	2	1	2	4.6
5	2	2	3	6.4
6	2	3	1	7.2
7	3	1	3	3.7
8	3	2	1	3.8
9	3	3	2	8.3

【具体步骤】

（1）将上述结果输入正交设计助手的实验结果栏。如图 12 - 7 所示。

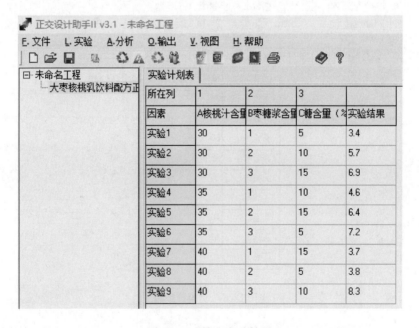

图 12 - 7　输入实验结果

（2）再选择分析按钮，在其中选择所需分析方法，或者选择相应的分析方法的快捷键。直观分析：根据所选用的正交表对当前试验数据做出基本的直观分析表。因素指标：以直观分析表的结果，做出当前的因素指标图（即效应曲线图）。交互作用：选择两个因素进行交互作用分析，做出交互作用表。方差分析：设定数据中的误差所在列，并选择所要采用的 F 检验临界值表。计算出偏差平方和（S 值）和 F 比。并给出显著性指标。如图 12 – 8 所示。

图 12 – 8　分析及分析快捷键

点击直观分析，出现如图 12 – 9 所示的结果。

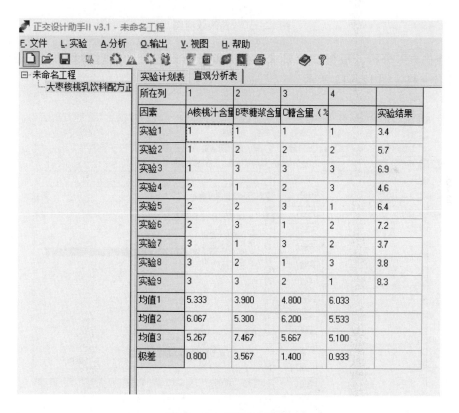

所在列	1	2	3	4	
因素	A核桃汁含量	B枣糖浆含量	C糖含量（%		实验结果
实验1	1	1	1	1	3.4
实验2	1	2	2	2	5.7
实验3	1	3	3	3	6.9
实验4	2	1	2	3	4.6
实验5	2	2	3	1	6.4
实验6	2	3	1	2	7.2
实验7	3	1	3	2	3.7
实验8	3	2	1	3	3.8
实验9	3	3	2	1	8.3
均值1	5.333	3.900	4.800	6.033	
均值2	6.067	5.300	6.200	5.533	
均值3	5.267	7.467	5.667	5.100	
极差	0.800	3.567	1.400	0.933	

图 12 – 9　直观分析报告

点因素指标，出现如图 12 – 10 所示的效应曲线。

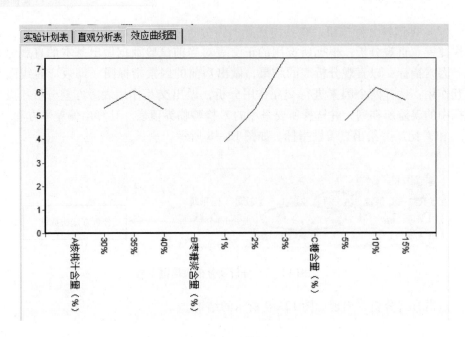

图 12 – 10　曲线效应图

　　点击方差分析，根据试验要求选择方差分析设置，确定后得到方差分析表。如图 12 –11、图 12 –12 所示。

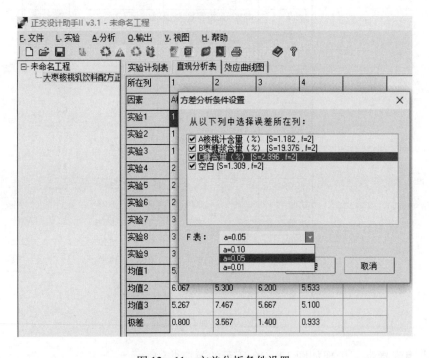

图 12 –11　方差分析条件设置

图 12 - 12　方差分析表

（3）如需保存工程可点 < 文件 > 选择 < 保存工程 > 或者点击快捷键。如图
12 - 13 所示。

图 12 - 13　保存试验

评价与反馈

学完本工作任务后，自己都掌握了哪些技能。针对评价结果，分析原因，找
出影响因素。

自我评价表

年　　月　　日

理论知识	实践技能	评价结果（10 分制）

总结与拓展学习 （例子）

1. 以学习小组为单位，整理出未知问题或内容，并进行讨论。
2. 本次实训有何感想？

练习题

1、用乙醇水溶液分离某种废弃农作物的木质素，考察了三个因素（溶剂浓度、温度和时间）对木质素得率的影响，因素水平如下表所示。将因素 A，B，C，依次安排在正交表 $L_9(3^4)$ 的 1，2，3 列，不考虑因素间交互作用。9 个实验结果 y（得率/%）依次为：5.3，5.0，4.9，5.4，6.4，3.7，3.9，3.3，2.4。用正交小助手设计并分析试验结果。

因素水平表

因素水平	A 溶剂浓度/%	B 温度/℃	C 时间/h
1	40	40	1
2	60	50	3
3	80	60	5

正交试验结果及极差分析表

序号	料液比 A	提取温度 B/℃	提取时间 C/h	pH D	得率/%
1	1	1	1	1	5.3
2	1	2	2	2	5.0
3	1	3	3	3	4.9
4	2	1	2	3	5.4
5	2	2	3	1	6.4
6	2	3	1	2	3.7
7	3	1	3	2	3.9
8	3	2	2	3	3.3
9	3	3	1	1	2.4

2. 葡萄皮渣中果胶的提取与纯化，进行包括料液比、提取温度、提取时间、提取液 pH 在内的 4 因素 3 水平正交试验，确定工艺中果胶提取的最佳工艺条件。用正交小助手分析试验结果。

果胶提取 L_9（3^4）因素、水平设计

因素水平	料液比 A	提取温度 B/℃	提取时间 C/h	pH D
1	1:5	70	1	1.5
2	1:8	80	1.5	2.0
3	1:10	90	2	2.5

果胶 L_9（3^4）正交实验结果及极差分析表

序号	料液比 A	提取温度 B/℃	提取时间 C/h	pH D	得率/%
1	1	1	1	1	3.50
2	1	2	2	2	7.14
3	1	3	3	3	6.04
4	2	1	2	3	4.00
5	2	2	3	1	6.40
6	2	3	1	2	8.00
7	3	1	3	2	4.22
8	3	2	2	3	9.76
9	3	3	1	1	5.20

模块十三

SPSS 分析软件的使用

目的

1. 掌握并熟练使用 SPSS 分析软件创建数据文件并进行数据的整理。
2. 掌握并熟练使用 SPSS 分析软件进行单因素及多因素的方差分析。
3. 掌握并熟练使用 SPSS 分析软件进行相关分析和回归分析。
4. 运用 SPSS 分析软件对实验和生产过程获得的数据进行分析。

项目一　SPSS 软件简介

一、SPSS 软件概述

SPSS（Statistical Product and Service Solutions）即"统计产品与服务解决方案"

软件。最初软件全称为"社会科学统计软件包"（Statistical Package for the Social Sciences），但是随着 SPSS 产品服务领域的扩大和服务深度的增加，SPSS 公司已于 2000 年正式将英文全称更改为"统计产品与服务解决方案"。SPSS 为 IBM 公司推出的一系列用于统计学分析运算、数据挖掘、预测分析和决策支持任务的软件产品及相关服务的总称。

SPSS 是世界上最早的统计分析软件之一，由三位美国斯坦福大学的研究生于 1968 年研究开发成功。他们成立了 SPSS 公司，1975 年在芝加哥组建了 SPSS 总部。2009 年，IBM 公司用 12 亿美元现金收购了 SPSS 公司。如今 SPSS 已出至版本 24.0，而且更名为 IBM SPSS。它和 SAS、BMDP 并称为国际上最有影响力的三大统计软件。在国际学术界有条不成文的规定，即在国际学术交流中，凡是用 SPSS 软件完成的计算和统计分析，可以不必说明算法，由此可见其影响之大和信誉之高。

SPSS 集数据录入、整理、分析功能于一身，基本功能包括数据管理、统计分析、图表分析、输出管理等。SPSS 统计分析的过程包括描述性统计、均值比较、一般线性模型、相关分析、回归分析、对数线性模型、聚类分析、数据简化等几大类，每一类又分为好几个统计过程，比如回归分析又分线性回归分析、曲线估计、Logistic 回归、Probit 回归、加权估计、两阶段最小二乘法、非线性回归等多个统计过程，而且每个过程都允许用户选择不同的方法及参数。SPSS 也有专门的绘图系统，可以根据数据绘制各种图形。SPSS 的分析结果清晰、直观、易学、易用，而且可以直接读取 EXCEL 及 DBF 的数据文件，现已推广到各种操作系统的计算机上。

二、SPSS 软件的特点

操作简便：界面非常友好，除了数据录入及部分命令程序等少数输入工作需要键盘键入外，大多数操作可通过鼠标拖曳、点击"菜单"、"按钮"和"对话框"来完成。

编程方便：具有第四代语言的特点，只需告诉系统要做什么，无需告诉怎样做，操作者只需了解统计分析的原理，不需通晓统计方法的各种算法，即可得到需要的统计分析结果。对于常见的统计方法，SPSS 的命令语句、子命令及选择项的选择绝大部分由"对话框"的操作完成。因此，用户无需花费时间记忆大量的命令、过程和选择项等。

功能强大：具有完整的数据输入、编辑、统计分析、报表、图形制作等功能。自带 11 种类型的 136 个函数。SPSS 提供了从简单的统计描述到复杂的多因素统计分析方法，比如数据的探索性分析、统计描述、列联表分析、二维相关、秩相关、偏相关、方差分析、非参数检验、多元回归、生存分析、协方差分析、判别分析、因子分析、聚类分析、非线性回归、Logistic 回归等。

全面的数据接口：能够读取及输出多种格式的文件。如由 dBASE、FoxBASE、FoxPRO 产生的 ∗.dbf 文件，文本编辑器软件生成的 ASC Ⅱ 数据文件，Excel 的 ∗.xls文件等均可转换成可供分析的 SPSS 数据文件。能够把 SPSS 的图形转换为 7 种图形文件。结果可保存为 ∗.txt，word，PPT 及 html 格式的文件。

针对性强：SPSS 均适用于初学者、熟练者及精通者。并且很多群体只需要掌握简单的操作分析，大多青睐 SPSS。而那些熟练或精通者也较喜欢 SPSS，因为他们可以通过编程来实现更强大的功能。

1. 软件对运行环境的要求

硬件环境要求：SPSS 运行时往往需要打开图形编辑或文本编辑等应用软件。为了保证电脑的运行速度及各应用软件功能的正常实现，内存配置最好在 512M 以上。

软件环境要求：建议在简体中文版 windows 下运行。

2. SPSS 运行方式

批处理方式：将已经编好的程序存储为一个文件，然后在 SPSS 软件中的 Production 程序打开并运行。

完全菜单窗口运行方式：主要通过鼠标选择窗口菜单和对话框完成各种操作。本书将主要介绍这种运行方式。

程序运行方式：在命令窗口中直接运行编写好的程序或在脚本窗口中运行脚本程序。它与批处理方式都需要使用者掌握专业的 SPSS 编程语法才能完成操作。

3. SPSS 软件的启动

启动方式：有以下三种启动方式。

（1）通过点击"开始"→所有程序→"IBM SPSS Statistics"快捷方式启动。

（2）通过双击 SPSS 的默认文件"∗.sav"启动。

（3）通过双击桌面创建的 SPSS 快捷方式启动。

4. SPSS 软件界面介绍

下面以 SPSS 20.0 为例来介绍软件的界面，如图 13-1 所示，启动软件后，可见如下界面，如图 13-2 所示。

5. 退出 SPSS 软件方法

（1）直接单击 SPSS 窗口右上角的关闭按钮。

（2）单击 SPSS 标题栏上的快捷图标，在弹出的快捷菜单中选择"关闭"。

（3）单击菜单栏中的"文件"，选择"退出"。

（4）在桌面状态栏上，用鼠标选择 SPSS 程序并单击右键，在弹出的快捷菜单中选择"关闭窗口"。

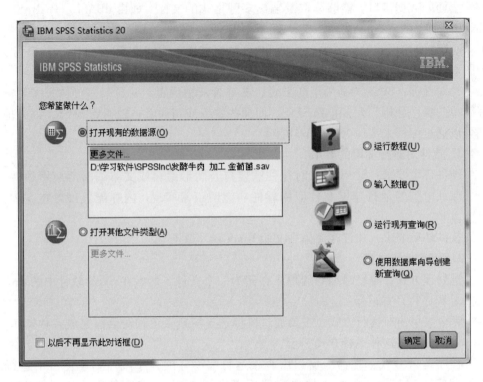

图 13 - 1　软件打开后界面

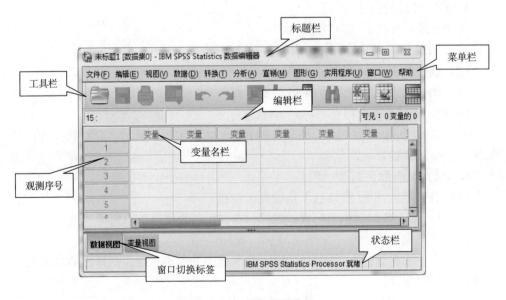

图 13 - 2　软件界面介绍

项目二 利用 SPSS 进行数据分析

一、SPSS 分析数据的步骤

（1）文件的准备：按照 SPSS 要求，利用 SPSS 提供的功能准备数据文件，主要包括在数据编辑窗口中定义 SPSS 数据的结构、录入和修改数据等。

（2）加工整理：对数据编辑窗口中的数据进行预处理。

（3）分析：选择正确的统计方法对数据编辑窗口中的数据进行分析建模。

（4）结果的阅读和解释：读懂 SPSS 输出的分析结果，明确其统计含义，并结合应用背景知识做出合理的解释。

二、利用 SPSS 进行数据分析

1. 创建数据文件

（1）SPSS 数据文件简介　SPSS 数据文件是一种结构性数据文件，由数据的结构和内容两部分组成。如图 13 - 3 所示。

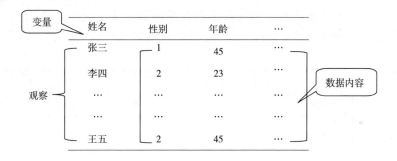

图 13 - 3　数据结构

（2）SPSS 数据中变量的属性　SPSS 中变量共有 10 个属性：变量名（Name）、类型（Type）、宽度（Width）、小数点位置（Decimals）、变量名标签（Label）、变量名值标签（Value）、缺失值（Missing）、数据列的显示宽度（Columns）、对齐方式（Align）以及度量标准（Measure）等。在定义一个变量时至少要定义它的两个属性：变量名和变量类型。其他的暂时采用系统默认，待以后分析过程中根据需要进行设置。

（3）SPSS 中变量属性的定义　在 SPSS 数据编辑窗口中单击"变量视图"标签，打开变量视窗界面，对变量的各个属性进行定义如图 13 - 4 所示。

2. 准备数据

（1）录入数据　单击左下角的数据视图标签进入数据视窗界面，将每个变量

图 13 - 4 变量属性定义

的具体数值录入到数据库单元格内。

（2）读取外部数据 按【文件】→【打开】→【数据】的顺序调出打开数据
对话框，在文件类型下拉列表中选择你要打开的数据文件类型，然后在查找范围
处选择要打开文件的位置及文件，即可打开所需要的文件，如图 13 - 5 所示。

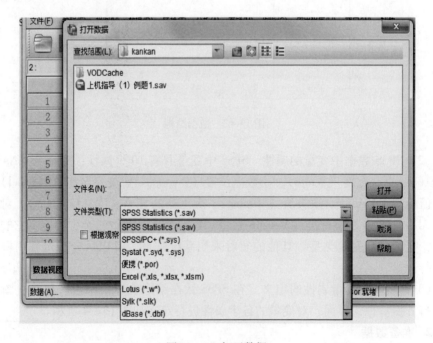

图 13 - 5 打开数据

（3）SPSS 中数据整理 在 SPSS 中主要使用【数据】和【转换】两个菜单对数据进行整理，主要有以下几个步骤。

①排序：选择【数据】→【排序个案】命令，打开排序对话框。

②抽样：选择【数据】→【选择个案】命令，打开选择个案对话框。

③数据的合并：选择【数据】→【合并文件】→【添加个案】或者【添加变量】命令，通过进一步设置完成数据合并。

④数据拆分：对数据文件中的观测值进行分组，选择【数据】→【拆分文件】，打开拆分文件对话框。

⑤计算新变量：在对数据文件中的数据进行统计分析的过程中，为了更有效地处理数据和反映事物的本质，需要对数据文件中的变量进行加工，从而产生新的变量。选择【转换】→【计算变量】打开计算变量对话框进行操作。

（4）SPSS 中数据的保存 通过打开【文件】→【保存】或者【文件】→【另存为】菜单方式来保存文件，SPSS 默认数据文件扩展名为"＊.sav"。

三、方差分析

1. 方差分析的三个基本概念

（1）观测变量 进行方差分析所要研究的对象。

（2）因素 影响观测变量的客观或人为条件。

（3）水平 因素的不同类别或不同取值。

2. SPSS 方差分析的方法

单变量单因素方差分析、单变量多因素方差分析。下面分别举例进行分析。

3. 单变量单因素方差分析

【例 13 – 1】某工厂制作发酵牛肉，在第 0 天、第 15 天和第 30 天对样品抽样进行 pH 检测，结果如表 13 – 1 所示，试在显著性水平 0.05 下检验发酵牛肉在加工过程中平均 pH 有无显著差异。

表 13 – 1　　　　　　　　　发酵牛肉在加工过程中 pH

第 0 天	第 15 天	第 30 天	第 0 天	第 15 天	第 30 天
5.77	6.35	6.06	5.75	6.29	6.07
5.7	6.27	5.94	5.68	6.36	5.98
5.73	6.38	5.91	5.74	6.33	5.96
5.71	6.32	6.05	5.69	6.34	5.99

操作步骤：

（1）建立发酵牛肉在加工过程中 pH 数据文件，并保存为"发酵牛肉在加工过程中 pH 值.sav"，如图 13 –6 所示。

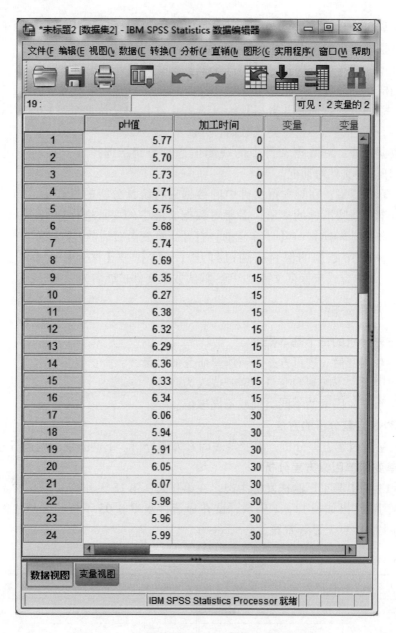

图 13 – 6　发酵牛肉在加工过程中 pH 数据文件

（2）选择"分析"→"比较均值"→"单因素方差"，如图 13 – 7 所示，打开单因素方差分析窗口，将"pH 值"移入因变量列表框，将"加工时间"移入因子列表框，如图 13 – 8 所示。

（3）单击"两两比较"按钮，打开"单因素 ANOVA 两两比较"窗口，如图 13 – 9 所示。

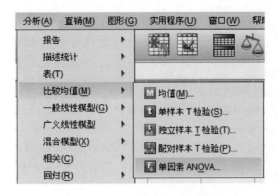

图 13 – 7　选择单因素方差分析

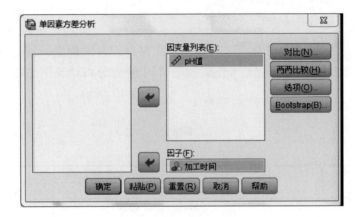

图 13 – 8　选择因、变量

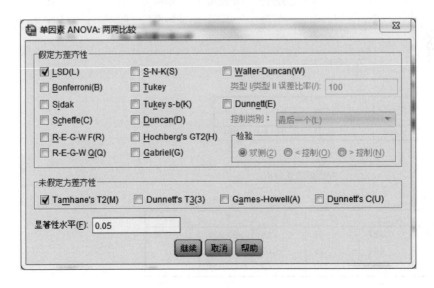

图 13 – 9　单因素两两比较

图 13 – 10　单因素 ANOVA：选项

（4）在假定方差齐性选项栏中选择常用的 LSD 检验法，在未假定方差齐性选项栏中选择 Tamhane's 检验法。在显著性水平框中输入 0.05，点击继续，回到方差分析窗口。

（5）单击"选项"按钮，打开"单因素 ANOVA：选项"窗口，如图 13 – 10 所示，在统计量选项框中勾选"描述性"和"方差同质性检验"。并勾选均值图复选框，点击"继续"，回到"单因素方差分析"窗口，点击确定，就会在输出窗口中输出分析结果，如图 13 – 11、图 13 – 12 所示。

描述

pH值

	N	均值	标准差	标准误	均值的 95% 置信区间		极小值	极大值
					下限	上限		
0	8	5.7213	.03137	.01109	5.6950	5.7475	5.68	5.77
15	8	6.3300	.03625	.01282	6.2997	6.3603	6.27	6.38
30	8	5.9950	.05928	.02096	5.9454	6.0446	5.91	6.07
总数	24	6.0154	.25775	.05261	5.9066	6.1243	5.68	6.38

方差齐性检验

pH值

Levene 统计量	df1	df2	显著性
2.656	2	21	.094

单因素方差分析

pH值

	平方和	df	均方	F	显著性
组间	1.487	2	.744	383.822	.000
组内	.041	21	.002		
总数	1.528	23			

图 13 – 11　方差分析结果

（6）输出结果分析：如图 13 - 11 所示中"描述"结果中说明了在发酵牛肉在加工的第 0 天、第 15 天和第 30 天的 pH 检测情况；"方差齐性检验"中显著性 $p =$ 0.094 > 0.05，因此不能拒绝方差相等的原假设，表示在加工的三次检测结果没有显著差异，符合方差相等（同质）的假定；"单因素方差分析"中显著性 $p =$ 0.000 < 0.01，表明发酵牛肉在加工过程中 pH 的 3 次检测差异极显著。如图 13 - 12 所示表明发酵牛肉在加工过程中 pH 值先增大再减小的趋势。

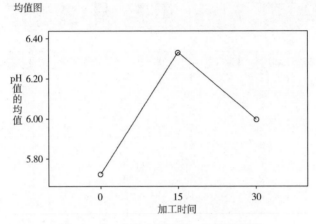

图 13 - 12　方差分析结果：均值轮廓图

4. 单变量多因素方差分析

【例 13 - 2】为了检验提取温度和提取时间对 β - 葡聚糖提取率的影响，对提取温度取 4 个不同水平，对提取时间取了三个不同的水平，在不同水平组合下各测定两次 β - 葡聚糖提取率，其结果如表 13 - 2 所示，试检验两个因素对 β - 葡聚糖提取率有无显著影响。

表 13 - 2　　　　　　　　　　不同提取时间和温度下 β - 葡聚糖提取率

提取时间/h	温度/℃	提取率/%	
2	40	14	10
	50	11	11
	60	13	9
	70	10	12
4	40	9	7
	50	10	8
	60	7	11
	70	6	10
6	40	5	11
	50	13	14
	60	12	13
	70	14	10

【具体步骤】

（1）建立数据文件"不同提取时间和温度下 β - 葡聚糖提取率 . sav"，如图 13 - 13 所示。

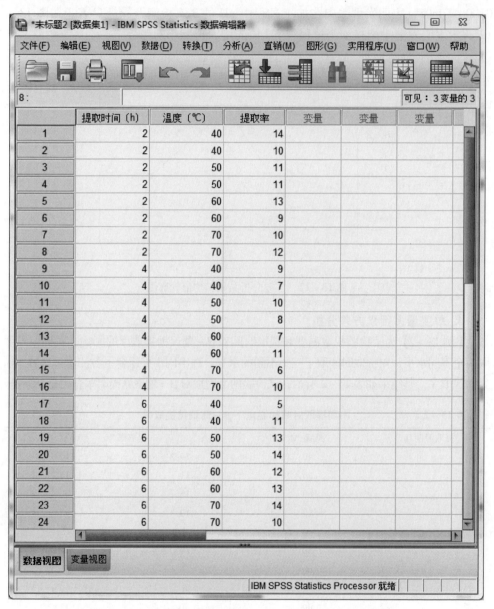

图 13 - 13　不同提取时间和温度下 β - 葡聚糖提取率数据文件

（2）选择"分析"→"一般线性模型"→"单变量"，打开单变量设置窗口，如图 13 - 14 所示。

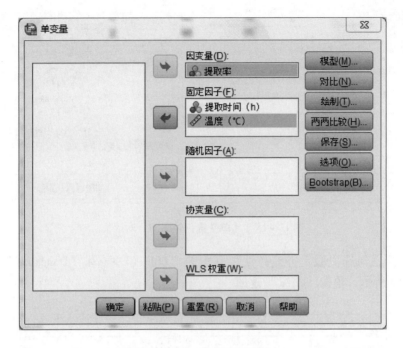

图 13 – 14　单变量对话框

选项说明：

①因变量：用于设置因变量，本例中为"提取率"；固定因子：设置用于方差分析的因素，可以选择多个因素变量；本例中为"提取时间"和"温度"，如图 13 – 14 所示。随机因子变量：可以选择多个随机变量。

②协变量：如果需要去除某个变量对因素变量的影响，可将这个变量移到"协变量"框中。权重变量：如果需要分析权重变量的影响，将权重变量移到"WLS 权重"框中。

③分析模型选择：在窗口中单击"模型"按钮，则打开"模型"设置窗口，设置所需要的模型，此处选用默认，单击"继续"返回。

④比较方法选择：在窗口中单击"对比"按钮，打开"单变量：对比"窗口进行设置，单击"继续"返回。

⑤均值轮廓图选择：单击"绘制"按钮，出现"单变量：轮廓图"对话框，将因子中的点选到"水平轴"及"单图"框中，再点选"添加"，此时在"图"框中会出现"提取时间（h）＊温度（℃）"，如图 13 – 15 所示。如果要绘制第二个轮廓图，可以将"温度（℃）"和"提取时间（h）"分别点选到"水平轴"及"单图"框中，再点选"添加"，此时在"图"框中会出现"温度（℃）＊提取时间（h）"，单击"继续"返回。

⑥"两两比较"选择，用于设置两两比较检验，本例中设置为"提取时间"

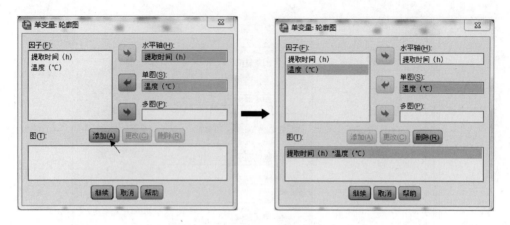

图 13 – 15　【单变量：轮廓图】对话框

和"温度"，勾选"假定方差齐性"框中的"LSD（L）"和"Duncan（D）"，如图 13 – 16 所示，单击"继续"返回。

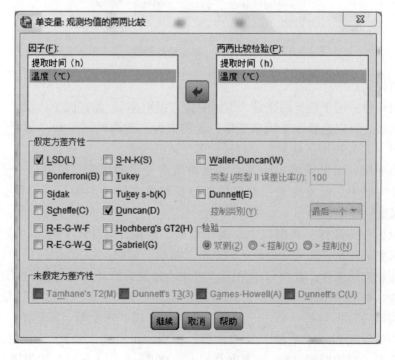

图 13 – 16　【单变量：观测均值的两两比较】对话框

⑦保存运算值：通过对"单变量：保存"窗口进行设置，可以将所计算的预测值、残差和检测值作为新的变量保存在编辑数据文件中，以便在其他统计分析中使用这些值。

⑧输出项设置：单击"选项"按钮，勾选"描述统计""功效估计"和"方差齐性检验"，如图 13 – 17 所示，单击"继续"，回到"单变量"窗口，点击确定，就会在输出窗口中输出分析结果，如图 13 – 18、表 13 – 3、表 13 – 4 所示。

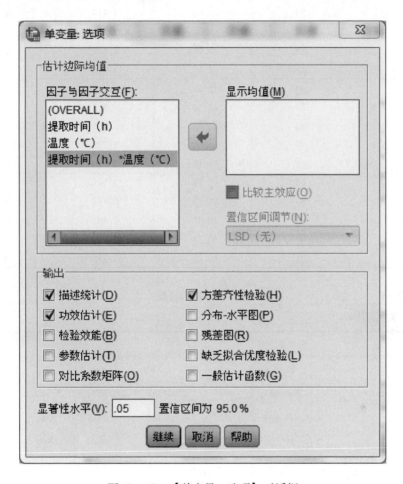

图 13 – 17　【单变量：选项】对话框

表 13 – 3　　　　　　　　　　　**描述性统计量**

因变量：提取率

提取时间/h	温度/℃	均值	标准偏差	N
	40	12.00	2.828	2
	50	11.00	.000	2
2	60	11.00	2.828	2
	70	11.00	1.414	2
	总计	11.25	1.669	8

续表

提取时间/h	温度/℃	均值	标准偏差	N
	40	8.00	1.414	2
	50	9.00	1.414	2
4	60	9.00	2.828	2
	70	8.00	2.828	2
	总计	8.50	1.773	8
	40	8.00	4.243	2
	50	13.50	.707	2
6	60	12.50	.707	2
	70	12.00	2.828	2
	总计	11.50	2.976	8
	40	9.33	3.141	6
	50	11.17	2.137	6
总计	60	10.83	2.401	6
	70	10.33	2.658	6
	总计	10.42	2.535	24

表 13 – 4　　　　　　　　　　　　主体间效应的检验

因变量：提取率

源	III 型平方和	df	均方	F	Sig.	偏 Eta 方
校正模型	82.833[a]	11	7.530	1.390	.290	.560
截距	2604.167	1	2604.167	480.769	.000	.976
提取时间/h	44.333	2	22.167	4.092	.044	.405
温度/℃	11.500	3	3.833	.708	.566	.150
提取时间/h * 温度/℃	27.000	6	4.500	.831	.568	.293
误差	65.000	12	5.417			
总计	2752.000	24				
校正的总计	147.833	23				

a. R 方 = .560（调整 R 方 = .157）

　　（3）输出结果分析　　如表 13 – 3 所示表示提取时间和温度的统计量、均值、标准偏差与样本量（N）；如表 13 – 4 所示表示方差分析，从结果可以看出提取时间对提取率有显著影响（$p = 0.044 < 0.05$），提取温度（$p = 0.566 > 0.05$）以及其和提取时间的交互作用（$p = 0.568 > 0.05$）对 β – 葡聚糖提取率的影响不显著。如图 13 – 18 所示可以看出不同提取时间和温度下提取率的变化趋势。

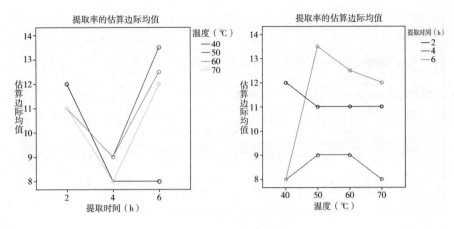

图 13 - 18　均值轮廓图

四、相关与回归分析

1. 相关分析的统计学原理

相关分析主要目的是研究变量间关系的密切程度，在统计分析中，常利用相关系数定量地描述两个变量之间线性关系的紧密程度。相关系数是描述线性关系强弱和方向的统计量，取值范围为 $-1 \sim 1$。

2. SPSS 相关分析

【例 13 - 3】调查了 29 人的身高、体重和肺活量的数据，具体如表 13 - 5 所示，试分析这三者之间的相互关系。

表 13 - 5　　　　　　　　　　相关数据分析

编号	身高/cm	体重/kg	肺活量/L	编号	身高/cm	体重/kg	肺活量/L
1	135.10	32.0	1.75	16	153.00	32.0	1.75
2	139.90	30.4	1.75	17	147.60	40.5	2.00
3	163.60	46.2	2.75	18	157.50	43.3	2.25
4	146.50	33.5	2.50	19	155.10	44.7	2.75
5	156.20	37.1	2.75	20	160.50	37.5	2.00
6	156.40	35.5	2.00	21	143.00	31.5	1.75
7	167.80	41.5	2.75	22	149.90	33.9	2.25
8	149.70	31.0	1.50	23	160.80	40.4	2.75
9	145.00	33.0	2.50	24	159.00	38.5	2.25
10	148.50	37.2	2.25	25	158.20	37.5	2.00
11	165.50	49.5	3.00	26	150.00	36.0	1.75
12	135.00	27.6	1.25	27	144.50	34.7	2.25
13	153.30	41.0	2.75	28	154.60	39.5	2.50
14	152.00	32.0	1.75	29	156.50	32.0	1.75
15	160.50	47.2	2.25				

【具体步骤】

（1）建立数据文件"生理数据.sav"，如图 13 – 19 所示。

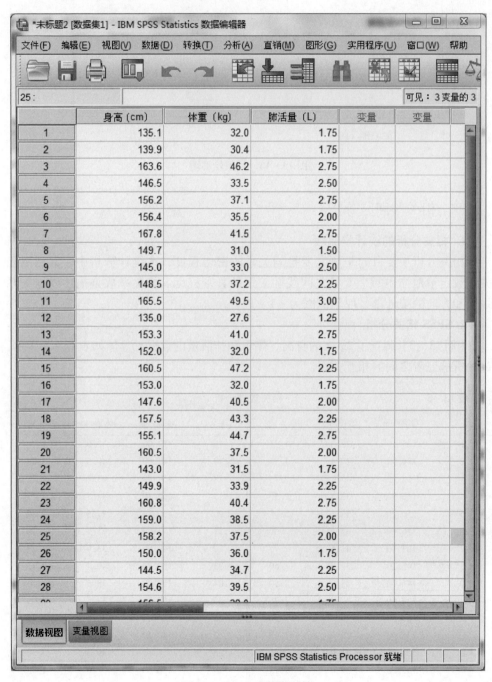

	身高（cm）	体重（kg）	肺活量（L）	变量	变量
1	135.1	32.0	1.75		
2	139.9	30.4	1.75		
3	163.6	46.2	2.75		
4	146.5	33.5	2.50		
5	156.2	37.1	2.75		
6	156.4	35.5	2.00		
7	167.8	41.5	2.75		
8	149.7	31.0	1.50		
9	145.0	33.0	2.50		
10	148.5	37.2	2.25		
11	165.5	49.5	3.00		
12	135.0	27.6	1.25		
13	153.3	41.0	2.75		
14	152.0	32.0	1.75		
15	160.5	47.2	2.25		
16	153.0	32.0	1.75		
17	147.6	40.5	2.00		
18	157.5	43.3	2.25		
19	155.1	44.7	2.75		
20	160.5	37.5	2.00		
21	143.0	31.5	1.75		
22	149.9	33.9	2.25		
23	160.8	40.4	2.75		
24	159.0	38.5	2.25		
25	158.2	37.5	2.00		
26	150.0	36.0	1.75		
27	144.5	34.7	2.25		
28	154.6	39.5	2.50		

图 13 – 19　生成数据文件

（2）选择"分析"→"相关"→"双变量"，打开双变量相关分析对话框，如图 13 - 20 所示。

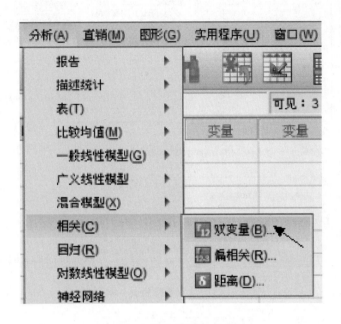

图 13 - 20　打开【双变量相关】对话框

（3）选择分析变量：将"身高""体重"和"肺活量"分别移入分析变量框中，如图 13 - 21 所示。

（4）选择相关分析方法：在相关系数栏有三种相关系数，分别对应三种方法，如图 13 - 21 所示：

①pearson 皮尔逊相关系数：计算连续变量或者是等间隔测度的变量间的相关系数。系统默认此方法。

②Kendall 的 stau - b（K）肯德尔 τ - b 复选项：计算分类变量之间的秩相关。

③Speaman 斯皮尔曼相关复选项：计算斯皮尔曼秩相关。

（5）显著性检验，如图 13 - 21 所示：

①双侧检验：事先不知道相关方向时选择此项。

②单侧检验：如果事先知道相关方向可以选择此项。

③"标记显著性检验"复选项，如图 13 - 21 所示：选中该复选项，输出结果中在相关系数右上角用"＊"表示显著性水平为 0.05，用"＊＊"表示显著水平为 0.01。

（6）"选项"对话框中的选择项：在双变量相关主窗口中单击"选项"，打开"双变量相关性：选项"窗口，本例在统计时项选择"均值和标准差"，在缺失值选项选择默认，即"按对排除个案"，如图 13 - 22 所示。

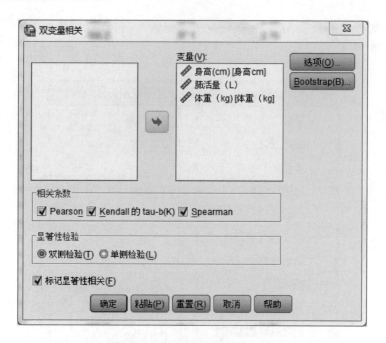

图 13 – 21 【双变量相关】对话框

图 13 – 22 【双变量相关：选项】对话框

（7）在"双变量相关"主窗口点击"确定"，SPSS 分析出现结果，如表 13 – 6 至表 13 – 8 所示。

表 13 – 6　　　　　　　　　　　描述性统计量

	均值	标准差	N
身高/cm	152.593	8.3560	29
肺活量/L	2.1897	.45146	29
体重/kg	37.128	5.5328	29

表 13 – 7   相关性

		身高/cm	肺活量/L	体重/kg
身高/cm	Pearson 相关性	1	.600＊＊	.741＊＊
	显著性（双侧）		.001	.000
	平方与叉积的和	1955.019	63.388	959.756
	协方差	69.822	2.264	34.277
	N	29	29	29
肺活量/L	Pearson 相关性	.600＊＊	1	.751＊＊
	显著性（双侧）	.001		.000
	平方与叉积的和	63.388	5.707	52.498
	协方差	2.264	.204	1.875
	N	29	29	29
体重/kg	Pearson 相关性	.741＊＊	.751＊＊	1
	显著性（双侧）	.000	.000	
	平方与叉积的和	959.756	52.498	857.118
	协方差	34.277	1.875	30.611
	N	29	29	29

＊＊. 在 .01 水平（双侧）上显著相关。

表 13 – 8   相关系数

			身高/cm	肺活量/L	体重/kg
Kendall 的 tau_ b	身高/cm	相关系数	1.000	.419＊＊	.567＊＊
		Sig.（双侧）	.	.003	.000
		N	29	29	29
	肺活量/L	相关系数	.419＊＊	1.000	.619＊＊
		Sig.（双侧）	.003	.	.000
		N	29	29	29
	体重/kg	相关系数	.567＊＊	.619＊＊	1.000
		Sig.（双侧）	.000	.000	.
		N	29	29	29
Spearman 的 rho	身高/cm	相关系数	1.000	.541＊＊	.744＊＊
		Sig.（双侧）	.	.002	.000
		N	29	29	29

续表

			身高/cm	肺活量/L	体重/kg
Spearman 的 rho	肺活量/L	相关系数	.541**	1.000	.764**
		Sig.（双侧）	.002	.	.000
		N	29	29	29
	体重/kg	相关系数	.744**	.764**	1.000
		Sig.（双侧）	.000	.000	.
		N	29	29	29

＊＊. 在置信度（双测）为 0.01 时，相关性是显著的。

（8）结果分析：如表 13-6 所示给出了各分析变量的描述统计量"均值""标准差"和"样本量 N"。从表 13-7 可以看出，身高和肺活量的相关系数为 0.600，其显著性水平在 0.01 以上；身高与体重的相关系数为 0.742，其显著性水平在 0.01 以上；肺活量与体重的相关系数为 0.751，其显著性水平在 0.01 以上。如表 13-8 所示中可以看出非参数相关性的结果 Kendall 的 tau_ b 和 Spearman 的 rho 相关系数与 Pearson 相关系数一致。

3. 回归分析的统计学原理

回归分析是研究两个或多个变量之间因果关系的统计方法。其基本思想是在相关分析的基础上，对具有相关关系的两个或多个变量之间数量变化的一般关系进行测定，确立一个合适的数学模型，以便从一个已知量推断另一个未知量。回归分析的主要任务是根据样本数估计参数，建立回归模型。对参数和模型进行检验和判断，并进行预测等。

4. SPSS 回归分析

常用回归分析如图 13-23 所示，以一元线性回归为例加以说明。

在回归分析中，只包括一个自变量和一个因变量，且二者的关系可用一条直线近似表示，这种回归分析称为一元线性回归分析。如果回归分析中包括两个或两个以上的自变量，且因变量和自变量之间是线性关系，则称为多元线性回归分析。

【例 13-4】如表 13-9 所示记录了某公司产品 10 年的广告费和销售收入，考查广告费和销售收入之间的关系。

表 13-9　　　　　　　某公司产品广告费与销售收入的关系

年份	1	2	3	4	5	6	7	8	9	10
年广告费/万元	2	2	3	4	5	6	6	6	7	7
年销售收入/万元	50	51	52	53	53	54	55	56	56	57

【具体步骤】

（1）建立数据文件"某公司产品广告费与销售收入. sav"，如图 13-24 所示。

图 13 – 23   常用回归分析

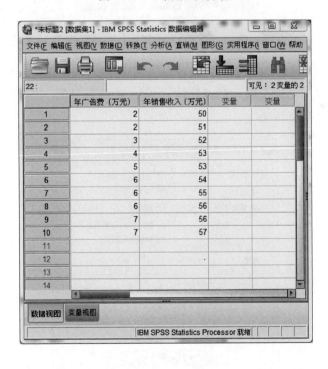

图 13 – 24   "某公司产品广告费与销售收入"数据文件

（2）选择"分析"→"回归"→"线性"，打开线性回归分析对话框，如图 13-25 所示。

（3）选择因变量和自变量：将"年销售收入（万元）"移入至因变量框中，将"年广告费（万元）"移入自变量窗口中，如图 13-25 所示。

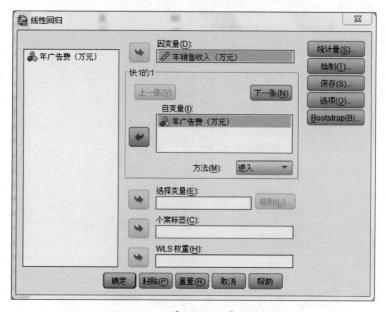

图 13-25 【线性回归】对话框

（4）在线性回归窗口中点击"统计量"，打开线性回归统计量窗口，对统计量进行设置，选中"回归系数"的"估计"、95% 的置信区间、"模型拟合度""描述性"，如图 13-26 所示。

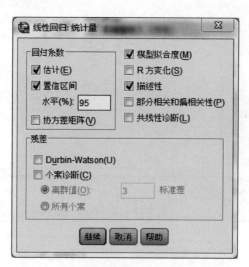

图 13-26 【线性回归：统计量】对话框

（5）如图 13 - 27 所示，在线性回归窗口中点击"绘制"，打开、"线性回归：图"窗口，选择绘制标准化残差图，其中的正态概率图是 rankit 图。同时还需要画出残差图，Y 轴选择：ZRESID，X 轴选择：ZPRED。

如图 13 - 27 所示中各项的意义分别为："DEPENDNT"因变量；"ZPRED"标准化预测值；"ZRESID"标准化残差；"DRESID"删除残差；"ADJPRED"调节预测值；"SRESID"学生化残差"SDRESID"学生化删除残差。

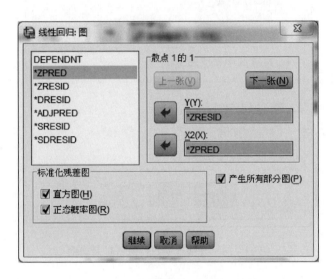

图 13 - 27   【线性回归：图】对话框

（6）线性回归窗口的"保存"用于存储回归分析的中间结果（如预测值系列、残差系列、距离（Distances）系列、预测值可信区间系列、波动统计量系列等），以便做进一步的分析，本次实验暂不保存任何项。

（7）如图 13 - 28 所示，在线性回归窗口中点击"选项"，打开、"线性回归：选项"窗口。

①步进方法标准单选框：设置纳入和排除标准，可按 P 值或 F 值来设置；

②在等式中包含常量复选框：用于决定是否在模型中包括常数项，默认选中。

（8）点击"线性回归"窗口"确定"，显示结果，如表 13 - 10 至表 13 - 13 所示。

表 13 -10   描述性统计量

	均值	标准偏差	N
年销售收入（万元）	53. 70	2. 312	10
年广告费（万元）	4. 80	1. 932	10

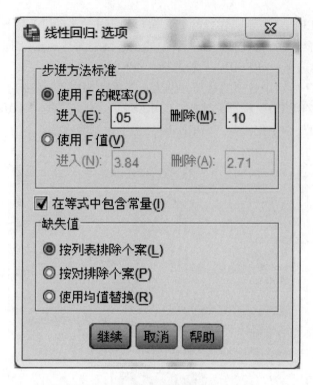

图 13 – 28 　【线性回归：选项】对话框

表 13 –11 　　　　　　　　　　　　　　　　相关性

		年销售收入/万元	年广告费/万元
Pearson 相关性	年销售收入/（万元）	1.000	0.955
	年广告费/（万元）	0.955	1.000
Sig.（单侧）	年销售收入/（万元）	.	0.000
	年广告费/（万元）	0.000	.
N	年销售收入/（万元）	10	10
	年广告费/（万元）	10	10

表 13 –12 　　　　　　　　　　　　　　　　模型汇总[b]

模型	R	R 方	调整 R 方	标准估计的误差
1	0.955[a]	0.912	0.901	0.726

a. 预测变量：（常量），年广告费（万元）。

b. 因变量：年销售收入（万元）。

表 13 – 13   系数^a

模型	非标准化系数		标准系数	t	Sig.	B 的 95.0% 置信区间	
	B	标准误差	试用版			下限	上限
（常量）	48.214	0.643		74.942	0.000	46.731	49.698
年广告费（万元）	1.143	0.125	0.955	9.127	0.000	0.854	1.432

a. 因变量：年销售收入（万元）。

（9）结果分析：如表 13 – 10 所示描述了年销售收入和年广告费的均值、标准误差、样本量（N）。

如表 13 – 11 所示中有三大行，第一行是两个变量间的 pearson 相关系数，$r = 0.955$，高度相关；第二行是 p 值，在此为单侧的概率值，如果要计算双侧概率值则此处的 p 值乘以 2，在例中 $p = 0.000 < 0.05$，因此年销售收入和年广告费显著相关，第三行表示样本数。

如表 13 – 12 所示中调整 R 方和表 13 – 13 中由非标准化系数可得知，本例的回归方程是

$$y = 48.214 + 1.143x \qquad R^2 = 0.901$$

方程中 y 表示年销售收入，x 表示年广告费，$a = 48.214$ 为初始水平，$b = 1.143$ 为回归系数。方程表明年广告费每增加一万元，年销售收入将会增加 1.1429 万元。

【例 13 – 5】如表 5 – 14 所示，记录了紫外法测定维生素 C 标准溶液的吸光度以及某食品样品的吸光度。

表 13 – 14   紫外法测定维生素 C 含量试验结果

序号	1	2	3	4	5	6	7	8	样品
维生素 C 含量/μg	10	20	30	40	50	60	80	100	
测定值 1	0.022	0.099	0.161	0.221	0.287	0.339	0.444	0.558	0.268
测定值 2	0.021	0.092	0.159	0.210	0.285	0.335	0.445	0.549	0.267
测定值 3	0.018	0.095	0.165	0.219	0.283	0.340	0.444	0.552	0.259

操作步骤：

（1）建立数据文件"紫外法测定维生素 C 含量实验结果 . sav"（图 13 – 29）。

（2）参照上例操作步骤中设置，最后得到结果，如表 13 – 15 至表 13 – 18 所示。

图 13 - 29　"紫外法测定维生素 C 含量试验结果"数据文件

表 13 – 15　　　　　　　　　　　　描述性统计量

	均值	标准偏差	N
吸光度	0.26429	0.170378	24
维生素 C 含量（μg）	48.75	29.089	24

表 13 – 16　　　　　　　　　　　　相关性

		吸光度	维生素 C 含量/μg
Pearson 相关性	吸光度	1.000	0.998
	维生素 C 含量（μg）	0.998	1.000
Sig.（单侧）	吸光度	.	0.000
	维生素 C 含量（μg）	0.000	.
N	吸光度	24	24
	维生素 C 含量（μg）	24	24

表 13 – 17　　　　　　　　　　　　模型汇总[b]

模型	R	R 方	调整 R 方	标准估计的误差
1	0.998[a]	0.996	0.996	0.010418

a. 预测变量：（常量），维生素 C 含量（μg）。

b. 因变量：吸光度。

表 13 – 18　　　　　　　　　　　　系数[a]

模型	非标准化系数		标准系数	t	Sig.	B 的 95.0% 置信区间	
	B	标准误差	试用版			下限	上限
1 （常量）	–.0207	0.0042		–4.9165	0.0001	–.0295	–.0120
维生素 C 含量（μg）	0.0058	0.0001	0.9982	78.2918	0.0000	0.0057	0.0060

a. 因变量：吸光度。

由结果可以吸光度和维生素 C 含量的一元回归方程为

$$Y = 0.0058x - 0.0207 \qquad R^2 = 0.996$$

把未知样分光光度平均值代入公式，得到未知样的维生素 C 含量。

评价与反馈

学完本工作任务后，自己都掌握了哪些技能。针对评价结果，分析原因，找出影响因素。

自我评价表

年　　月　　日

理论知识	实践技能	评价结果（10 分制）

总结与拓展学习

1. 以学习小组为单位，整理出未知问题或内容，并进行讨论。

2. 本次实训有何感想？

3. 拓展学习 SPSS 如何进行假设检验分析和正交试验分析。

练习题

1. 养鸡场要检验四种饲料配方对小鸡增重是否相同，用同一种饲料分别喂养 6 只同一品种同时孵出的小鸡，共饲养了 8 周，每只鸡增重（g）数据如下：

小鸡增重数据表　　　　　　　　　　　　　单位：g

配方	增量 1	增量 2	增量 3	重量 4	增量 5	增量 6
1	370	420	450	490	500	450
2	490	380	400	390	500	410
3	330	340	400	380	470	360
4	410	480	400	420	380	410

根据结果试分析四种不同配方的饲料对小鸡增重的影响。

2. 为调查生物学考分是否与学生来源有关，某校一项调查结果如下：

不同来源学生生物学考分分布表　　　　　　　　单位：人

分数段	>90	70 ~ 89	<70
城市来源	66	98	39
农村来源	89	83	16

问生物学考分是否与学生来源有关？

3. 为了解内毒素对肌酐的影响，将 20 只雌性中年大鼠随机分为甲组和乙组。

甲组中的每只大鼠不给予内毒素，乙组中的每只大鼠则给予 3mg/kg 的内毒素。分别测得两组大鼠的肌酐（mg/L）结果如下表。问：内毒素是否对肌酐有影响？

两组大鼠肌酐结果　　　　　　　　　　　　　单位：mg/L

甲组	乙组
6.2	8.5
3.7	6.8
5.8	11.3
2.7	9.4
3.9	9.3
6.1	7.3
6.7	5.6
7.8	7.9
3.8	7.2
6.9	8.2

4. 用比色法测定的不同浓度的牛血清蛋白吸光度值，如下表所示，请求出数据中的回归方程及 R^2。

不同浓度的牛血清蛋白吸光度值

蛋白质浓度/（mg/mL）	0.00	0.01	0.02	0.04	0.06	0.08	0.10
吸光度	0.000	0.079	0.215	0.264	0.346	0.450	0.493

5. 某乳制品公司研制出一种新型乳制品。饮料口味有四种，分别为芒果味、草莓味、香草味和原味。随机从五家超市收集前一期该种乳制品的销售量（万元），如下表所示，试问乳制品口味是否对销售产生影响。

不同口味乳制品销售量　　　　　　　　　　　单位：万元

口味	销售额				
芒果味	26.5	28.7	25.1	29.1	27.2
草莓味	31.2	28.3	30.8	27.9	29.6
香草味	27.9	25.1	28.5	24.2	26.5
原味	30.8	29.6	32.4	31.7	32.8

附录　统计分析常用表

附录 1　正态分布表

附表 1　　　　　　　　　　　　正态分布表

$$\Phi(u) = \frac{1}{\sqrt{2\pi}} \int_{\infty}^{u} e^{-\frac{u^2}{2}} du \qquad (u \leqslant 0)$$

u	0.00	0.01	0.02	0.03	0.04	0.05	0.06	0.07	0.08	0.09	u
-0.0	0.5000	0.4960	0.4920	0.4880	0.4840	0.4801	0.4761	0.4721	0.4681	0.4641	-0.0
-0.1	0.4602	0.4562	0.4522	0.4483	0.4443	0.4404	0.4364	0.4325	0.4286	0.4247	-0.1
-0.2	0.4207	0.4168	0.4129	0.4090	0.4052	0.4013	0.3974	0.3936	0.3897	0.3859	-0.2
-0.3	0.3821	0.3783	0.3745	0.3707	0.3669	0.3632	0.3594	0.3557	0.3520	0.3483	-0.3
-0.4	0.3446	0.3409	0.3372	0.3336	0.3300	0.3264	0.3228	0.3192	0.3156	0.3121	-0.4
-0.5	0.3085	0.3050	0.3015	0.2981	0.2946	0.2912	0.2877	0.2843	0.2810	0.2776	-0.5
-0.6	0.2743	0.2709	0.2673	0.2643	0.2611	0.2578	0.2546	0.2514	0.2483	0.2451	-0.6
-0.7	0.2420	0.2389	0.2358	0.2327	0.2297	0.2266	0.2236	0.2206	0.2177	0.2148	-0.7
-0.8	0.2119	0.2090	0.2061	0.2033	0.2005	0.1977	0.1949	0.1922	0.1894	0.1867	-0.8
-0.9	0.1841	0.1814	0.1788	0.1762	0.1736	0.1711	0.1685	0.1660	0.1635	0.1611	-0.9
-1.0	0.1587	0.1562	0.1539	0.1515	0.1492	0.1469	0.1446	0.1423	0.1401	0.1379	-1.0
-1.1	0.1357	0.1335	0.1314	0.1292	0.1271	0.1251	0.1230	0.1210	0.1190	0.1170	-1.1
-1.2	0.1151	0.1131	0.1112	0.1093	0.1075	0.1056	0.1038	0.1020	0.1003	0.09853	-1.2
-1.3	0.09680	0.09510	0.09342	0.09176	0.09012	0.08851	0.08691	0.08534	0.08379	0.08226	-1.3
-1.4	0.08076	0.07927	0.07780	0,07636	0.07493	0.07353	0.07215	0.07078	0.06944	0.06811	-1.4
-1.5	0.06681	0.06552	0.06426	0.06301	0.06178	0.06057	0.05938	0.05821	0.05705	0.05592	-1.5
-1.6	0.05480	0.05370	0.05262	0.05155	0.05050	0.04947	0.04846	0.04746	0.04648	0.04551	-1.6
-1.7	0.04457	0.04363	0.04272	0.04182	0.04093	0.04006	0.03920	0.03836	0.03754	0.03673	-1.7
-1.8	0.03593	0.03515	0.03438	0.03362	0.03288	0.03216	0.03144	0.03074	0.03005	0.02938	-1.8
-1.9	0.02872	0.02807	0.02743	0.02680	0.02619	0.02559	0.02500	0.02442	0.02385	0.02330	-1.9

续表

u	0.00	0.01	0.02	0.03	0.04	0.05	0.06	0.07	0.08	0.09	u
−2.0	0.02275	0.02222	0.02169	0.02118	0.02068	0.02018	0.01970	0.01923	0.01876	0.01831	−2.0
−2.1	0.01786	0.01743	0.01700	0.01659	0.01618	0.01578	0.01539	0.01500	0.01463	0.01426	−2.1
−2.2	0.01390	0.01355	0.01321	0.01287	0.01255	0.01222	0.01191	0.01160	0.01130	0.01101	−2.2
−2.3	0.01072	0.01044	0.01017	0.029903	0.029642	0.029387	0.029137	0.028894	0.028656	0.028424	−2.3
−2.4	0.028198	0.027976	0.027760	0.027549	0.027344	0.027143	0.026947	0.026756	0.026569	0.026387	−2.4
−2.5	0.026210	0.026037	0.025868	0.025703	0.025543	0.025386	0.025234	0.025085	0.024940	0.024799	−2.5
−2.6	0.024661	0.024527	0.024396	0.024269	0.024145	0.024025	0.023907	0.023793	0.023681	0.023573	−2.6
−2.7	0.023467	0.023364	0.023264	0.023167	0.023072	0.022980	0.022890	0.022803	0.022718	0.022635	−2.7
−2.8	0.022555	0.022477	0.022401	0.022327	0.022256	0.022186	0.022118	0.022052	0.021988	0.021926	−2.8
−2.9	0.021866	0.021807	0.021750	0.021695	0.021641	0.021589	0.021538	0.021489	0.021441	0.021395	−2.9
−3.0	0.021350	0.021306	0.021264	0.021223	0.021183	0.021144	0.021107	0.021070	0.021035	0.021001	−3.0
−3.1	0.039676	0.039354	0.039043	0.038740	0.038447	0.038164	0.037888	0.037622	0.037364	0.037114	−3.1
−3.2	0.036871	0.036637	0.036410	0.036190	0.035976	0.035770	0.035571	0.035377	0.035190	0.035009	−3.2
−3.3	0.034834	0.034665	0.034501	0.034342	0.034189	0.034041	0.033897	0.033758	0.033624	0.033495	−3.3
−3.4	0.033369	0.033248	0.033131	0.033018	0.032909	0.032803	0.032701	0.032602	0.032507	0.032415	−3.4
−3.5	0.032326	0.032241	0.032158	0.032078	0.032001	0.031926	0.031854	0.031785	0.031718	0.031653	−3.5
−3.6	0.031591	0.031531	0.031473	0.031417	0.031363	0.031311	0.031261	0.031213	0.031166	0.031121	−3.6
−3.7	0.031078	0.031036	0.049961	0.049574	0.049201	0.048842	0.048496	0.048162	0.047841	0.047532	−3.7
−3.8	0.047235	0.046948	0.046673	0.046407	0.046152	0.045906	0.045669	0.045442	0.045223	0.045012	−3.8
−3.9	0.044810	0.044615	0.044427	0.044247	0.044074	0.043908	0.043747	0.043594	0.043446	0.043304	−3.9
−4.0	0.043167	0.043036	0.042910	0.042789	0.042673	0.042561	0.042454	0.042351	0.042252	0.042157	−4.0
−4.1	0.042066	0.041978	0.041894	0.041814	0.041737	0.041662	0.041591	0.041523	0.041458	0.041395	−4.1
−4.2	0.041335	0.041277	0.041222	0.041168	0.041118	0.041069	0.041022	0.059774	0.059345	0.058934	−4.2
−4.3	0.058540	0.058163	0.057801	0.057455	0.057124	0.056807	0.056503	0.056212	0.055934	0.055668	−4.3
−4.4	0.055413	0.055169	0.054935	0.054712	0.054498	0.054294	0.054098	0.053911	0.053732	0.053561	−4.4
−4.5	0.053398	0.053241	0.053092	0.052949	0.052813	0.052682	0.052558	0.052439	0.052325	0.0521116	−4.5
−4.6	0.052112	0.052013	0.051919	0.051828	0.051742	0.051660	0.051581	0.051506	0.051434	0.051366	−4.6

续表

u	0.00	0.01	0.02	0.03	0.04	0.05	0.06	0.07	0.08	0.09	u
-4.7	0.05301	0.05239	0.05179	0.05123	0.05069	0.051017	0.069630	0.069211	0.068765	0.068339	-4.7
-4.8	0.067933	0.067547	0.067178	0.066827	0.066492	0.066173	0.065869	0.065580	0.065304	0.065042	-4.8
-4.9	0.064792	0.064554	0.064327	0.064111	0.063906	0.063711	0.063525	0.063348	0.063179	0.063019	-4.9
0.0	0.5000	0.5040	0.5080	0.5120	0.5160	0.5199	0.5239	0.5279	0.5319	0.5359	0.0
0.1	0.5398	0.5438	0.5478	0.5517	0.5557	0.5596	0.5636	0.5675	0.5714	0.5753	0.1
0.2	0.5793	0.5832	0.5871	0.5910	0.5948	0.5987	0.6026	0.6064	0.6103	0.6141	0.2
0.3	0.6179	0.6217	0.6255	0.6293	0.6331	0.6368	0.6406	0.6443	0.6480	0.6517	0.3
0.4	0.6554	0.6591	0.6628	0.6664	0.6700	0.6736	0.6772	0.6808	0.6844	0.6879	0.4
0.5	0.6915	0.6950	0.6985	0.7019	0.7054	0.7088	0.7123	0.7157	0.7190	0.2224	0.5
0.6	0.7257	0.7291	0.7324	0.7357	0.7389	0.7422	0.7454	0.7486	0.7517	0.7549	0.6
0.7	0.7580	0.7611	0.7642	0.7673	0.7703	0.7734	0.7764	0.7794	0.7823	0.7852	0.7
0.8	0.7881	0.7910	0.7939	0.7967	0.7995	0.8023	0.8051	0.8078	0.8106	0.8133	0.8
0.9	0.8159	0.8186	0.8212	0.8238	0.8264	0.8289	0.8315	0.8340	0.8365	0.8389	0.9
1.0	0.8413	0.8438	0.8461	0.8485	0.8508	0.8531	0.8554	0.8577	0.8599	0.8621	1.0
1.1	0.8643	0.8665	0.8686	0.8708	0.8729	0.8749	0.8770	0.8790	0.8810	0.8830	1.1
1.2	0.8849	0.8869	0.8888	0.8907	0.8925	0.8944	0.8962	0.8980	0.8997	0.90147	1.2
1.3	0.90320	0.90490	0.90658	0.90824	0.90988	0.91149	0.91309	0.91466	0.91621	0.91774	1.3
1.4	0.91924	0.92073	0.92220	0.92364	0.92507	0.92647	0.92785	0.92922	0.93056	0.93189	1.4
1.5	0.93319	0.93448	0.93574	0.93699	0.93822	0.93943	0.94062	0.94179	0.94295	0.94408	1.5
1.6	0.94520	0.94630	0.94738	0.94845	0.94950	0.95053	0.95154	0.95254	0.95352	0.95449	1.6
1.7	0.95543	0.95637	0.95728	0.95818	0.95907	0.95994	0.96080	0.96164	0.96246	0.96327	1.7
1.8	0.96407	0.96485	0.96562	0.96638	0.96712	0.96784	0.96856	0.96926	0.96995	0.97062	1.8
1.9	0.97128	0.97193	0.97257	0.97320	0.97381	0.97441	0.97500	0.97558	0.97615	0.97670	1.9
2.0	0.97725	0.97778	0.97831	0.97882	0.97932	0.97982	0.98030	0.98077	0.98124	0.98169	2.0
2.1	0.98214	0.98257	0.98300	0.98341	0.98382	0.98422	0.98461	0.98500	0.98537	0.98574	2.1
2.2	0.98610	0.98645	0.98679	0.98713	0.98745	0.98778	0.98809	0.98840	0.98870	0.98899	2.2
2.3	0.98928	0.98956	0.98983	0.920097	0.920358	0.920613	0.920863	0.921106	0.921344	0.921576	2.3

续表

u	0.00	0.01	0.02	0.03	0.04	0.05	0.06	0.07	0.08	0.09	u
2.4	0.921802	0.922024	0.922240	0.922451	0.922656	0.922857	0.923053	0.923244	0.923431	0.923613	2.4
2.5	0.923790	0.923963	0.924132	0.924297	0.924457	0.924614	0.924766	0.924915	0.925060	0.925201	2.5
2.6	0.925339	0.925473	0.925604	0.925731	0.925855	0.925975	0.926093	0.926207	0.926319	0.926427	2.6
2.7	0.926533	0.926636	0.926736	0.926833	0.926928	0.927020	0.927110	0.927197	0.927282	0.927365	2.7
2.8	0.927445	0.927523	0.927599	0.927673	0.927744	0.927814	0.927882	0.927948	0.928012	0.928074	2.8
2.9	0.928134	0.928193	0.928250	0.928305	0.928859	0.928411	0.928462	0.928511	0.928559	0.928605	2.9
3.0	0.928650	0.928694	0.928736	0.928777	0.928817	0.928856	0.928893	0.928930	0.928965	0.928999	3.0
3.1	0.930324	0.930646	0.930957	0.931260	0.931553	0.931836	0.932112	0.932378	0.932636	0.932886	3.1
3.2	0.933129	0.933363	0.933590	0.933810	0.934024	0.934230	0.934429	0.934623	0.934810	0.934991	3.2
3.3	0.935166	0.935335	0.935499	0.935658	0.935811	0.935959	0.936103	0.936242	0.936376	0.936505	3.3
3.4	0.936631	0.936752	0.936869	0.936982	0.937091	0.937197	0.937299	0.937398	0.937493	0.937585	3.4
3.5	0.937674	0.937759	0.937842	0.937922	0.937999	0.938074	0.938146	0.938215	0.938282	0.938347	3.5
3.6	0.938409	0.938469	0.938527	0.938583	0.938637	0.938689	0.938739	0.938787	0.938834	0.938879	3.6
3.7	0.938922	0.938964	0.940039	0.940426	0.940799	0.941158	0.941504	0.941838	0.942159	0.945468	3.7
3.8	0.942765	0.943052	0.943327	0.943593	0.943848	0.944094	0.944331	0.944558	0.944777	0.944983	3.8
3.9	0.945190	0.945385	0.945573	0.945753	0.945926	0.946092	0.946253	0.946406	0.946554	0.946696	3.9
4.0	0.946833	0.946964	0.947090	0.947211	0.947327	0.947439	0.947546	0.947649	0.947748	0.947843	4.0
4.1	0.947934	0.948022	0.948106	0.948186	0.948263	0.948338	0.948409	0.948477	0.948542	0.948605	4.1
4.2	0.948665	0.948723	0.948778	0.948832	0.948882	0.948931	0.948978	0.950226	0.950655	0.951066	4.2
4.3	0.951460	0.951837	0.952199	0.952545	0.952876	0.953193	0.953497	0.953788	0.954066	0.954332	4.3
4.4	0.954587	0.954831	0.955065	0.955288	0.955502	0.955706	0.955902	0.956089	0.956268	0.956439	4.4
4.5	0.956602	0.956759	0.956908	0.957051	0.957187	0.957318	0.957442	0.957561	0.957675	0.957784	4.5
4.6	0.957888	0.957987	0.958081	0.958172	0.958258	0.958340	0.958419	0.958494	0.958566	0.958634	4.6
4.7	0.958699	0.958761	0.958821	0.958877	0.958931	0.958983	0.950320	0.960789	0.961235	0.961661	4.7
4.8	0.962067	0.962453	0.962822	0.963173	0.963508	0.963827	0.964131	0.964420	0.964696	0.964958	4.8
4.9	0.965208	0.965446	0.965673	0.965889	0.966094	0.966289	0.966475	0.966652	0.966821	0.966981	4.9

附录2 正态分布的双侧分位数 （u_a） 表

附表2 　　　　　　　　　正态分布的双侧分位数（u_a） 表

α	α									
	0.01	0.02	0.03	0.04	0.05	0.06	0.07	0.08	0.09	0.10
0.0	2.575829	2.326348	2.170090	2.053749	1.959964	1.880794	1.811911	1.750686	1.695398	1.644854
0.1	1.598193	1.554774	1.514102	1.475791	1.439531	1.405072	1.372204	1.340755	1.310579	1.281552
0.2	1.253565	1.226528	1.200359	1.174987	1.150349	1.126391	1.103063	1.080319	1.058122	1.036433
0.3	1.015222	0.994458	0.974114	0.954165	0.934589	0.915365	0.896473	0.877896	0.859617	0.841621
0.4	0.823894	0.806421	0.789192	0.772193	0.755415	0.738847	0.722479	0.706303	0.690309	0.674490
0.5	0.658838	0.643345	0.628006	0.612813	0.597760	0.582841	0.568051	0.553385	0.538836	0.524401
0.6	0.510073	0.495850	0.481727	0.467699	0.453762	0.439913	0.426148	0.412463	0.398855	0.385320
0.7	0.371856	0.358459	0.345125	0.331853	0.318639	0.305481	0.292375	0.279319	0.266311	0.253347
0.8	0.240426	0.227545	0.214702	0.201893	0.189118	0.176374	0.163658	0.150969	0.138304	0.125661
0.9	0.113039	0.100434	0.087845	0.075270	0.062707	0.050154	0.037608	0.025069	0.012533	0.000000

附录3 t 值表

附表3 　　　　　　　　　　　t 值表

自由度 df	概　率（P）									
	单侧： 0.25	0.20	0.10	0.05	0.025	0.01	0.005	0.0025	0.001	0.0005
	双侧： 0.50	0.40	0.20	0.10	0.05	0.02	0.01	0.005	0.002	0.001
1	1.000	1.376	3.078	6.314	12.706	31.821	63.657	127.321	318.309	636.619
2	0.816	1.061	1.886	2.920	4.303	6.965	9.925	14.089	22.309	31.599
3	0.765	0.978	1.638	2.353	3.182	4.54	5.841	7.453	10.215	12.924
4	0.741	0.941	1.533	2.132	2.776	3.747	4.604	5.598	7.173	8.610
5	0.727	0.920	1.476	2.015	2.571	3.365	4.032	4.773	5.893	6.869
6	0.718	0.906	1.440	1.943	2.447	3.143	3.707	4.317	5.208	5.959
7	0.711	0.896	1.415	1.895	2.365	2.998	3.499	4.029	4.785	5.408
8	0.706	0.889	1.397	1.860	2.306	2.896	3.355	3.833	4.501	5.041
9	0.703	0.883	1.383	1.833	2.262	2.821	3.250	3.690	4.297	4.781
10	0.700	0.879	1.372	1.812	2.228	2.764	3.169	3.581	4.144	4.587
11	0.697	0.876	1.363	1.796	2.201	2.718	3.106	3.497	4.025	4.437
12	0.695	0.873	1.356	1.782	2.179	2.681	3.055	3.428	3.930	4.318
13	0.694	0.870	1.350	1.771	2.160	2.650	3.012	3.372	3.852	4.221
14	0.692	0.868	1.345	1.761	2.145	2.624	2.977	3.326	3.787	4.140

续表

自由度 df		概　率（P）									
	单侧：	0.25	0.20	0.10	0.05	0.025	0.01	0.005	0.0025	0.001	0.0005
	双侧：	0.50	0.40	0.20	0.10	0.05	0.02	0.01	0.005	0.002	0.001
15		0.691	0.866	1.341	1.753	2.131	2.602	2.947	3.286	3.733	4.073
16		0.690	0.865	1.337	1.746	2.120	2.583	2.921	3.252	3.686	4.015
17		0.689	0.863	1.333	1.740	2.110	2.567	2.898	3.222	3.646	3.965
18		0.688	0.862	1.330	1.734	2.101	2.552	2.878	3.197	3.610	3.922
19		0.688	0.861	1.328	1.729	2.093	2.539	2.861	3.174	3.579	3.883
20		0.687	0.860	1.325	1.725	2.086	2.528	2.845	3.153	3.552	3.850
21		0.686	0.859	1.323	1.721	2.080	2.518	2.831	3.135	3.527	3.819
22		0.686	0.858	1.321	1.717	2.074	2.508	2.819	3.119	3.505	3.792
23		0.685	0.858	1.319	1.714	2.069	2.500	2.807	3.104	3.485	3.768
24		0.685	0.857	1.318	1.711	2.064	2.492	2.797	3.091	3.467	3.745
25		0.684	0.856	1.316	1.708	2.060	2.485	2.787	3.078	3.450	3.725
26		0.684	0.856	1.315	1.706	2.056	2.479	2.779	3.067	3.435	3.707
27		0.684	0.855	1.314	1.703	2.052	2.473	2.771	3.057	3.421	3.690
28		0.683	0.855	1.313	1.701	2.048	2.467	2.763	3.047	3.408	3.674
29		0.683	0.854	1.311	1.699	2.045	2.462	2.756	3.038	3.396	3.659
30		0.683	0.854	1.310	1.697	2.042	2.457	2.750	3.030	3.385	3.646
31		0.682	0.853	1.309	1.696	2.040	2.453	2.744	3.022	3.375	3.633
32		0.682	0.853	1.309	1.694	2.037	2.449	2.738	3.015	3.365	3.622
33		0.682	0.853	1.308	1.692	2.035	2.445	2.733	3.008	3.356	3.611
34		0.682	0.852	1.307	1.691	2.032	2.441	2.728	3.002	3.348	3.601
35		0.682	0.852	1.306	1.690	2.030	2.438	2.724	2.996	3.340	3.591
36		0.681	0.852	1.306	1.688	2.028	2.434	2.719	2.990	3.333	3.582
37		0.681	0.851	1.305	1.687	2.026	2.431	2.715	2.985	3.326	3.574
38		0.681	0.851	1.304	1.686	2.024	2.429	2.712	2.980	3.319	3.566
39		0.681	0.851	1.304	1.685	2.023	2.426	2.708	2.976	3.313	3.558
40		0.681	0.851	1.303	1.684	2.021	2.423	2.704	2.971	3.307	3.551
50		0.679	0.849	1.299	1.676	2.009	2.403	2.678	2.937	3.261	3.496
60		0.679	0.848	1.296	1.671	2.000	2.390	2.660	2.915	3.232	3.460
70		0.678	0.847	1.294	1.667	1.994	2.381	2.648	2.899	3.211	3.435
80		0.678	0.846	1.292	1.664	1.990	2.374	2.639	2.887	3.195	3.416
90		0.677	0.846	1.291	1.662	1.987	2.368	2.632	2.878	3.183	3.402
100		0.677	0.845	1.290	1.660	1.984	2.364	2.626	2.871	3.174	3.390
200		0.676	0.843	1.286	1.653	1.972	2.345	2.601	2.839	3.131	3.340
500		0.675	0.842	1.283	1.648	1.965	2.334	2.586	2.820	3.107	3.310
1 000		0.675	0.842	1.282	1.646	1.962	2.330	2.581	2.813	3.098	3.300
∞		0.6745	0.8416	1.2816	1.6449	1.9600	2.3263	2.5758	2.8070	3.0902	3.2905

附录 4 F 值表（方差分析用）

F 值表（方差分析用）

方差分析用（单尾），上行概率 0.05，下行概率 0.01

分母的自由度 df_2	分子的自由度 df_1											
	1	2	3	4	5	6	7	B	9	10	11	12
1	161	200	216	225	230	234	237	239	241	242	243	224
	4 052	4 999	5 403	5 625	5 764	5 859	5 928	5 981	6 022	6 056	6 082	6 106
2	18.51	19.00	19.16	19.25	19.30	19.33	19.36	19.37	19.38	19.39	19.40	19.41
	98.49	99.00	99.17	99.25	99.30	99.33	99.34	99.36	99.38	99.40	99.41	99.42
3	10.13	9.55	9.28	9.12	9.01	8.94	8.88	8.84	8.81	8.78	8.76	8.74
	34.12	30.82	29.46	28.71	28.24	27.91	27.67	27.49	27.34	27.23	27.13	27.05
4	7.71	6.94	6.59	6.39	6.26	6.16	6.09	6.04	6.00	5.96	5.93	5.91
	21.20	18.00	16.69	15.98	15.52	15.21	14.98	14.80	14.66	14.54	14.45	14.37
5	6.61	5.79	5.41	5.19	5.05	4.95	4.88	4.82	4.78	4.74	4.70	4.68
	16.26	13.27	12.06	11.39	10.97	10.67	10.45	10.27	10.15	10.05	9.96	9.89
6	5.99	5.14	4.76	4.53	4.39	4.28	4.21	4.15	4.10	4.06	4.03	4.00
	13.74	10.92	9.78	9.15	8.75	8.47	8.26	8.10	7.98	7.87	7.79	7.72
7	5.59	4.74	4.35	4.12	3.97	3.87	3.79	3.73	3.68	3.63	3.60	3.57
	12.25	9.55	8.45	7.85	7.46	7.19	7.00	6.84	6.71	6.62	6.54	6.47
8	5.32	4.46	4.07	3.84	3.69	3.58	3.50	3.44	3.39	3.34	3.31	3.28
	11.26	8.65	7.59	7.01	6.63	6.37	6.19	6.03	5.91	5.82	5.74	5.67
9	5.12	4.26	3.86	3.63	3.48	3.37	3.29	3.23	3.18	3.13	3.10	3.07
	10.56	8.02	6.99	6.42	6.06	5.80	5.69	5.47	5.35	5.26	5.18	5.11
10	4.96	4.10	3.71	3.48	3.33	3.22	3.14	3.07	3.02	2.97	2.94	2.91
	10.04	7.56	6.55	5.99	5.64	5.39	5.21	5.06	4.95	4.85	4.78	4.71
11	4.84	3.98	3.59	3.36	3.20	3.09	3.01	2.95	2.90	2.86	2.82	2.76
	9.65	7.20	6.22	5.67	5.32	5.07	4.88	4.74	4.63	4.54	4.46	4.40
12	4.75	3.88	3.49	3.26	3.11	3.00	2.92	2.85	2.80	2.76	2.72	2.69
	9.33	6.93	5.95	5.41	5.06	4.82	4.65	4.50	4.39	4.30	4.22	4.16
13	4.67	3.80	3.41	3.18	3.02	2.92	2.84	2.77	2.72	2.67	2.63	2.60
	9.07	6.70	5.74	5.20	4.86	4.62	4.44	4.30	4.19	4.10	4.02	3.96
14	4.60	3.74	3.34	3.11	2.96	2.85	2.77	2.70	2.65	2.60	2.56	2.53
	8.86	6.51	5.56	5.03	4.69	4.46	4.28	4.14	4.03	3.94	3.86	3.80
15	4.54	3.68	3.29	3.06	2.90	2.79	2.70	2.64	2.59	2.55	2.51	2.48
	8.68	6.36	5.42	4.89	4.56	4.32	4.14	4.00	3.89	3.80	3.73	3.67

续表

分母的自由度 df_2	分子的自由度 df_1											
	14	16	20	24	30	40	50	75	100	200	500	∞
1	245	246	248	249	250	251	252	253	253	254	254	254
	6 142	6 169	6 208	6 234	6 258	6 286	6 302	6 323	6 334	6 352	6 361	6 366
2	19.42	19.43	19.44	19.45	19.46	19.47	19.47	19.48	19.49	19.49	19.50	19.50
	99.43	99.44	99.45	99.46	99.47	99.48	99.48	99.49	99.49	99.49	99.50	99.50
3	8.71	8.69	8.66	8.64	8.62	8.60	8.58	8.57	8.56	8.54	8.54	8.53
	26.92	26.83	26.69	26.60	26.50	26.41	26.35	26.27	26.23	26.18	26.14	26.12
4	5.87	5.84	5.80	5.77	5.74	5.71	5.70	5.68	5.66	5.65	5.64	5.63
	14.24	14.15	14.02	13.93	13.83	13.74	13.69	13.61	13.57	13.52	13.48	13.46
5	4.64	4.60	4.56	4.53	4.50	4.46	4.44	4.42	4.40	4.38	4.37	4.36
	9.77	9.68	9.55	9.17	9.38	9.29	9.24	9.17	9.13	9.07	9.04	9.02
6	3.96	3.92	3.87	3.84	3.81	3.77	3.75	3.72	3.71	3.69	3.68	3.67
	7.60	7.52	7.39	7.31	7.23	7.14	7.09	7.02	6.99	6.94	6.90	6.88
7	3.52	3.49	3.44	3.41	3.38	3.34	3.32	3.29	3.28	3.25	3.24	3.23
	6.35	6.27	6.15	6.07	5.98	5.90	5.85	5.78	5.75	5.70	5.67	5.65
8	3.23	3.20	3.15	3.12	3.08	3.05	3.03	3.00	2.98	2.96	2.94	2.93
	5.56	5.48	5.36	5.28	5.20	5.11	5.06	5.00	4.96	4.91	4.88	4.86
9	3.02	2.98	2.93	2.90	2.86	2.82	2.80	2.77	2.76	2.73	2.72	2.71
	5.00	1.92	4.80	4.73	4.64	4.56	4.51	4.45	4.41	4.36	4.33	4.31
10	2.86	2.82	2.77	2.74	2.70	2.67	2.64	2.61	2.59	2.56	2.55	2.54
	4.60	4.52	4.41	4.33	4.25	4.17	4.12	4.05	4.0I	3.96	3.93	3.91
11	2.71	2.70	2.65	2.61	2.57	2.53	2.50	2.47	2.45	2.42	2.41	2.40
	4.29	4.21	4.10	4.02	3.94	3.86	3.80	3.74	3.70	3.66	3.62	3.60
12	2.64	2.60	2.54	2.50	2.46	2.42	2.40	2.36	2.35	2.32	2.31	2.30
	4.05	3.98	3.86	3.78	3.70	3.61	3.56	3.49	3.46	3.41	3.38	3.36
13	2.55	2.51	2.46	2.42	2.38	2.34	2.32	2.28	2.26	2.24	2.22	2.21
	3.85	3.78	3.67	3.59	3.51	3.42	3.37	3.30	3.27	3.21	3.18	3.16
14	2.48	2.44	2.39	2.35	2.31	2.27	2.24	2.21	2.19	2.16	2.14	2.13
	3.70	3.62	3.51	3.43	3.34	3.26	3.21	3.14	3.11	3.06	3.02	3.00
15	2.43	2.39	2.33	2.29	2.25	2.21	2.18	2.15	2.12	2.10	2.08	2.07
	3.56	3.48	3.36	3.29	3.20	3.12	3.07	3.00	2.97	2.92	2.89	2.87

续表

分母的自由度 df_2	分子的自由度 df_1											
	1	2	3	4	5	6	7	B	9	10	11	12
16	4.49	3.63	3.24	3.01	2.85	2.74	2.66	2.59	2.54	2.49	2.45	2.42
	8.53	6.23	5.29	4.77	4.44	4.20	4.03	3.89	3.78	3.69	3.61	3.55
17	4.45	3.59	3.20	2.96	2.81	2.70	2.62	2.55	2.50	2.45	2.41	2.38
	8.40	6.11	5.18	4.67	4.34	4.10	3.93	3.79	3.68	3.59	3.52	3.45
18	4.41	3.55	3.16	2.93	2.71	2.66	2.58	2.51	2.46	2.41	2.37	2.34
	8.28	6.01	5.09	4.58	4.25	4.01	3.85	3.71	3.60	3.51	3.44	3.37
19	4.38	3.52	3.13	2.90	2.74	2.63	2.55	2.48	2.43	2.38	2.34	2.31
	8.18	5.93	5.01	4.50	4.17	3.94	3.77	3.63	3.52	3.43	3.36	3.30
20	4.35	3.49	3.10	2.87	2.71	2.60	2.52	2.45	2.40	2.35	2.31	2.28
	8.10	5.85	4.94	4.43	4.10	3.87	3.71	3.56	3.45	3.37	3.30	3.23
21	4.32	3.47	3.07	2.84	2.68	2.57	2.49	2.42	2.37	2.32	2.28	2.25
	8.02	5.78	4.87	4.37	4.04	3.81	3.65	3.51	3.40	3.31	3.24	3.17
22	4.30	3.44	3.05	2.82	2.66	2.55	2.47	2.40	2.35	2.30	2.26	2.23
	7.94	5.72	4.82	4.31	3.99	3.76	3.59	3.45	3.35	3.26	3.18	3.12
23	4.28	3.42	3.03	2.80	2.64	2.53	2.45	2.38	2.32	2.28	2.24	2.20
	7.88	5.66	4.76	4.26	3.94	3.71	3.54	3.41	3.30	3.21	3.14	3.07
24	4.26	3.40	3.01	2.78	2.62	2.51	2.43	2.36	2.30	2.26	2.22	2.18
	7.82	5.61	4.72	4.22	3.90	3.67	3.50	3.36	3.25	3.17	3.09	3.03
25	4.24	3.38	2.99	2.76	2.60	2.49	2.41	2.34	2.28	2.24	2.20	2.16
	7.77	5.57	4.68	4.18	3.86	3.63	3.45	3.32	3.21	3.13	3.05	2.99
26	4.22	3.37	2.98	2.74	2.59	2.47	2.39	2.32	2.27	2.22	2.18	2.15
	7.72	5.53	4.64	4.14	3.82	3.59	3.42	3.29	3.17	3.09	3.02	2.96
27	4.21	3.35	2.96	2.73	2.57	2.46	2.37	2.30	2.25	2.20	2.16	2.13
	7.68	5.49	4.60	4.11	3.79	3.56	3.39	3.26	3.14	3.06	2.98	2.93
28	4.20	3.34	2.95	2.71	2.56	2.44	2.36	2.29	2.24	2.19	2.15	2.12
	7.64	5.45	4.57	4.07	3.76	3.53	3.36	3.23	3.11	3.03	2.95	2.90
29	4.18	3.33	2.93	2.70	2.54	2.43	2.35	2.28	2.22	2.18	2.14	2.10
	7.60	5.42	4.54	4.04	3.73	3.50	3.33	3.20	3.08	3.00	2.92	2.87
30	4.17	3.32	2.92	2.69	2.53	2.42	2.34	2.27	2.21	2.16	2.12	2.09
	7.56	5.39	4.51	4.02	3.70	3.47	3.30	3.17	3.06	2.98	2.90	2.84
32	4.15	3.30	2.90	2.67	2.51	2.40	2.32	2.25	2.19	2.14	2.10	2.07
	7.50	5.34	4.46	3.97	3.66	3.42	3.25	3.12	3.01	2.94	2.86	2.80
34	4.13	3.28	2.88	2.65	2.49	2.38	2.30	2.23	2.17	2.12	2.08	2.05
	7.44	5.29	4.42	3.93	3.61	3.38	3.21	3.08	2.97	2.89	2.82	2.76
36	4.11	3.26	2.86	2.63	2.48	2.36	2.28	2.21	2.15	2.10	2.06	2.03
	7.39	5.25	4.38	3.89	3.58	3.35	3.18	3.04	2.94	2.86	2.78	2.72

续表

分母的自由度 df₂	分子的自由度 df₁											
	14	16	20	24	30	40	50	75	100	200	500	∞
16	2.37	2.33	2.28	2.24	2.20	2.16	2.13	2.09	2.07	2.04	2.02	2.01
	3.45	3.37	3.25	3.18	3.10	3.01	2.96	2.89	2.86	2.80	2.77	2.75
17	2.33	2.29	2.23	2.19	2.15	2.11	2.08	2.04	2.02	1.99	1.97	1.96
	3.35	3.27	3.16	3.08	3.00	2.92	2.86	2.79	2.76	2.70	2.67	2.65
18	2.29	2.25	2.19	2.15	2.11	2.07	2.04	2.00	1.98	1.95	1.93	1.92
	3.27	3.19	3.07	3.00	2.91	2.83	2.78	2.71	2.68	2.62	2.59	2.57
19	2.26	2.21	2.15	2.11	2.07	2.02	2.00	1.96	1.94	1.91	1.90	1.88
	3.19	3.12	3.00	2.92	2.84	2.76	2.70	2.63	2.60	2.54	2.51	2.49
20	2.23	2.18	2.12	2.08	2.04	1.99	1.96	1.92	1.90	1.87	1.85	1.84
	3.13	3.05	2.94	2.86	2.77	2.69	2.63	2.56	2.53	2.47	2.44	2.42
21	2.20	2.15	2.09	2.05	2.00	1.96	1.93	1.89	1.87	1.84	1.82	1.81
	3.07	2.99	2.88	2.80	2.72	2.63	2.58	2.51	2.47	2.42	2.38	2.36
22	3.18	2.13	2.07	2.03	1.98	1.93	1.91	1.87	1.84	1.81	1.80	1.78
	3.02	2.94	2.83	2.75	2.67	2.58	2.53	2.46	2.42	2.37	2.33	2.31
23	2.14	2.10	2.04	2.00	1.96	1.91	1.88	1.84	1.82	1.79	1.77	1.76
	2.97	2.89	2.78	2.70	2.62	2.53	2.48	2.41	2.37	2.32	2.28	2.26
24	2.13	2.09	2.02	1.98	1.94	1.89	1.86	1.82	1.80	1.76	1.74	1.73
	2.93	2.85	2.74	2.66	2.58	2.49	2.44	2.36	2.33	2.27	2.23	2.21
25	2.11	2.06	2.00	1.96	1.92	1.87	1.84	1.80	1.77	1.74	1.72	1.71
	2.89	2.81	2.70	2.62	2.54	2.45	2.40	2.32	2.29	2.23	2.19	2.17
26	2.10	2.05	1.99	1.95	1.90	1.85	1.82	1.78	1.76	1.72	1.70	1.69
	2.86	2.77	2.66	2.58	2.50	2.41	2.36	2.28	2.25	2.19	2.15	2.13
27	2.08	2.03	1.97	1.93	1.88	1.84	1.80	1.76	1.74	1.71	1.68	1.67
	2.83	2.74	2.63	2.55	2.47	2.38	2.33	2.25	2.21	2.16	2.12	2.10
28	2.06	2.02	1.96	1.91	1.87	1.81	1.78	1.75	1.72	1.69	1.67	1.65
	2.80	2.71	2.60	2.52	2.44	2.35	2.30	2.22	2.18	2.13	2.09	2.06
29	2.05	2.00	1.94	1.90	1.85	1.80	1.77	1.73	1.71	1.68	1.65	1.64
	2.77	2.68	2.57	2.49	2.41	2.32	2.27	2.19	2.15	2.10	2.06	2.03
30	2.04	1.99	1.93	1.89	1.84	1.79	1.76	1.12	1.69	1.66	1.64	1.62
	2.74	2.66	2.55	2.47	2.38	2.29	2.24	2.16	2.13	2.07	2.03	2.01
32	2.02	1.97	1.91	1.86	1.82	1.76	1.74	1.69	1.67	1.64	1.61	1.59
	2.70	2.62	2.51	2.42	2.34	2.25	2.20	2.12	2.08	2.02	1.98	1.96
34	2.00	1.95	1.89	1.84	1.80	1.74	1.71	1.67	1.64	1.61	1.59	1.57
	2.66	2.58	2.47	2.38	2.30	2.21	2.15	2.08	2.04	1.98	1.94	1.91
36	1.98	1.93	1.87	1.82	1.78	1.72	1.69	1.65	1.62	1.59	1.56	1.55
	2.62	2.54	2.43	2.35	2.26	2.17	2.12	2.04	2.00	1.94	1.90	1.87

续表

分母的自由度 df_2	分子的自由度 df_1											
	1	2	3	4	5	6	7	8	9	10	11	12
38	4.10	3.25	2.85	2.62	2.46	2.35	2.26	2.19	2.14	2.09	2.05	2.02
	7.35	5.21	4.34	3.86	3.54	3.32	3.15	3.02	2.91	2.82	2.75	2.69
40	4.08	3.23	2.84	2.61	2.45	2.34	2.25	2.18	2.12	2.07	2.04	2.00
	7.31	5.18	4.31	3.83	3.51	3.29	3.12	2.99	2.88	2.80	2.73	2.66
42	4.07	3.22	2.83	2.59	2.44	2.32	2.24	2.17	2.11	2.06	2.02	1.99
	7.27	5.15	4.29	3.80	3.49	3.26	3.10	2.96	2.86	2.77	2.70	2.64
44	4.06	3.21	2.82	2.58	2.43	2.31	2.23	2.16	2.10	2.05	2.01	1.98
	7.24	5.12	4.26	3.78	3.46	3.24	3.07	2.94	2.84	2.75	2.68	2.62
46	4.05	3.20	2.81	2.57	2.42	2.30	2.22	2.14	2.09	2.04	2.00	1.97
	7.21	5.10	4.24	3.76	3.44	3.22	3.05	2.92	2.82	2.73	2.66	2.60
48	4.04	3.19	2.80	2.56	2.41	2.30	2.21	2.14	2.08	2.03	1.99	1.96
	7.19	5.08	4.22	3.74	3.42	3.20	3.04	2.90	2.80	2.71	2.64	2.58
50	4.03	3.18	2.79	2.56	2.40	2.29	2.20	2.13	2.07	2.02	1.98	1.95
	7.17	5.06	4.20	3.72	3.41	3.18	3.02	2.88	2.78	2.70	2.62	2.56
60	4.00	3.15	2.76	2.52	2.37	2.25	2.17	2.10	2.04	1.99	1.95	1.92
	7.08	4.98	4.13	3.65	3.34	3.12	2.95	2.82	2.72	2.63	2.56	2.50
70	3.98	3.13	2.74	2.50	2.35	2.23	2.14	2.07	2.01	1.97	1.93	1.89
	7.01	4.92	4.08	3.60	3.29	3.07	2.91	2.77	2.67	2.59	2.51	2.45
80	3.96	3.11	2.72	2.48	2.33	2.21	2.12	2.05	1.99	1.95	1.91	1.88
	6.96	4.88	4.04	3.56	3.25	3.04	2.87	2.74	2.64	2.55	2.48	2.41
100	3.94	3.09	2.70	2.46	2.30	2.19	2.10	2.03	1.97	1.92	1.88	1.85
	6.90	4.82	3.98	3.51	3.20	2.99	2.82	2.69	2.59	2.51	2.43	2.36
125	3.92	3.07	2.68	2.44	2.29	2.17	2.08	2.01	1.95	1.90	1.86	1.83
	6.84	4.78	3.94	3.47	3.17	2.95	2.79	2.65	2.56	2.47	2.40	2.33
150	3.91	3.06	2.67	2.43	2.27	2.16	2.07	2.00	1.94	1.89	1.85	1.82
	6.81	4.75	3.91	3.44	3.14	2.92	2.76	2.62	2.53	2.44	2.37	2.30
200	3.89	3.04	2.65	2.41	2.26	2.14	2.05	1.98	1.92	1.87	1.83	1.80
	6.76	4.71	3.88	3.41	3.11	2.90	2.73	2.60	2.50	2.41	2.34	2.28
400	3.86	3.02	2.62	2.39	2.23	2.12	2.03	1.96	1.90	1.85	1.81	1.78
	6.70	4.66	3.83	3.36	3.06	2.85	2.69	2.55	2.46	2.37	2.29	2.23
1 000	3.85	3.00	2.61	2.38	2.22	2.10	2.02	1.95	1.89	1.84	1.80	1.76
	6.66	4.62	3.80	3.34	3.04	2.82	2.66	2.53	2.43	2.34	2.26	2.20
∞	3.84	2.99	2.60	2.37	2.21	2.09	2.01	1.94	1.88	1.83	1.79	1.75
	6.64	4.60	3.78	3.32	3.02	2.80	2.64	2.51	2.41	2.32	2.24	2.18

续表

分母的自由度 df_2	分子的自由度 df_1											
	14	16	20	24	30	40	50	75	100	200	500	∞
38	1.96	1.92	1.85	1.80	1.76	1.71	1.67	1.63	1.60	1.57	1.54	1.53
	2.59	2.51	2.40	2.32	2.22	2.14	2.08	2.00	1.97	1.90	1.86	1.84
40	1.95	1.90	1.84	1.79	1.74	1.69	1.66	1.61	1.59	1.55	1.53	1.51
	2.56	2.49	2.37	2.29	2.20	2.11	2.05	1.97	1.94	1.88	1.84	1.81
42	1.94	1.89	1.82	1.78	1.73	1.68	1.64	1.60	1.57	1.54	1.51	1.49
	2.54	2.46	2.35	2.26	2.17	2.08	2.02	1.94	1.91	1.85	1.80	1.78
44	1.92	1.88	1.81	1.76	1.72	1.66	1.63	1.58	1.56	1.52	1.50	1.48
	2.52	2.44	2.32	2.24	2.15	2.06	2.00	1.92	1.88	1.82	1.78	1.75
46	1.91	1.87	1.80	1.75	1.71	1.65	1.62	1.57	1.54	1.51	1.48	1.46
	2.50	2.42	2.30	2.22	2.13	2.04	1.98	1.90	1.86	1.80	1.76	1.72
48	1.90	1.86	1.79	1.74	1.70	1.64	1.61	1.56	1.53	1.50	1.47	1.45
	2.48	2.40	2.28	2.20	2.11	2.02	1.96	1.88	1.84	1.78	1.73	1.70
50	1.90	1.85	1.78	1.74	1.69	1.63	1.60	1.55	1.52	1.48	1.46	1.44
	2.46	2.39	2.26	2.18	2.10	2.00	1.94	1.86	1.82	1.76	1.71	1.68
60	1.86	1.81	1.75	1.70	1.65	1.59	1.56	1.50	1.48	1.44	1.41	1.39
	2.40	2.32	2.20	2.12	2.03	1.93	1.87	1.79	1.74	1.68	1.63	1.60
70	1.84	1.79	1.82	1.67	1.62	1.56	1.53	1.47	1.15	1.40	1.37	1.35
	2.35	2.28	2.15	2.07	1.98	1.88	1.82	1.74	1.69	1.62	1.56	1.53
80	1.82	1.77	1.70	1.65	1.60	1.54	1.51	1.45	1.42	1.38	1.35	1.32
	2.32	2.24	2.11	2.03	1.94	1.81	1.78	1.70	1.65	1.57	1.52	1.49
100	1.79	1.75	1.68	1.63	1.57	1.51	1.48	1.42	1.39	1.34	1.30	1.28
	2.26	2.19	2.06	1.98	1.89	1.79	1.73	1.64	1.59	1.51	1.46	1.43
125	1.77	1.72	1.65	1.60	1.55	1.49	1.45	1.39	1.36	1.31	1.27	1.25
	2.23	2.15	2.03	1.94	1.85	1.75	1.68	1.59	1.54	1.46	1.40	1.37
150	1.76	1.71	1.64	1.59	1.54	1.47	1.44	1.37	1.34	1.29	1.25	1.22
	2.20	2.12	2.00	1.91	1.83	1.72	1.66	1.56	1.51	1.43	1.37	1.33
200	1.74	1.69	1.62	1.57	1.52	1.45	1.42	1.35	1.32	1.26	1.22	1.19
	2.17	2.09	1.97	1.88	1.79	1.69	1.62	1.53	1.48	1.39	1.33	1.28
400	1.72	1.67	1.60	1.54	1.49	1.42	1.38	1.32	1.28	1.22	1.16	1.13
	2.12	2.04	1.92	1.84	1.74	1.64	1.57	1.47	1.42	1.32	1.24	1.19
1 000	1.70	1.65	1.58	1.53	1.47	1.41	1.36	1.30	1.26	1.19	1.13	1.08
	2.09	2.01	1.89	1.81	1.71	1.61	1.54	1.44	1.38	1.28	1.19	1.11
∞	1.69	1.64	1.57	1.52	1.46	1.40	1.35	1.28	1.24	1.17	1.11	1.00
	2.07	1.99	1.87	1.19	1.69	1.59	1.52	1.41	1.36	1.25	1.15	1.00

附录 5   Dunnett t' 检验临界值表 （双侧）

附表 5　　　　　　　　**Duamett t' 检验临界值表 （双侧）**

自由度 df	α	处理数 K （不包括对照组）								
		1	2	3	4	5	6	7	8	9
5	0.05	2.57	3.03	3.39	3.66	3.88	4.06	4.22	4.36	4.49
	0.01	4.03	4.63	5.09	5.44	5.73	5.97	6.18	6.36	6.53
6	0.05	2.45	2.86	3.18	3.41	3.60	3.75	3.88	4.00	4.11
	0.01	3.71	4.22	4.60	4.88	5.11	5.30	5.47	5.61	5.74
7	0.05	2.36	2.75	3.04	3.24	3.41	3.54	3.66	3.76	3.86
	0.01	3.50	3.95	4.28	4.52	4.71	4.87	5.01	5.13	5.24
8	0.05	2.31	2.67	2.94	3.13	3.28	3.40	3.51	3.60	3.68
	0.01	3.36	3.77	4.06	4.27	4.44	4.58	4.70	4.81	4.90
9	0.05	2.26	2.61	2.86	3.04	3.18	3.29	3.39	3.48	3.55
	0.01	3.25	3.63	3.90	4.09	4.24	4.37	4.48	4.57	4.65
10	0.05	2.23	2.57	2.81	2.97	3.11	3.21	3.31	3.39	3.46
	0.01	3.17	3.53	3.78	3.95	4.10	4.21	4.31	4.40	4.47
11	0.05	2.20	2.53	2.76	2.92	3.05	3.15	3.24	3.31	3.38
	0.01	3.11	3.45	3.68	3.85	3.98	4.09	4.18	4.26	4.33
12	0.05	2.18	2.50	2.72	2.88	3.00	3.10	3.18	3.25	3.32
	0.01	3.05	3.39	3.61	3.76	3.89	3.99	4.08	4.15	4.22
13	0.05	2.16	2.48	2.69	2.84	2.96	3.06	3.14	3.21	3.27
	0.01	3.01	3.33	3.54	3.69	3.81	3.91	3.99	4.06	4.13
14	0.05	2.14	2.46	2.67	2.81	2.93	3.02	3.10	3.17	3.23
	0.01	2.98	3.29	3.49	3.64	3.75	3.84	3.92	3.99	4.05
15	0.05	2.13	2.44	2.64	2.79	2.90	2.99	3.07	3.13	3.19
	0.01	2.95	3.25	3.45	3.59	3.70	3.79	3.86	3.93	3.99
16	0.05	2.12	2.42	2.63	2.77	2.88	2.96	3.04	3.10	3.16
	0.01	2.92	3.22	3.41	3.55	3.65	3.74	3.82	3.88	3.93
17	0.05	2.11	2.41	2.61	2.75	2.85	2.94	3.01	3.08	3.13
	0.01	2.90	3.19	3.38	3.51	3.62	3.70	3.77	3.83	3.89
18	0.05	2.10	2.40	2.59	2.73	2.84	2.92	2.99	3.05	3.11
	0.01	2.88	3.17	3.35	3.48	3.58	3.67	3.74	3.80	3.85
19	0.05	2.09	2.39	2.58	2.72	2.82	2.90	2.91	3.04	3.09
	0.01	2.86	3.15	3.33	3.46	3.55	3.64	3.70	3.76	3.81

续表

自由度 df	α	处理数 K（不包括对照组）								
		1	2	3	4	5	6	7	8	9
20	0.05	2.09	2.38	2.57	2.70	2.81	2.89	2.96	3.02	3.07
	0.01	2.85	3.13	3.31	3.43	3.53	3.61	3.67	3.73	3.78
24	0.05	2.06	2.35	2.53	2.66	2.76	2.84	2.91	2.96	3.01
	0.01	2.80	3.07	3.24	3.36	3.45	3.52	3.58	3.64	3.69
30	0.05	2.04	2.32	2.50	2.62	2.72	2.79	2.86	2.91	2.96
	0.01	2.75	3.01	3.17	3.28	3.37	3.44	3.50	3.55	3.59
40	0.05	2.02	2.29	2.47	2.58	2.61	2.75	2.81	2.86	2.90
	0.01	2.70	2.95	3.10	3.21	3.29	3.36	3.41	3.46	3.50
60	0.05	2.00	2.27	2.43	2.55	2.63	2.70	2.76	2.81	2.85
	0.01	2.66	2.90	3.04	3.14	3.22	3.28	3.33	3.38	3.42
120	0.05	1.98	2.24	2.40	2.51	2.59	2.66	2.71	2.76	2.80
	0.01	2.62	2.84	2.98	3.08	3.15	3.21	3.25	3.30	3.33
∞	0.05	1.96	2.21	2.37	2.47	2.55	2.62	2.67	2.71	2.75
	0.01	2.58	2.79	2.92	3.01	3.08	3.14	3.18	3.22	3.25

附录6　Dunnett t' 检验临界值表（单侧）

附表6　　　　　　　　　**Dunnett t' 检验临界值表（单侧）**

自由度 df	α	处理数 K（不包括对照组）								
		1	2	3	4	5	6	7	8	9
5	0.05	2.02	2.44	2.68	2.85	2.98	3.08	3.16	3.24	3.30
	0.01	3.37	3.90	4.21	4.43	4.60	4.73	4.85	4.94	5.03
6	0.05	1.94	2.34	2.56	2.71	2.83	2.92	3.00	3.07	3.12
	0.01	3.14	3.61	3.88	4.07	4.21	4.33	4.43	4.51	4.59
7	0.05	1.89	2.27	2.48	2.62	2.73	2.82	2.89	2.95	3.01
	0.01	3.00	3.42	3.66	3.83	3.96	4.07	4.15	4.23	4.30
8	0.05	1.86	2.22	2.42	2.55.	2.66	2.74	2.81	2.87	2.92
	0.01	2.90	3.29	3.51	3.67	3.79	3.88	3.96	4.03	4.09
9	0.05	1.83	2.18	2.37	2.50	2.60	2.68	2.75	2.81	2.86
	0.01	2.82	3.19	3.40	3.55	3.66	3.75	3.82	3.89	3.94
10	0.05	1.81	2.15	2.34	2.47	2.56	2.64	2.70	2.76	2.81
	0.01	2.76	3.11	3.31	3.45	3.56	3.64	3.71	3.78	3.83

续表

自由度 df	α	处理数 K（不包括对照组）								
		1	2	3	4	5	6	7	8	9
11	0.05	1.80	2.13	2.31	2.41	2.53	2.60	2.67	2.72	2.77
	0.01	2.72	3.06	3.25	3.38	3.48	3.56	3.63	3.69	3.74
12	0.05	1.78	2.11	2.29	2.41	2.50	2.58	2.64	2.69	2.74
	0.01	2.68	3.01	3.19	3.32	3.42	3.50	3.56	3.62	3.67
13	0.05	1.77	2.09	2.27	2.39	2.48	2.55	2.61	2.66	2.71
	0.01	2.65	2.97	3.15	3.27	3.37	3.44	3.51	3.56	3.61
14	0.05	1.76	2.08	2.25	2.37	2.46	2.53	2.59	2.64	2.69
	0.01	2.62	2.94	3.11	3.23	3.32	3.40	3.46	3.51	3.56
15	0.05	1.75	2.07	2.24	2.36	2.44	2.51	2.57	2.62	2.67
	0.01	2.60	2.91	3.08	3.20	3.29	3.36	3.42	3.47	3.52
16	0.05	1.75	2.06	2.23	2.34	2.43	2.50	2.56	2.61	2.65
	0.01	2.58	2.88	3.05	3.17	3.26	3.33	3.39	3.44	3.48
17	0.05	1.74	2.05	2.22	2.33	2.42	2.49	2.54	2.59	2.64
	0.01	2.57	2.86	3.03	3.14	3.23	3.30	3.36	3.41	3.45
18	0.05	1.73	2.04	2.21	2.32	2.41	2.48	2.53	2.58	2.62
	0.01	2.55	2.84	3.01	3.12	3.21	3.27	3.33	3.38	3.42
19	0.05	1.73	2.03	2.20	2.31	2.40	2.47	2.52	2.57	2.61
	0.01	2.54	2.83	2.99	3.10	3.18	3.25	3.31	3.36	3.40
20	0.05	1.72	2.03	2.19	2.30	2.39	2.46	2.51	2.56	2.60
	0.01	2.53	2.81	2.97	3.08	3.17	3.23	3.29	3.34	3.38
24	0.05	1.71	2.01	2.17	2.28	2.36	2.43	2.48	2.53	2.57
	0.01	2.49	2.77	2.92	3.03	3.11	3.17	3.22	3.27	3.31
30	0.05	1.70	1.99	2.15	2.25	2.33	2.40	2.45	2.50	2.54
	0.01	2.46	2.72	2.87	2.97	3.05	3.11	3.16	3.21	3.24
40	0.05	1.68	1.97	2.13	2.23	2.31	2.37	2.42	2.47	2.51
	0.01	2.42	2.68	2.82	2.92	2.99	3.05	3.10	3.14	3.18
60	0.05	1.67	1.95	2.10	2.21	2.28	2.35	2.39	2.44	2.18
	0.01	2.39	2.64	2.78	2.87	2.94	3.00	3.04	3.08	3.12
120	0.05	1.66	1.93	2.08	2.18	2.26	2.32	2.37	2.41	2.45
	0.01	2.36	2.60	2.73	2.82	2.89	2.94	2.99	3.03	3.06
∞	0.05	1.64	1.92	2.06	2.16	2.23	2.29	2.34	2.38	2.42
	0.01	2.33	2.56	2.68	2.77	2.84	2.89	2.93	2.97	3.00

附录7　q值表

附表7　　　　　　　　　　　　　　　　　　**q值表**

自由度df	α	\multicolumn{19}{c}{K（检验极差的平均数个数，即秩次距）}
		2	3	4	5	6	7	8	9	10	11	12	13	14	15	16	17	18	19	20
3	0.05	4.50	5.91	6.82	7.50	8.04	8.84	8.85	9.18	9.46	9.72	9.95	10.15	10.35	10.52	10.84	10.69	10.98	11.11	11.24
	0.01	8.26	10.62	12.27	13.33	14.24	15.00	15.64	16.20	16.69	17.13	17.53	17.89	18.22	18.52	19.07	18.81	19.32	19.55	19.77
4	0.05	3.39	5.04	5.76	6.29	6.71	7.05	7.35	7.60	7.83	8.03	8.21	8.37	8.52	8.66	8.79	8.91	9.03	9.13	9.23
	0.01	6.51	8.12	9.17	9.96	10.85	11.10	11.55	11.93	12.27	12.57	12.84	13.09	13.32	13.53	13.73	13.91	14.08	14.24	14.40
5	0.05	3.64	4.60	5.22	5.67	6.03	6.33	6.58	6.80	6.99	7.17	7.32	7.47	7.60	7.72	7.83	7.93	8.03	8.12	8.21
	0.01	5.70	6.98	7.80	8.42	8.91	9.32	9.67	9.97	10.24	10.48	10.07	10.89	11.08	11.24	11.40	11.55	11.68	11.81	11.93
6	0.05	3.46	4.34	4.90	5.30	5.63	5.90	6.12	6.32	6.49	6.65	6.79	6.92	7.03	7.14	7.24	7.34	7.43	7.51	7.59
	0.01	5.24	6.33	7.03	7.56	7.97	8.32	8.61	8.87	9.10	9.30	9.48	9.65	9.81	9.95	10.08	12.21	10.32	10.43	10.54
7	0.05	3.34	4.16	4.68	5.06	5.36	5.01	5.82	6.00	6.16	6.30	6.43	6.55	6.66	6.76	6.85	9.94	7.02	7.10	7.17
	0.01	4.95	5.92	6.54	7.01	7.37	7.68	9.94	8.17	8.37	8.55	8.71	8.86	9.00	9.12	9.24	9.35	9.46	9.55	9.65
8	0.05	3.26	4.04	4.53	4.89	5.17	5.40	5.60	5.77	5.92	6.05	6.18	6.29	6.39	6.48	6.57	6.65	6.73	6.80	6.87
	0.01	4.75	5.64	6.20	6.62	4.96	7.24	7.47	7.68	7.86	8.03	8.18	8.31	8.44	8.55	8.66	8.76	8.85	8.94	9.03
9	0.05	3.20	3.95	4.41	4.76	5.02	5.24	5.43	5.59	5.74	5.87	5.98	6.09	6.19	6.28	6.36	6.44	6.51	6.58	6.64
	0.01	4.60	5.43	5.96	6.35	6.66	6.91	7.13	7.33	7.49	7.65	7.78	7.91	8.03	8.13	8.23	8.33	8.41	8.49	8.57
10	0.05	3.15	3.88	4.33	4.65	4.91	5.12	5.30	5.46	5.60	5.72	5.83	5.93	6.03	6.11	6.19	6.27	6.34	6.40	6.47
	0.01	4.48	5.27	5.77	6.14	4.43	6.67	6.87	7.05	7.21	7.36	7.48	7.60	7.71	7.81	7.91	7.99	8.08	8.15	8.23
11	0.05	3.11	3.82	4.26	4.57	4.82	5.03	5.20	5.35	5.49	5.61	5.71	5.81	5.90	5.98	6.06	6.13	6.20	6.27	6.33
	0.01	4.39	5.15	5.62	5.97	6.25	6.48	6.67	6.84	6.99	7.13	7.25	7.36	7.46	7.56	7.65	7.13	7.81	7.88	7.95
12	0.05	3.08	3.77	4.20	4.51	4.75	4.95	5.12	5.27	5.39	5.51	5.61	5.71	5.80	5.88	5.95	6.02	6.09	6.15	6.21
	0.01	4.32	5.05	5.55	5.84	6.10	6.32	6.51	6.67	6.81	6.94	7.06	7.17	7.26	7.36	7.44	7.52	7.59	7.66	7.73
13	0.05	3.06	3.73	4.15	4.45	4.69	4.88	5.05	9.19	5.32	5.45	5.53	5.63	5.71	5.79	5.86	5.93	5.99	6.05	6.11
	0.01	4.26	4.96	5.40	5.73	5.98	6.19	6.37	6.53	6.67	6.79	6.90	7.01	7.10	7.19	7.27	7.35	7.42	7.48	7.55
14	0.05	3.03	3.70	4.11	4.41	4.64	4.83	4.99	5.13	5.25	5.36	5.46	5.55	5.64	5.71	5.79	5.85	5.91	5.97	6.03
	0.01	4.21	4.89	5.32	5.63	5.88	6.08	6.26	6.41	6.54	6.66	6.77	6.87	6.96	7.05	7.13	7.20	7.27	7.33	7.39
15	0.05	3.01	3.67	4.08	4.37	4.59	4.78	4.94	5.08	5.20	5.31	5.40	5.49	5.57	5.65	5.72	5.78	5.85	5.90	5.96
	0.01	4.17	4.84	5.25	5.56	5.80	5.99	6.16	6.31	6.44	6.55	6.66	6.76	6.84	6.93	7.00	7.07	7.14	7.20	7.26
16	0.05	3.00	3.65	4.05	4.33	4.56	4.74	4.90	5.03	5.15	5.26	5.35	5.44	5.52	5.59	5.66	5.73	5.79	5.84	5.90
	0.01	4.13	4.79	5.19	5.49	5.72	5.92	6.08	6.22	6.35	6.46	6.56	6.66	6.74	6.82	6.90	6.97	7.03	7.09	7.15
17	0.05	2.98	3.63	4.02	4.30	4.52	4.70	4.86	4.99	5.11	5.21	5.31	5.39	5.47	5.54	5.61	5.67	5.73	5.79	5.84
	0.01	4.10	4.74	5.14	5.43	5.66	5.85	6.01	6.15	6.27	6.38	6.48	6.57	6.66	6.73	6.81	6.87	6.94	7.00	7.05
18	0.05	2.97	3.61	4.00	4.28	4.19	4.67	4.82	4.96	5.07	5.17	5.27	5.35	5.43	5.50	5.57	5.63	5.69	5.74	5.76
	0.01	4.07	4.70	5.09	5.38	5.60	5.79	5.94	6.08	6.20	6.31	6.41	6.50	6.58	6.65	6.73	6.79	6.85	6.91	6.97

续表

自由度df	α	K (检验极差的平均数个数. 即秩次距)

自由度df	α	2	3	4	5	6	7	8	9	10	11	12	13	14	15	16	17	18	19	20
19	0.05	2.96	3.59	3.98	4.25	4.47	4.65	4.49	4.92	5.04	5.14	5.23	5.31	5.39	5.46	5.53	5.59	5.65	5.70	5.75
	0.01	4.05	4.67	5.05	5.33	5.55	5.73	5.89	6.02	6.16	6.25	6.34	6.43	6.51	6.58	6.65	6.72	6.78	6.84	6.89
20	0.05	2.95	3.58	3.96	4.23	4.54	4.62	4.77		5.01	5.11	5.20	5.28	5.36	5.43	5.49	5.55	5.61	5.66	5.71
	0.01	4.02	4.64	5.02	5.29	5.51	5.69	5.84	5.97	6.09	6.19	6.28	6.37	6.45	6.52	6.59	6.65	6.71	6.77	6.82
24	0.05	2.92	3.53	3.90	4.17	4.37	4.54	4.68	4.81	4.92	5.05	5.10	5.18	5.25	5.32	5.38	5.44	5.49	5.55	5.59
	0.01	3.96	4.55	4.91	5.17	5.37	5.54	5.69	5.81	5.92	6.02	6.11	6.19	6.26	6.33	6.39	6.45	6.51	6.56	6.01
30	0.05	2.89	3.49	3.85	4.10	4.30	4.46	4.60	4.72	4.82	4.92	5.00	5.08	5.15	5.21	5.27	5.33	5.38	5.43	6.47
	0.01	3.89	4.45	4.80	5.05	5.24	5.40	5.54	5.65	5.76	5.85	5.93	6.01	6.08	6.14	6.20	6.26	6.31	6.36	6.41
40	0.05	2.86	3.44	3.79	4.04	4.23	4.39	4.52	4.63	4.73	4.82	4.90	4.98	5.04	5.11	5.16	5.22	5.27	5.31	5.36
	0.01	3.82	4.37	4.70	4.93	5.11	5.26	5.39	5.50	5.60	5.69	5.76	5.83	5.90	5.96	6.02	6.07	6.12	6.16	6.21
60	0.05	2.83	3.40	3.74	3.98	4.16	4.31	4.44	4.55	4.65	4.73	4.81	4.88	4.94	5.00	5.06	5.11	5.15	5.20	5.24
	0.01	3.76	4.28	4.59	4.82	4.99	5.13	5.25	5.36	5.45	5.53	5.60	5.67	5.73	5.78	5.84	5.89	5.93	5.97	6.01
120	0.05	2.80	3.36	3.68	3.92	4.10	4.24	4.36	4.47	4.56	4.64	4.71	4.78	4.84	4.90	4.95	5.00	5.04	5.09	5.13
	0.01	3.70	4.20	4.50	4.71	4.87	5.01	5.12	5.21	5.30	5.37	5.44	5.50	5.56	5.61	5.66	5.71	5.75	5.79	5.85
∞	0.05	2.77	3.31	3.63	3.86	4.03	4.17	4.29	4.39	4.47	4.55	4.62	4.68	4.74	4.80	4.85	4.89	4.93	4.97	5.01
	0.01	3.64	4.12	4.40	4.60	4.76	4.88	4.99	5.08	5.16	5.23	5.29	5.35	5.40	5.45	5.49	5.54	5.57	5.61	5.65

附录 8 Dunnett's 新复极差检验的 SSR 值

附表 8 **Dunnett's 新复极差检验的 SSR 值**

自由度df	α	检验极差的平均数个数（K）

自由度df	α	2	3	4	5	6	7	8	9	10	12	14	16	18	20
1	0.05	18.0	18.0	18.0	18.0	18.0	18.0	18.0	18.0	18.0	18.0	18.0	18.0	18.0	18.0
	0.01	90.0	90.0	90.0	90.0	90.0	90.0	90.0	90.0	90.0	90.0	90.0	90.0	90.0	90.0
2	0.05	6.09	6.09	6.09	6.09	6.09	6.09	6.09	6.09	6.09	6.09	6.09	6.09	6.09	6.09
	0.01	14.0	14.0	14.0	14.0	14.0	14.0	14.0	14.0	14.0	14.0	14.0	14.0	14.0	14.0
3	0.05	4.50	4.50	4.50	4.50	4.50	4.50	4.50	4.50	4.50	4.50	4.50	4.50	4.50	4.50
	0.01	8.26	8.5	8.6	8.7	8.8	8.9	8.9	9.0	9.0	9.0	9.1	9.2	9.3	9.3
4	0.05	3.93	4.0	4.02	4.02	4.02	4.02	4.02	4.02	4.02	4.02	4.02	4.02	4.02	4.02
	0.01	6.51	6.8	6.9	7.0	7.1	7.1	7.2	7.2	7.3	7.3	7.4	7.4	7.5	7.5
5	0.05	3.64	3.74	3.79	3.83	3.83	3.83	3.83	3.83	3.83	3.83	3.83	3.83	3.83	3.83
	0.01	5.70	5.96	6.11	6.18	6.26	6.33	6.40	6.44		6.6	6.6	6.7	6.7	6.8
6	0.05	3.46	3.58	3.64	3.68	3.68	3.68	3.68	3.68	3.68	3.68	3.68	3.68	3.68	3.68
	0.01	5.24	5.51	5.65	5.73	5.81	5.88	5.95	6.00	6.0	6.1	6.2	6.2	6.3	6.3

续表

自由度 df	α	检验极差的平均数个数（K）													
		2	3	4	5	6	7	8	9	10	12	14	16	18	20
7	0.05	3.35	3.47	3.54	3.58	3.60	3.61	3.61	3.61	3.61	3.61	3.61	3.61	3.61	3.61
	0.01	4.95	5.22	5.37	5.45	5.53	5.61	5.69	5.73	5.8	5.8	5.9	5.9	6.0	6.0
8	0.05	3.26	3.39	3.47	3.52	3.55	3.56	3.56	3.56	3.56	3.56	3.56	3.56	3.56	3.56
	0.0I	4.74	5.00	5.14	5.23	5.32	5.40	5.47	5.51	5.5	5.6	5.7	5.7	5.8	5.8
9	0.05	3.20	3.34	3.41	3.47	3.50	3.51	3.52	3.52	3.52	3.52	3.52	3.52	3.52	3.52
	0.01	4.60	4.86	4.99	5.08	5.17	5.25	5.32	5.36	5.4	5.5	5.5	5.6	5.7	5.7
10	0.05	3.15	3.30	3.37	3.43	3.46	3.47	3.47	3.47	3.47	3.47	3.47	3.47	3.47	3.48
	0.01	4.48	4.73	4.88	4.96	5.06	5.12	5.20	5.24	5.28	5.36	5.42	5.48	5.54	5.55
11	0.05	3.11	3.27	3.35	3.39	3.43	3.44	3.45	3.46	3.46	3.46	3.46	3.46	3.47	3.48
	0.01	4.39	4.63	4.77	4.86	4.94	5.01	5.06	5.12	5.15	5.24	5.28	5.34	5.38	5.39
12	0.05	3.08	3.23	3.33	3.36	3.48	3.42	3.44	3.14	3.46	3.46	3.46	3.46	3.47	3.48
	0.01	4.32	4.55	4.68	4.76	4.84	4.92	4.96	5.02	5.07	5.13	5.17	5.22	5.24	5.26
13	0.05	3.06	3.21	3.30	3.36	3.38	3.41	3.42	3.44	3.45	3.45	3.46	3.46	3.47	3.47
	0.01	4.26	4.48	4.62	4.69	4.74	4.84	4.88	4.94	4.98	5.04	5.08	5.13	5.14	5.15
14	0.05	3.03	3.18	3.27	3.33	3.37	3.39	3.41	3.42	3.44	3.45	3.46	3.46	3.47	3.47
	0.01	4.21	4.42	4.55	4.63	4.70	4.78	4.83	4.87	4.91	4.96	5.00	5.04	5.06	5.07
15	0.05	3.01	3.16	3.25	3.31	3.36	3.38	3.40	3.42	3.43	3.44	3.45	3.46	3.47	3.47
	0.01	4.17	4.37	4.50	4.58	4.64	4.72	4.77	4.81	4.84	4.90	4.94	4.97	4.99	5.00
16	0.05	3.00	3.15	3.23	3.30	3.34	3.37	3.39	3.41	3.43	3.44	3.45	3.46	3.47	3.47
	0.01	4.13	4.34	4.45	4.54	4.60	4.67	4.72	4.76	4.79	4.84	4.88	4.91	4.93	4.94
17	0.05	2.98	3.13	3.22	3.28	3.33	3.36	3.38	3.40	3.42	3.44	3.45	3.46	3.47	3.47
	0.01	4.10	4.30	4.41	4.50	4.56	4.63	4.68	4.72	4.75	4.80	4.83	4.86	4.88	4.89
18	0.05	2.97	3.12	3.21	3.27	3.32	3.35	3.37	3.39	3.41	3.43	3.45	3.46	3.47	3.47
	0.01	4.07	4.27	4.38	4.46	4.53	4.59	4.64	4.68	4.71	4.76	4.79	4.82	4.84	4.85
19	0.05	2.96	3.11	3.19	3.26	3.31	3.35	3.37	3.39	3.41	3.43	3.44	3.46	3.47	3.47
	0.01	4.05	4.24	4.35	4.43	4.50	4.56	4.61	4.64	4.67	4.72	4.76	4.79	4.81	4.82
20	0.05	2.95	3.10	3.18	3.25	3.30	3.34	3.36	3.38	3.40	3.43	3.44	3.46	3.46	3.47
	0.01	4.02	4.22	4.33	4.40	4.47	4.53	4.58	4.61	4.65	4.69	4.73	4.76	4.78	4.79
22	0.05	2.93	3.08	3.17	3.24	3.29	3.32	3.35	3.37	3.39	3.42	3.44	3.45	3.46	3.47
	0.01	3.99	4.17	4.28	4.36	4.42	4.48	4.53	4.57	4.60	4.65	4.68	4.71	4.74	4.75
24	0.05	2.92	3.07	3.15	3.22	3.28	3.31	3.34	3.37	3.38	3.11	3.44	3.45	3.46	3.47
	0.01	3.96	4.14	4.24	4.33	4.39	4.44	4.49	4.53	4.57	4.62	4.64	4.67	4.70	4.72
26	0.05	2.91	3.06	3.14	3.21	3.27	3.30	3.34	3.36	3.38	3.41	3.43	3.45	3.46	3.47
	0.01	3.93	4.11	4.21	4.30	4.36	4.41	4.46	4.50	4.53	4.58	4.62	4.65	4.67	4.69

续表

自由度 df	α	检验极差的平均数个数（K）													
		2	3	4	5	6	7	8	9	10	12	14	16	18	20
28	0.05	2.90	3.04	3.13	3.20	3.26	3.30	3.33	3.35	3.37	3.40	3.43	3.45	3.46	3.47
	0.01	3.91	4.08	4.18	4.28	4.34	4.39	4.43	4.47	4.51	4.56	4.60	4.62	4.65	4.67
30	0.05	2.89	3.04	3.12	3.20	3.25	3.29	3.32	3.35	3.37	3.40	3.43	3.44	3.46	3.47
	0.01	3.89	4.06	4.16	4.22	4.32	4.36	4.41	4.45	4.48	4.54	4.58	4.61	4.63	4.65
40	0.05	2.86	3.01	3.10	3.17	3.22	3.27	3.30	3.33	3.35	3.39	3.42	3.44	3.46	3.47
	0.01	3.82	3.99	4.10	4.17	4.24	4.30	4.31	4.37	4.41	4.46	4.51	4.54	4.57	4.59
60	0.05	2.83	2.98	3.08	3.14	3.20	3.24	3.28	3.31	3.33	3.37	3.40	3.43	3.45	3.47
	0.01	3.76	3.92	4.03	4.12	4.17	4.23	4.27	4.31	4.34	4.39	4.44	4.47	4.50	4.53
100	0.05	2.80	2.95	3.05	3.12	3.18	3.22	3.26	3.29	3.32	3.36	3.40	3.42	3.45	3.47
	0.01	3.71	3.86	3.98	4.06	4.11	4.17	4.21	4.25	4.29	4.35	4.38	4.42	4.45	4.48
∞	0.05	2.77	2.92	3.02	3.09	3.15	3.19	3.23	3.26	3.29	3.34	3.38	3.41	3.44	3.47
	0.01	3.64	3.80	3.90	3.98	4.04	4.09	4.14	4.17	4.20	4.26	4.31	4.34	4.38	4.41

附录9　多种比较中的 q 表

附表9　　　　　　　　**多重比较中的 q 表**

$\alpha = 0.05$　　　　　　（t 化极差 $q_{a \cdot f} = W / \sqrt{x^2 / f}$ 的上侧分位数）

α / f	2	3	4	5	6	7	8	9	10	11	12	13	14	15	16	17	18	19	20	α / f
1	17.97	26.98	32.82	37.08	40.41	43.12	45.40	47.36	49.07	50.59	51.96	53.20	54.33	55.36	56.32	57.22	58.04	58.83	59.56	1
2	6.08	8.33	9.80	10.88	11.74	12.44	13.03	13.54	13.99	14.39	14.75	15.08	15.38	15.65	15.91	16.14	16.37	16.57	16.77	2
3	4.50	5.91	6.82	7.50	8.04	8.48	8.85	9.18	9.46	9.72	9.95	10.15	10.35	10.52	10.69	10.84	10.98	11.11	11.24	3
4	3.93	5.04	5.76	6.29	6.71	7.05	7.35	7.60	7.83	8.03	8.21	8.37	8.52	8.66	8.79	8.91	9.03	9.13	9.23	4
5	3.64	4.60	5.22	5.67	6.03	6.33	6.58	9.80	6.99	7.17	7.32	7.47	7.60	7.72	7.83	7.93	8.03	8.12	8.21	5
6	3.46	4.34	4.90	5.30	5.63	5.90	6.12	6.32	6.49	6.65	6.79	6.92	7.03	7.14	7.24	7.34	7.43	7.51	7.59	6
7	3.34	4.16	4.68	5.06	5.36	5.61	5.82	6.00	6.16	6.30	6.43	6.55	6.66	6.76	6.85	6.94	7.02	7.10	7.17	7
8	3.26	4.04	4.53	4.89	5.17	5.40	5.60	5.77	5.92	6.05	6.18	6.29	6.39	6.48	6.57	6.65	6.73	6.80	6.87	8
9	3.20	3.95	4.41	4.76	5.02	5.24	5.43	5.59	5.74	5.87	5.98	6.09	6.19	6.28	6.36	6.44	6.51	6.58	6.64	9
10	3.15	3.88	4.33	4.65	4.91	5.12	5.30	5.46	5.60	5.72	5.83	5.93	6.03	6.11	6.19	6.27	6.34	6.40	6.47	10
11	3.11	3.82	4.26	4.57	4.82	5.03	5.20	5.35	5.49	5.61	5.71	5.81	5.90	5.98	6.06	6.13	6.20	6.27	6.33	11
12	3.08	3.77	4.20	4.51	4.75	4.95	5.12	5.27	5.39	5.51	5.61	5.71	5.80	5.88	5.95	6.02	6.09	6.15	6.21	12

续表

$\frac{\alpha}{f}$	2	3	4	5	6	7	8	9	10	11	12	13	14	15	16	17	18	19	20	$\frac{\alpha}{f}$
13	3.06	3.73	4.15	4.45	4.69	4.88	5.05	5.19	5.32	5.43	5.53	5.63	5.71	5.79	5.86	5.93	5.99	6.05	6.11	13
14	3.03	3.70	4.11	4.41	4.64	4.83	4.99	5.13	5.25	5.36	5.46	5.55	5.64	5.71	5.79	5.85	5.91	5.97	6.03	14
15	3.01	3.67	4.08	4.37	4.59	4.78	4.94	5.08	5.20	5.31	5.40	5.49	5.57	5.65	5.72	5.78	5.85	5.90	5.96	15
16	3.00	3.65	4.05	4.33	4.56	4.74	4.90	5.03	5.15	5.26	5.35	5.44	5.52	5.59	5.66	5.73	5.79	5.84	5.90	16
17	2.98	3.63	4.02	4.30	4.52	4.70	4.86	4.99	5.11	5.21	5.31	5.39	5.47	5.54	5.61	5.67	5.73	5.79	5.84	17
18	2.97	3.61	4.00	4.28	4.49	4.67	4.82	4.96	5.07	5.17	5.27	5.35	5.43	5.50	5.57	5.63	5.69	5.74	5.79	18
19	2.96	3.59	3.98	4.25	4.47	4.65	4.79	4.92	5.04	5.14	5.23	5.31	5.39	5.46	5.53	5.59	5.65	5.70	5.75	19
20	2.95	3.58	3.96	4.23	4.45	4.62	4.77	4.90	5.01	5.11	5.20	5.28	5.36	5.43	5.49	5.55	5.61	5.66	5.71	20
24	2.92	3.53	3.90	4.17	4.37	4.54	4.68	4.81	4.92	5.01	5.10	5.18	5.25	5.32	5.38	5.44	5.49	5.55	5.59	24
30	2.89	3.49	3.85	4.10	4.30	4.46	4.60	4.72	4.82	4.92	5.00	5.08	5.15	5.21	5.27	5.33	5.38	5.43	5.47	30
40	2.86	3.44	3.79	4.04	4.23	4.39	4.52	4.63	4.73	4.82	4.90	4.98	5.04	5.11	5.16	5.22	5.27	5.31	5.36	40
60	2.83	3.40	3.74	3.98	4.16	4.31	4.44	4.55	4.65	4.73	4.81	4.88	4.94	5.00	5.06	5.11	5.15	5.20	5.24	60
120	2.80	3.36	3.68	3.92	4.10	4.24	4.36	4.47	4.56	4.64	4.71	4.78	4.84	4.90	4.95	5.00	5.04	5.09	5.13	120
∞	2.77	3.31	3.63	3.86	4.03	4.17	4.29	4.39	4.47	4.55	4.62	4.68	4.74	4.80	4.85	4.89	4.93	4.97	5.01	∞

附录 10　r 与 R 的显著数值表

附表 10　　　　　　　　　　　r 与 R 的显著数值表

自由度 df	概率 α	变量的个数（M）				自由度 df	概率 α	变量的个数（M）			
		2	3	4	5			2	3	4	5
1	0.05	0.997	0.999	0.999	0.999	7	0.05	0.666	0.758	0.807	0.838
	0.01	1.000	1.000	1.000	1.000		0.01	0.798	0.855	0.885	0.904
2	0.05	0.950	0.975	0.983	0.987	8	0.05	0.632	0.726	0.777	0.811
	0.01	0.990	0.995	0.997	0.998		0.01	0.765	0.827	0.860	0.882
3	0.05	0.878	0.930	0.950	0.961	9	0.05	0.602	0.697	0.750	0.786
	0.01	0.959	0.976	0.982	0.987		0.01	0.735	0.800	0.836	0.861
4	0.05	0.811	0.881	0.912	0.930	10	0.05	0.576	0.671	0.726	0.763
	0.01	0.917	0.949	0.962	0.970		0.01	0.708	0.776	0.814	0.840
5	0.05	0.754	0.863	0.874	0.898	11	0.05	0.553	0.648	0.703	0.741
	0.01	0.874	0.917	0.937	0.949		0.01	0.684	0.753	0.793	0.821
6	0.05	0.707	0.795	0.839	0.867	12	0.05	0.532	0.627	0.683	0.722
	0.01	0.834	0.886	0.911	0.927		0.01	0.661	0.732	0.773	0.802

续表

自由度 df	概率 α	变量的个数（M）				自由度 df	概率 α	变量的个数（M）			
		2	3	4	5			2	3	4	5
13	0.05	0.514	0.608	0.664	0.703	30	0.05	0.349	0.426	0.476	0.514
	0.01	0.641	0.712	0.755	0.785		0.01	0.449	0.514	0.558	0.519
14	0.05	0.497	0.590	0.646	0.686	35	0.05	0.325	0.397	0.445	0.482
	0.01	0.623	0.694	0.737	0.768		0.01	0.418	0.481	0.523	0.556
15	0.05	0.482	0.574	0.630	0.670	40	0.05	0.304	0.373	0.419	0.455
	0.01	0.606	0.677	0.721	0.752		0.01	0.393	0.454	0.494	0.526
16	0.05	0.468	0.559	0.615	0.655	45	0.05	0.288	0.353	0.397	0.432
	0.01	0.590	0.662	0.706	0.738		0.01	0.372	0.430	0.470	0.501
17	0.05	0.456	0.545	0.601	0.641	50	0.05	0.273	0.336	0.379	0.412
	0.01	0.575	0.647	0.691	0.724		0.01	0.354	0.410	0.449	0.479
18	0.05	0.444	0.532	0.587	0.628	60	0.05	0.250	0.308	0.348	0.380
	0.01	0.561	0.633	0.678	0.710		0.01	0.325	0.377	0.414	0.442
19	0.05	0.433	0.520	0.575	0.615	70	0.05	0.232	0.286	0.324	0.354
	0.01	0.549	0.620	0.665	0.698		0.01	0.302	0.351	0.386	0.413
20	0.05	0.423	0.509	0.563	0.604	80	0.05	0.217	0.269	0.304	0.332
	0.01	0.537	0.608	0.652	0.685		0.01	0.283	0.330	0.362	0.389
21	0.05	0.413	0.498	0.522	0.592	90	0.05	0.205	0.254	0.288	0.315
	0.01	0.526	0.596	0.641	0.674		0.01	0.267	0.312	0.343	0.368
22	0.05	0.404	0.488	0.542	0.582	100	0.05	0.195	0.241	0.274	0.300
	0.01	0.515	0.585	0.630	0.663		0.01	0.254	0.297	0.327	0.351
23	0.05	0.396	0.479	0.532	0.572	125	0.05	0.174	0.216	0.246	0.269
	0.01	0.505	0.574	0.619	0.652		0.01	0.228	0.266	0.294	0.316
24	0.05	0.388	0.470	0.523	0.562	150	0.05	0.159	0.198	0.225	0.247
	0.01	0.496	0.565	0.609	0.642		0.01	0.208	0.244	0.270	0.290
25	0.05	0.381	0.462	0.514	0.553	200	0.05	0.138	0.172	0.196	0.215
	0.01	0.487	0.555	0.600	0.633		0.01	0.181	0.212	0.234	0.253
26	0.05	0.374	0.454	0.506	0.545	300	0.05	0.113	0.141	0.160	0.176
	0.01	0.478	0.546	0.590	0.624		0.01	0.148	0.174	0.192	0.208
27	0.05	0.367	0.446	0.498	0.536	400	0.05	0.098	0.122	0.139	0.153
	0.01	0.470	0.538	0.582	0.615		0.01	0.128	0.151	0.167	0.180
28	0.05	0.361	0.439	0.490	0.592	500	0.05	0.088	0.109	0.124	0.137
	0.01	0.463	0.530	0.573	0.606		0.01	0.115	0.135	0.150	0.162
29	0.05	0.355	0.432	0.482	0.521	1 000	0.05	0.062	0.077	0.088	0.097
	0.01	0.456	0.522	0.565	0.598		0.01	0.081	0.096	0.106	0.115

附录 11 χ^2 值表

附表 11　　　　　　　　　　　χ^2 **值表（一尾）**

自由度	概率值（P）									
df	0.995	0.990	0.975	0.950	0.900	0.100	0.050	0.025	0.010	0.005
1	—	—	—	—	0.02	2.71	3.84	5.02	6.63	7.88
2	0.01	0.02	0.05	0.10	0.21	4.61	5.99	7.38	9.21	10.60
3	0.07	0.11	0.22	0.35	0.58	6.25	7.81	9.35	11.34	12.84
4	0.21	0.30	0.48	0.71	1.06	7.78	9.49	11.14	13.28	14.86
5	0.41	0.55	0.83	1.15	1.61	9.24	11.07	12.83	15.09	16.75
6	0.68	0.87	1.24	1.64	2.20	10.64	12.59	14.45	16.81	18.55
7	0.99	1.24	1.69	2.17	2.83	12.02	14.07	16.01	18.48	20.28
8	1.34	1.65	2.18	2.73	3.49	13.36	15.51	17.53	20.09	21.96
9	1.73	2.09	2.70	3.33	4.17	14.68	16.92	19.02	21.69	23.59
10	2.16	2.56	3.25	3.94	4.87	15.99	18.31	20.48	23.21	25.19
11	2.60	3.05	3.82	4.57	5.58	17.28	19.68	21.92	24.72	26.76
12	3.07	3.57	4.40	5.23	6.30	18.55	21.03	23.34	26.22	28.30
13	3.57	4.11	5.01	5.89	7.04	19.81	22.36	24.74	27.69	29.82
14	4.07	4.66	5.63	6.57	7.79	21.06	23.68	26.12	29.14	31.32
15	4.60	5.23	6.27	7.26	8.55	22.31	25.00	27.49	30.58	32.80
16	5.14	5.81	6.91	7.96	9.31	23.54	26.30	28.85	32.00	34.27
17	5.70	6.41	7.56	8.67	10.09	24.77	27.59	30.19	33.41	35.72
18	6.26	7.01	8.23	9.39	10.86	25.99	28.87	31.53	34.81	37.16
19	6.84	7.63	8.91	10.12	11.65	27.20	30.14	32.85	36.19	38.58
20	7.43	8.26	9.59	10.85	12.44	28.41	31.41	34.17	37.57	40.00
21	8.03	8.90	10.28	11.59	13.24	29.62	32.67	35.48	38.93	41.40
22	8.64	9.54	10.98	12.34	14.04	30.81	33.92	36.78	40.29	42.80
23	9.26	10.20	11.69	13.09	14.85	32.01	35.17	38.08	41.64	44.18
24	9.89	10.86	12.40	13.85	15.66	33.20	36.42	39.36	42.98	45.56
25	10.52	11.52	13.12	14.61	16.47	34.38	37.65	40.65	44.31	46.93
26	11.16	12.20	13.84	15.38	17.29	35.56	38.89	41.92	45.61	48.29
27	11.81	12.88	14.57	16.15	18.11	36.74	40.11	43.19	46.96	49.64
28	12.46	13.56	15.31	16.93	18.94	37.92	41.34	44.46	48.28	50.99
29	13.12	14.26	16.05	17.71	19.77	39.09	42.56	45.72	49.59	52.34
30	13.79	14.95	16.79	18.49	20.60	40.26	43.77	46.98	50.89	53.67

续表

自由度 df	概率值（P）									
	0.995	0.990	0.975	0.950	0.900	0.100	0.050	0.025	0.010	0.005
40	20.71	22.16	24.43	26.51	29.05	51.80	55.76	59.34	63.69	66.77
50	27.99	29.71	32.36	34.76	37.69	63.17	67.50	71.42	76.15	79.49
60	35.53	37.48	40.48	43.19	46.46	74.40	79.08	83.30	66.38	91.95
70	43.28	45.44	48.76	51.74	55.33	85.53	90.53	95.02	100.42	104.22
80	51.17	53.54	57.15	60.39	64.28	96.58	101.88	106.03	112.33	116.32
90	59.20	61.75	65.65	69.13	73.29	107.56	113.14	118.14	124.12	128.30
100	67.33	70.06	74.22	77.93	82.36	118.50	124.34	119.56	135.81	140.17

附录12 符号检验用 K 临界值表（双尾）

附表12　　符号检验用 K 临界值表（双尾）

n	0.01	0.05	0.10	0.25	n	0.01	0.05	0.10	0.25	n	0.01	0.05	0.10	0.25	n	0.01	0.05	0.10	0.25
1					24	5	6	7	8	47	14	16	17	19	69	23	25	27	29
2					25	5	7	7	9	48	14	16	17	19	70	23	26	27	29
3				0	26	6	7	8	9	49	15	17	18	19	71	24	26	28	30
4				0	27	6	7	8	10	50	15	17	18	20	72	24	27	28	30
5			0	0	28	6	8	9	10	51	15	18	19	20	73	25	27	28	31
6		0	0	1	29	7	8	9	10	52	16	18	19	21	74	25	28	29	31
7		0	0	1	30	7	9	10	11	53	16	18	20	21	75	25	28	29	32
8	0	0	1	1	31	7	9	10	11	54	17	19	20	22	76	26	28	30	32
9	0	1	1	2	32	8	9	10	12	55	17	19	20	22	77	26	29	30	32
10	0	1	1	2	33	8	10	11	12	56	17	20	21	23	78	27	29	31	33
11	0	1	2	3	34	9	10	11	13	57	18	20	21	23	79	27	30	31	33
12	1	2	2	3	35	9	11	12	13	58	18	21	22	24	80	28	30	32	34
13	1	2	3	3	36	9	11	12	14	59	19	21	22	24	81	28	31	32	34
14	1	2	3	4	37	10	12	13	14	60	19	21	23	25	82	28	31	33	35
15	2	3	3	4	38	10	12	13	14	61	20	22	23	25	83	29	32	33	35
16	2	3	4	5	39	11	12	13	15	62	20	22	24	25	84	29	32	33	36
17	2	4	4	5	40	11	13	14	15	63	20	23	24	26	85	30	32	34	36
18	3	4	5	6	41	11	13	14	16	64	21	23	24	26	86	30	33	34	37
19	3	4	5	6	42	12	14	15	16	65	21	24	25	27	87	31	33	35	37
20	3	5	5	6	43	12	14	15	17	66	22	24	25	27	88	31	34	35	38
21	4	5	6	7	44	13	15	16	17	67	22	25	26	28	89	31	34	36	38
22	4	5	6	7	45	13	15	16	18	68	22	25	26	28	90	32	35	36	39
23	4	6	7	8	46	13	15	16	18										

附录 13　符号秩和检验用 T 临界值表

附表 13　　　　　　　　　　符号秩和检验用 T 临界值表

n	$P(2)$ 0.10	0.05	0.02	0.01	n	$P(2)$ 0.10	0.05	0.02	0.01
	$P(1)$ 0.05	0.025	0.01	0.005		$P(1)$ 0.05	0.025	0.01	0.005
5	0				16	35	29	23	19
6	2	0			17	41	34	27	23
7	3	2	0		18	47	40	32	27
8	5	3	1	0	19	53	46	37	32
9	8	5	3	1	20	60	52	43	37
10	10	8	5	3	21	67	58	49	42
11	13	10	7	5	22	75	65	55	48
12	17	13	9	7	23	83	73	62	54
13	21	17	12	9	24	91	81	69	61
14	25	21	15	12	25	100	89	76	68
15	30	25	19	15					

附录 14　秩和检验用 T 临界值表 （两样本比较）

附表 14　　　　　　　秩和检验用 T 临界值表 （两样本比较）

	单侧	双侧
1 行	$p=0.05$	$p=0.10$
2 行	$p=0.025$	$p=0.05$
3 行	$p=0.01$	$p=0.02$
4 行	$p=0.005$	$p=0.01$

n_1 （较小 n）	n_2-n_1 0	1	2	3	4	5	6	7	8	9	10
2				3~13	3~15	3~17	4~18	4~20	4~22	4~24	5~25
							3~19	3~21	3~23	3~25	4~26
3	6~15	6~18	7~20	8~22	8~25	9~27	10~29	10~32	11~34	11~37	12~39
			6~21	7~23	7~26	8~28	8~31	9~33	9~36	10~38	10~41
					6~27	6~30	7~32	7~35	7~38	8~40	8~43
							6~33	6~36	6~39	7~41	7~44

续表

n_1（较小 n）	$n_2 - n_1$										
	0	1	2	3	4	5	6	7	8	9	10
4	11~25	12~28	13~31	14~34	15~37	16~40	17~43	18~46	19~49	20~52	21~55
	10~26	11~29	12~32	13~35	14~38	14~42	15~45	16~48	17~51	18~54	19~57
		10~30	11~33	11~37	12~40	13~43	13~47	14~50	15~53	15~57	16~60
			10~34	10~38	11~41	11~45	12~48	12~52	13~55	13~59	14~62
5	19~36	20~40	21~44	23~47	24~51	26~54	27~58	25~62	30~65	31~69	33~72
	17~38	18~42	20~45	21~49	22~53	23~57	24~61	26~64	27~68	28~72	29~76
	16~39	17~43	18~47	19~51	20~55	21~59	22~63	23~67	24~71	25~75	26~79
	15~40	16~44	16~49	17~53	18~57	19~61	20~65	21~69	22~73	22~78	23~82
6	28~50	29~55	31~59	33~63	35~67	37~71	38~76	40~80	42~84	44~88	46~92
	26~52	27~57	29~61	31~65	32~70	34~74	35~79	37~83	38~88	40~92	42~96
	24~54	25~59	27~63	28~68	29~73	30~78	32~82	33~87	34~92	36~96	37~101
	23~55	24~60	25~65	26~70	27~75	28~80	30~84	31~89	32~94	33~99	32~104
7	39~66	41~71	43~76	45~81	47~86	49~91	52~95	54~100	46~105	58~110	61~114
	36~69	38~74	40~79	42~84	44~89	46~94	48~99	50~104	52~109	54~114	56~119
	34~71	35~77	37~82	39~87	40~93	42~98	44~103	45~109	47~114	49~119	51~124
	32~73	34~78	35~84	37~89	38~95	40~100	41~106	43~111	44~117	45~122	47~128
8	51~85	54~90	56~96	59~101	62~106	64~112	67~117	69~123	72~128	75~133	77~139
	49~87	51~93	53~99	55~105	58~110	60~116	62~122	65~127	67~133	70~138	72~144
	45~91	47~97	49~103	51~109	53~115	56~120	58~126	60~132	62~138	64~144	66~150
	43~93	45~99	47~105	49~111	51~117	53~123	54~130	56~136	58~142	60~148	62~154
9	66~105	69~111	72~117	75~123	78~129	81~135	84~141	87~147	90~153	93~159	96~165
	62~109	65~115	68~121	71~127	73~134	76~140	79~146	82~152	84~159	87~165	90~171
	59~112	61~119	63~126	66~132	68~139	71~145	73~152	76~158	78~165	81~171	83~178
	56~115	58~122	61~128	63~135	65~142	67~149	69~156	72~162	74~169	76~176	78~183
10	82~128	86~134	89~141	92~148	96~154	99~161	103~167	106~174	110~180	113~187	117~193
	78~132	81~139	74~146	88~152	91~159	94~166	97~173	100~180	103~187	107~193	110~200
	74~136	77~143	79~151	82~158	85~165	88~172	91~179	93~187	96~194	99~201	102~208
	71~139	73~147	76~154	79~161	81~169	84~176	86~184	89~191	92~198	94~206	97~213

附录 15　秩和检验用 H 临界值表 （三样本比较）

附表 15　　　　　　秩和检验用 H 临界值表（三样本比较）

n	n_1	n_2	n_3	p 0.05	p 0.01
7	3	2	2	4.71	
	3	3	1	5.14	
8	3	3	2	5.36	
	4	2	2	5.33	
	4	3	1	5.21	
	5	2	1	5.00	
9	3	3	3	5.60	7.20
	4	3	2	5.44	6.44
	4	4	1	4.97	6.67
	5	2	2	5.16	6.53
	5	3	1	4.96	
10	4	3	3	5.73	6.75
	4	4	2	5.49	7.04
	5	3	2	5.25	6.82
	5	4	1	4.99	6.95
11	4	4	3	5.60	7.14
	5	3	3	5.65	7.08
	5	4	2	5.27	7.12
	5	5	1	5.13	7.31
12	4	4	4	5.69	7.65
	5	4	3	5.63	7.44
	5	5	2	5.34	7.27
13	5	4	4	5.42	7.76
	5	5	3	5.71	7.54
14	5	5	4	5.64	7.79
15	5	5	5	5.78	7.98

附录 16　等级相关系数 r_n 临界值表

附表 16			**等级相关系数 r_n 临界值表**			
n	单侧	0.10	0.05	0.025	0.01	0.005
	双侧	0.20	0.10	0.05	0.02	0.01
4		1.000	1.000	—	—	—
5		0.800	0.900	1.000	1.000	—
6		0.657	0.829	0.886	0.943	1.000
7		0.571	0.714	0.786	0.893	0.929
8		0.524	0.643	0.738	0.833	0.881
9		0.483	0.600	0.700	0.783	0.833
10		0.455	0.564	0.648	0.745	0.794
11		0.427	0.536	0.618	0.709	0.755
12		0.406	0.503	0.587	0.678	0.727
13		0.385	0.484	0.560	0.648	0.703
14		0.367	0.464	0.538	0.626	0.679
15		0.354	0.446	0.521	0.604	0.654
16		0.341	0.429	0.503	0.582	0.635
17		0.328	0.414	0.485	0.566	0.615
18		0.317	0.401	0.472	0.550	0.600
19		0.309	0.391	0.460	0.535	0.584
20		0.299	0.380	0.447	0.520	0.570
21		0.292	0.370	0.435	0.508	0.556
22		0.284	0.361	0.425	0.496	0.544
23		0.278	0.353	0.415	0.486	0.532
24		0.271	0.344	0.406	0.476	0.521
25		0.265	0.337	0.398	0.466	0.511
26		0.259	0.331	0.390	0.457	0.501
27		0.255	0.324	0.382	0.448	0.491
28		0.250	0.317	0.375	0.440	0.483
29		0.245	0.312	0.368	0.433	0.475

续表

n	单侧 双侧	0.10 0.20	0.05 0.10	0.025 0.05	0.01 0.02	0.005 0.01
30		0.240	0.306	0.362	0.425	0.467
31		0.236	0.301	0.356	0.418	0.459
32		0.232	0.296	0.350	0.412	0.452
33		0.229	0.291	0.345	0.405	0.446
34		0.225	0.287	0.340	0.399	0.439
35		0.222	0.283	0.335	0.394	0.433
36		0.219	0.279	0.330	0.388	0.427
37		0.216	0.275	0.325	0.382	0.421
38		0.212	0.271	0.321	0.378	0.415
39		0.210	0.267	0.317	0.373	0.410
40		0.207	0.264	0.313	0.368	0.405
41		0.204	0.261	0.309	0.364	0.400
42		0.202	0.257	0.305	0.359	0.395
43		0.199	0.254	0.301	0.355	0.391
44		0.191	0.251	0.298	0.351	0.386
45		0.194	0.248	0.294	0.347	0.382
46		0.192	0.246	0.291	0.343	0.378
47		0.190	0.243	0.288	0.340	0.374
48		0.188	0.240	0.285	0.336	0.370
49		0.186	0.238	0.282	0.333	0.366
50		0.184	0.235	0.279	0.329	0.363
60		—	0.214	0.255	0.300	0.331
70		—	0.198	0.235	0.278	0.307
80		—	0.185	0.220	0.260	0.287
90		—	0.174	0.207	0.245	0.271
100		—	0.165	0.197	0.233	0.257

附录17　随机数字表

附表 17　　　　　　　　　　　　　　**随机数字表**

03	47	44	73	86	36	96	47	36	61	46	98	63	71	62	33	26	16	80	45	60	11	14	10	95
97	74	24	67	62	42	81	14	57	20	42	53	32	37	32	27	07	36	07	51	24	51	79	89	73
16	76	62	27	66	56	50	26	71	07	32	90	79	78	53	13	55	38	58	59	88	97	54	14	10
12	56	85	99	26	96	96	68	27	31	05	03	72	93	15	57	12	10	14	21	88	26	49	81	76
55	59	56	35	64	38	54	82	46	22	31	62	43	09	90	06	18	44	32	53	23	83	01	50	30
16	22	77	94	39	49	54	43	54	82	17	37	93	23	78	87	35	20	96	43	84	26	34	91	64
84	42	17	53	31	57	24	55	06	88	77	04	74	47	67	21	76	33	50	25	83	92	12	06	76
63	01	63	78	59	16	95	55	67	19	98	10	50	71	75	12	86	73	58	07	44	39	52	38	79
33	21	12	34	29	78	64	56	07	82	52	42	07	44	38	15	51	00	13	42	99	66	02	79	54
57	60	86	32	44	09	47	27	96	54	49	17	46	09	62	90	52	84	77	27	08	02	73	43	28
18	18	07	92	46	44	17	16	58	09	79	83	86	19	62	06	76	50	03	10	55	23	64	05	05
26	62	38	97	75	84	16	07	44	99	83	11	46	32	24	20	14	85	88	45	10	93	72	88	71
23	43	40	64	74	82	97	77	77	81	07	45	32	14	08	32	98	94	07	72	93	83	79	10	75
52	36	28	19	95	50	92	26	11	97	00	56	76	31	38	80	22	02	53	53	86	60	42	04	53
37	85	94	35	12	43	39	50	08	30	42	34	07	96	88	54	42	06	87	98	35	85	29	48	39
70	29	17	12	13	40	33	20	38	26	13	89	51	03	74	17	76	37	13	04	07	74	21	19	30
56	62	18	37	35	96	83	50	87	75	97	12	25	93	47	70	33	24	03	54	97	77	46	44	80
99	49	57	22	77	88	42	95	45	72	16	64	36	16	00	04	43	18	66	79	94	77	24	21	90
16	08	15	04	72	33	27	14	34	09	45	59	34	68	49	12	72	07	34	45	99	27	72	95	14
31	16	93	32	43	50	27	89	87	19	20	15	37	00	49	52	85	66	60	44	38	68	88	11	30
68	34	30	13	70	55	74	30	77	40	44	22	78	84	26	04	33	46	09	52	68	07	97	06	57
74	57	25	65	76	59	29	97	68	60	71	91	38	67	54	03	58	18	24	76	15	54	55	95	52
27	42	37	86	53	48	55	90	65	72	96	57	69	36	30	96	46	92	42	45	97	60	49	04	91
00	39	68	29	61	66	37	32	20	30	77	84	57	03	29	10	45	65	04	26	11	04	96	67	24
29	94	98	94	24	68	49	69	10	82	53	75	91	93	30	34	25	20	57	27	40	48	73	51	92
16	90	82	66	59	83	62	64	11	12	69	19	00	71	74	60	47	21	28	68	02	02	37	03	31
11	27	94	75	06	06	09	19	74	66	02	94	37	34	02	76	70	90	30	86	38	45	94	30	38
35	24	10	16	20	33	32	51	26	38	79	78	45	04	91	16	92	53	56	16	02	75	50	95	98
38	23	16	86	38	42	38	97	01	50	87	75	66	81	41	40	01	74	91	62	48	51	84	08	32
31	96	25	91	47	96	44	33	49	13	34	86	82	53	91	00	52	43	48	85	27	55	26	89	62
66	67	40	67	12	64	05	81	95	86	11	05	65	09	68	76	83	20	37	90	57	16	00	11	65
14	90	84	45	11	75	73	88	05	90	52	27	41	14	86	22	98	12	22	08	07	52	74	95	80
68	05	51	58	00	33	96	02	75	19	07	60	62	93	55	59	33	82	43	90	49	37	38	44	59
20	46	78	73	90	97	51	40	14	02	04	02	33	31	08	39	54	16	49	36	47	95	93	13	30

续表

64	19	58	97	79	15	06	15	93	20	01	90	10	75	06	40	78	78	89	62	02	67	74	17	33
05	26	93	70	60	22	35	85	15	13	92	03	51	59	77	59	56	78	06	83	52	91	05	70	74
07	97	10	88	23	09	98	42	99	64	61	71	63	99	15	06	51	29	16	93	58	05	77	09	51
68	71	86	85	85	54	87	66	47	54	73	32	08	11	12	44	95	92	63	16	29	56	24	29	48
26	99	61	65	53	58	37	78	80	70	42	10	50	67	42	32	17	55	85	74	94	44	67	16	94
14	65	52	68	75	87	59	36	22	41	26	78	63	06	55	13	08	27	01	50	15	29	39	39	43
17	53	77	58	71	71	41	61	50	82	12	41	94	96	26	44	95	27	36	99	02	96	74	30	82
90	26	59	21	19	23	52	23	33	12	96	93	02	18	39	07	02	18	36	07	25	99	32	70	23
41	23	52	55	99	31	04	49	69	96	10	47	48	45	88	13	41	43	89	20	97	17	14	49	17
90	20	50	81	69	31	99	73	68	68	35	81	33	03	76	24	30	12	48	60	18	99	10	72	34
91	25	38	05	90	94	58	28	41	36	45	37	59	03	09	90	35	57	29	12	82	62	54	65	60
34	50	57	74	37	98	80	33	00	91	09	77	93	19	82	79	94	80	04	04	45	07	31	66	49
85	22	04	39	43	73	81	53	94	79	33	62	46	86	28	08	31	54	46	31	53	94	13	38	47
09	79	13	77	48	73	82	97	22	21	05	03	27	24	83	72	89	44	05	60	35	80	39	94	88
88	75	80	18	14	22	95	75	42	49	39	32	82	22	49	02	48	07	70	37	16	04	61	67	87
60	96	23	70	00	39	00	03	06	90	55	85	78	38	36	94	37	30	69	32	90	89	00	76	33
53	74	23	99	67	61	02	28	69	84	94	62	67	86	24	98	33	41	19	95	47	53	53	38	09
63	38	06	86	54	90	00	65	26	94	02	32	90	23	07	79	62	67	80	60	75	91	12	81	19
35	30	58	21	46	06	72	17	10	94	25	21	31	75	96	49	28	24	00	49	55	65	79	78	07
63	45	36	82	69	65	51	18	37	98	31	38	44	12	45	32	82	85	88	65	54	34	81	85	35
98	25	37	55	28	01	91	82	61	46	74	71	12	94	97	24	02	71	37	07	03	92	18	66	75
02	63	21	17	69	71	50	80	89	56	38	15	70	11	48	43	40	45	86	98	00	83	26	21	03
64	55	22	21	82	48	22	28	06	00	01	54	13	43	01	82	78	12	23	29	06	66	24	12	27
85	07	26	13	89	01	10	07	82	04	09	63	69	36	03	69	11	15	53	80	13	29	45	19	28
58	54	16	24	15	51	54	44	82	00	82	61	65	04	69	38	18	65	18	97	85	72	13	49	21
32	85	27	84	87	61	48	64	56	26	90	18	48	13	26	37	70	15	42	57	65	65	80	39	07
03	92	18	27	46	57	99	16	96	56	00	33	79	85	22	84	64	38	56	98	99	01	30	98	64
62	95	30	27	59	57	75	41	66	48	86	97	80	61	45	23	53	04	01	63	45	76	08	64	27
08	45	93	15	22	60	21	75	46	91	98	77	27	85	42	28	88	61	08	84	69	62	03	42	73
07	08	55	18	40	45	44	75	13	90	24	94	96	61	02	57	55	66	83	15	73	42	37	11	61
01	85	89	95	66	51	10	19	34	88	15	84	97	19	75	12	76	39	43	78	64	63	91	08	25
72	84	71	14	35	19	11	58	49	26	50	11	17	17	76	86	31	57	20	18	95	60	78	46	78
88	78	28	16	84	13	52	53	94	53	75	45	69	30	96	73	89	65	70	31	99	17	43	48	70
45	17	75	65	57	28	40	19	72	12	25	12	73	75	67	90	40	60	81	19	24	62	01	61	16

续表

96	76	28	12	54	22	01	II	94	25	71	96	16	16	88	68	64	36	74	45	19	59	50	88	92
43	31	67	72	30	24	02	94	08	63	38	32	36	66	02	69	36	38	25	39	48	03	45	15	22
50	44	66	44	21	66	06	58	05	62	68	15	54	38	02	42	35	48	96	32	14	52	41	52	48
22	66	22	15	86	26	63	75	41	99	58	42	36	72	24	58	37	52	18	51	03	37	18	39	11
96	24	40	14	51	23	22	30	88	57	95	67	47	29	83	94	69	30	06	07	18	16	38	78	85
31	73	91	6I	91	60	20	72	93	48	98	57	07	23	69	65	95	39	69	48	56	80	30	19	44
78	60	73	99	84	43	89	94	36	45	56	69	47	07	41	90	22	91	07	12	78	35	34	08	72
84	37	90	61	56	70	10	23	98	05	85	11	34	76	60	76	48	45	34	60	01	64	18	30	96
36	67	10	08	23	98	93	35	08	86	99	29	76	29	81	33	34	91	58	93	63	14	44	99	81
07	28	59	07	48	89	64	58	89	75	83	85	62	27	89	30	14	78	56	27	86	63	59	80	02
10	15	83	87	66	79	24	31	66	56	21	48	24	06	93	91	98	94	05	49	01	47	59	38	00
55	19	68	97	65	03	73	52	16	56	00	53	55	90	87	33	42	29	38	87	22	15	88	83	34
53	81	29	13	39	35	01	20	71	34	62	35	74	82	14	55	73	19	09	03	56	54	29	56	93
51	86	32	68	92	33	98	74	66	99	40	14	71	94	58	45	94	49	38	81	14	44	99	81	07
35	91	70	29	13	80	03	54	07	27	96	94	78	32	66	50	95	52	74	33	13	80	55	62	54
37	71	67	95	13	20	02	44	95	94	64	85	04	05	72	01	32	90	76	14	53	89	74	60	41
93	66	13	83	27	92	79	64	64	77	28	54	96	53	84	48	14	52	98	84	56	07	93	89	30
02	96	08	45	65	13	05	00	41	84	93	07	34	72	59	21	45	57	09	77	19	48	56	27	44
49	33	43	48	35	82	88	33	69	96	72	36	04	19	76	47	45	15	18	60	82	11	08	95	97
84	60	71	62	46	40	80	81	30	37	34	39	23	05	38	25	15	35	71	30	88	12	57	21	77
18	17	30	88	71	44	91	14	88	47	89	23	30	63	15	56	54	20	47	89	99	82	93	24	98
79	69	10	61	78	71	32	76	95	62	87	00	22	58	40	92	54	01	75	25	43	11	71	99	31
75	93	36	87	83	56	20	14	82	11	74	21	97	90	65	96	12	68	63	86	74	54	13	26	94
38	30	92	29	03	06	28	81	39	38	62	25	06	84	63	61	29	08	93	67	04	32	92	08	09
51	29	50	10	34	31	57	75	95	80	51	97	02	74	77	76	15	48	49	44	18	55	63	77	09
21	61	38	86	24	37	79	81	53	74	73	24	16	10	33	52	83	90	94	76	70	47	14	54	36
29	01	23	87	88	58	02	39	37	67	42	10	14	20	92	16	55	23	42	45	54	96	09	11	06
95	33	95	22	00	18	74	72	00	18	38	79	58	69	32	81	76	80	26	82	82	80	84	25	39
90	84	60	79	80	24	36	59	87	38	82	07	53	89	35	96	35	23	79	18	05	98	90	07	35
46	40	62	98	82	54	97	20	56	95	15	74	80	08	32	10	46	70	50	80	67	72	16	42	79
20	31	89	03	43	38	46	82	68	72	32	12	82	59	70	80	60	47	18	97	63	49	30	21	38
71	59	73	03	50	08	22	23	71	77	01	0I	93	20	49	82	96	59	26	94	60	39	67	98	68

附录18　常用正交表

附表 18　　　　　　　　　　**常用正交表**

（1）L_4（2^3）

试验号	列　号		
	1	2	3
1	1	1	1
2	1	2	2
3	2	1	2
4	2	2	1

注：任意二列的交互作用列为另一列。

（2）L_8（2^7）

试验号	列　号						
	1	2	3	4	5	6	7
1	1	1	1	1	1	1	1
2	1	1	1	2	2	2	2
3	1	2	2	1	1	2	2
4	1	2	2	2	2	1	1
5	2	1	2	1	2	1	2
6	2	1	2	2	1	2	1
7	2	2	1	1	2	2	1
8	2	2	1	2	1	1	2

L_8（2^7）二列间的交互作用表

1	2	3	4	5	6	7	列号
(1)	3	2	5	4	7	6	1
	(2)	1	6	7	4	5	2
		(3)	7	6	5	4	3
			(4)	1	2	3	4
				(5)	3	2	5
					(6)	1	6
						(7)	7

(3) L_9 (3^4)

试验号	列 号			
	1	2	3	4
1	1	1	1	1
2	1	2	2	2
3	1	3	3	3
4	2	1	2	3
5	2	2	3	1
6	2	3	1	2
7	3	1	3	2
8	3	2	1	3
9	3	3	2	I

注：任意二列的交互作用列为另外二列。

(4) L_{14} (2^{15})

试验号	列 号														
	1	2	3	4	5	6	7	8	9	10	11	12	13	14	15
1	1	1	1	1	1	1	1	1	1	1	1	1	1	1	1
2	1	1	1	1	1	1	1	2	2	2	2	2	2	2	2
3	1	1	1	2	2	2	2	1	1	1	1	2	2	2	2
4	1	1	1	2	2	2	2	2	2	2	2	1	1	1	1
5	1	2	2	1	1	2	2	1	1	2	2	1	1	2	2
6	1	2	2	1	1	2	2	2	2	1	1	2	2	1	1
7	1	2	2	2	2	1	1	1	1	2	2	2	2	1	1
8	1	2	2	2	2	1	1	2	2	1	1	1	1	2	2
9	2	1	2	1	2	1	2	1	2	1	2	1	2	1	2
10	2	1	2	1	2	1	2	2	1	2	1	2	1	2	1
11	2	1	2	2	1	2	1	1	2	1	2	2	1	2	1
12	2	1	2	2	1	2	1	2	1	2	1	1	2	1	2
13	2	2	1	1	2	2	1	1	2	2	1	1	2	2	1
14	2	2	1	1	2	2	1	2	1	1	2	2	1	1	2
15	2	2	1	2	1	1	2	1	2	2	1	2	1	1	2
16	2	2	1	2	1	1	2	2	1	1	2	1	2	2	1

L_{16}（2^{15}）二列间的交互作用表

1	2	3	4	5	6	7	8	9	10	11	12	13	14	15	列号
(1)	3	2	5	4	7	6	9	8	11	10	13	12	15	14	1
	(2)	1	6	7	4	5	10	11	8	9	14	15	12	13	2
		(3)	7	6	5	4	11	10	9	8	15	14	13	12	3
			(4)	1	2	3	12	13	14	15	8	9	10	11	4
				(5)	3	2	13	12	15	14	9	8	11	10	5
					(6)	1	14	15	12	13	10	11	8	9	6
						(7)	15	14	13	12	11	10	9	8	7
							(8)	1	2	3	4	5	6	7	8
								(9)	3	2	5	4	7	6	9
									(10)	1	6	7	4	5	10
										(11)	7	6	5	4	11
											(12)	1	2	3	12
												(13)	3	2	13
													(14)	1	14
														(15)	15

（5）L_{16}（4^5）

试验号	列 号				
	1	2	3	4	5
1	1	1	1	1	1
2	1	2	2	2	2
3	1	3	3	3	3
4	1	4	4	4	4
5	2	1	2	3	4
6	2	2	4	4	2
7	2	3	4	1	1
8	2	4	3	2	2
9	3	1	3	4	4
10	3	2	4	3	1
11	3	3	1	2	4
12	3	4	2	1	3
13	4	1	4	2	3
14	4	2	3	1	4
15	4	3	2	4	1
16	4	4	1	3	2

注：任意二列的交互作用列为另外三列。

(6) L_{27} (3^{13})

试验号	列 号												
	1	2	3	4	5	6	7	8	9	10	11	12	13
1	1	1	1	1	1	1	1	1	1	1	1	1	1
2	1	1	1	1	2	2	2	2	2	2	2	2	2
3	1	1	1	1	3	3	3	3	3	3	3	3	3
4	1	2	2	2	1	1	1	2	2	2	3	3	3
5	1	2	2	2	2	2	2	3	3	3	1	1	1
6	1	2	2	2	3	3	3	1	1	1	2	2	2
7	1	3	3	3	1	1	1	3	3	3	2	2	2
8	1	3	3	3	2	2	2	1	1	1	3	3	3
9	1	3	3	3	3	3	3	2	2	2	1	1	1
10	2	1	2	3	1	2	3	1	2	3	1	2	3
11	2	1	2	3	2	3	1	2	3	1	2	3	1
12	2	1	2	3	3	1	2	3	1	2	3	1	2
13	2	2	3	1	1	2	3	2	3	1	3	1	2
14	2	2	3	1	2	3	1	3	1	2	1	2	3
15	2	2	3	1	3	1	2	1	2	3	2	3	1
16	2	3	1	2	1	2	3	3	1	2	2	3	1
17	2	3	1	2	2	3	1	1	2	3	3	1	2
18	2	3	1	2	3	1	2	2	3	1	1	2	3
19	3	1	3	2	1	3	2	1	3	2	1	3	2
20	3	1	3	2	2	1	3	2	1	3	2	1	3
21	3	1	3	2	3	2	1	3	2	1	3	2	1
22	3	2	1	3	1	3	2	2	1	3	3	2	1
23	3	2	1	3	2	1	3	3	2	1	1	3	2
24	3	3	2	1	1	3	2	3	2	1	2	1	3
25	3	3	2	1	1	3	2	3	2	1	2	1	3
26	3	3	2	1	2	1	3	1	3	2	3	2	1
27	3	3	2	1	3	2	1	2	1	3	1	3	2

L_{27} (3^{13}) 二列间的交互作用表

1	2	3	4	5	6	7	8	9	10	11	12	13	列号
(1)	3 4	2 4	2 3	6 7	5 7	5 6	9 10	8 10	8 9	12 13	11 13	11 12	1
	(2)	1 4	1 3	8 11	9 12	10 13	5 11	6 12	7 13	5 8	6 9	7 10	2
		(3)	1 2	9 13	10 11	8 12	7 12	5 13	6 11	6 10	7 8	5 9	3
			(4)	10 12	8 13	9 11	6 13	7 11	5 12	7 9	5 10	6 8	4
				(5)	1 7	1 6	2 11	3 13	4 12	2 8	4 10	3 9	5
					(6)	1 5	4 13	2 12	3 11	3 10	2 9	4 8	6
						(7)	3 12	4 11	2 13	4 9	3 8	2 10	7
							(8)	1 10	1 9	2 5	3 7	4 6	8
								(9)	1 8	4 7	2 6	3 5	9
									(10)	3 6	4 5	2 7	10
										(11)	1 13	1 12	11
											(12)	1 11	12

(7) L_{25} (5^6)

试验号	列　号					
	1	2	3	4	5	6
1	1	1	1	1	1	1
2	1	2	2	2	2	2
3	1	3	3	3	3	3
4	1	4	4	4	4	4
5	1	5	5	5	5	5
6	2	1	2	3	4	5
7	2	2	3	4	5	1
8	2	3	4	5	1	2

续表

试验号	列　号					
	1	2	3	4	5	6
9	2	4	5	1	2	3
10	2	5	1	2	3	4
11	3	1	3	5	2	4
12	3	2	4	1	3	5
13	3	3	5	2	4	1
14	3	4	1	3	5	2
15	3	5	2	4	1	3
16	4	1	4	2	5	3
17	4	2	5	3	1	4
18	4	3	1	4	2	5
19	4	4	2	5	3	1
20	4	5	3	1	4	2
21	5	1	5	4	3	2
22	5	2	1	5	4	3
23	5	3	2	1	5	4
24	5	4	3	2	1	5
25	5	5	4	3	2	1

注：任意二列间的交互作用列为另外四列。

(8) L_8 (4×2^4)

试验号	列　号				
	1	2	3	4	5
1	1	1	1	1	1
2	1	2	2	2	2
3	2	1	1	2	2
4	2	2	2	1	1
5	3	1	2	1	2
6	3	2	1	2	1
7	4	1	2	2	1
8	4	2	1	1	2

(9) L_9 $(2^1 \times 3^3)$

试验号	列　号			
	1	2	3	4
1	1	1	1	1
2	1	2	2	2
3	1	3	3	3
4	1	1	2	3
5	1	2	3	1
6	1	3	1	2
7	2	1	3	2
8	2	2	1	3
9	2	3	2	1

(10) L_9 $(2^2 \times 3^2)$

试验号	列　号			
	1	2	3	4
1	1	1	1	1
2	1	1	2	2
3	1	2	3	3
4	1	1	2	3
5	1	1	3	1
6	1	2	1	2
7	2	1	3	2
8	2	1	1	3
9	2	2	2	1

(11) L_{12} $(3^1 \times 2^4)$

试验号	列　号				
	1	2	3	4	5
1	1	1	1	1	1
2	1	1	1	2	2
3	1	2	2	1	2
4	1	2	2	2	1
5	2	1	2	1	1
6	2	1	2	2	2
7	2	2	1	1	1
8	2	2	1	2	2
9	3	1	2	1	2
10	3	1	1	2	1
11	3	2	1	1	2
12	3	2	2	2	1

(12) L_{12} $(6^1 \times 2^2)$

试验号	列 号		
	1	2	3
1	2	1	1
2	5	1	2
3	5	2	1
4	2	2	2
5	4	1	1
6	1	1	2
7	1	2	1
8	4	2	2
9	3	1	1
10	6	1	2
11	6	2	1
12	3	2	2

(13) L_{16} $(4^1 \times 2^{12})$

试验号	列 号												
	1	2	3	4	5	6	7	8	9	10	11	12	13
1	1	1	1	1	1	1	1	1	1	1	1	1	1
2	1	1	1	1	1	2	2	2	2	2	2	2	2
3	1	2	2	2	2	1	1	1	1	2	2	2	2
4	1	2	2	2	2	2	2	2	2	1	1	1	1
5	2	1	1	2	2	1	1	2	2	1	1	2	2
6	2	1	1	2	2	2	2	1	1	2	2	1	1
7	2	2	2	1	1	1	1	2	2	2	2	1	1
8	2	2	2	1	1	2	2	1	1	1	1	2	2
9	3	1	2	1	2	1	2	1	2	1	2	1	2
10	3	1	2	1	2	2	1	2	1	2	1	2	1
11	3	2	1	2	1	1	2	1	2	2	1	2	1
12	3	2	1	2	1	2	1	2	1	1	2	1	2
13	4	1	2	2	1	1	2	2	1	1	2	2	1
14	4	1	2	2	1	2	1	1	2	2	1	1	2
15	4	2	1	1	2	1	2	2	1	2	1	1	2
16	4	2	1	1	2	2	1	1	2	1	2	2	1

注：L_{16} $(4^1 \times 2^{12})$，L_{16} $(4^2 \times 2^9)$，L_{16} $(4^3 \times 2^6)$，L_{16} $(4^4 \times 2^3)$ 均由 L_{16} (2^{15}) 并列得到。

（14） L_{16} $(8^1 \times 2^8)$

试验号	列　号								
	1	2	3	4	5	6	7	8	9
1	1	1	1	1	1	1	1	1	1
2	1	2	2	2	2	2	2	2	2
3	2	1	1	1	1	2	2	2	2
4	2	2	2	2	2	1	1	1	1
5	3	1	1	2	2	1	1	2	2
6	3	2	2	1	1	2	2	1	1
7	4	1	1	2	2	2	2	1	1
8	4	2	2	1	1	1	1	2	2
9	5	1	2	1	2	1	2	1	2
10	5	2	1	2	1	2	1	2	1
11	6	1	2	1	2	2	1	2	1
12	6	2	1	2	1	1	2	1	2
13	7	1	2	2	1	1	2	2	1
14	7	2	1	1	2	2	1	1	2
15	8	1	2	2	1	2	1	1	2
16	8	2	1	1	2	1	2	2	1

（15） L_{16} $(3^1 \times 2^{13})$

试验号	列　号													
	1	2	3	4	5	6	7	8	9	10	11	12	13	14
1	1	1	1	1	1	1	1	1	1	1	1	1	1	1
2	1	1	1	1	1	1	2	2	2	2	2	2	2	2
3	1	1	2	2	2	2	1	1	1	1	2	2	2	2
4	1	1	2	2	2	2	2	2	2	2	1	1	1	1
5	1	2	1	1	2	2	1	1	2	2	1	1	2	2
6	1	2	1	1	2	2	2	2	1	1	2	2	1	1
7	1	2	2	2	1	1	1	1	2	2	2	2	1	1
8	1	2	2	2	1	1	2	2	1	1	1	1	2	2
9	2	2	1	2	1	2	1	2	1	2	1	2	1	2
10	2	2	1	2	1	2	2	1	2	1	2	1	2	1
11	2	2	2	1	2	1	1	2	1	2	2	1	2	1
12	2	2	2	1	2	1	2	1	2	1	1	2	1	2
13	2	3	1	2	2	1	1	2	2	1	1	2	2	1
14	2	3	1	2	2	1	2	1	1	2	2	1	1	2
15	2	3	2	1	1	2	1	2	2	1	2	1	1	2
16	2	3	2	1	1	2	2	1	1	2	1	2	2	1

（16） L_{16} $(3^2 \times 2^{12})$

试验号	列　号												
	1	2	3	4	5	6	7	8	9	10	11	12	13
1	1	1	1	1	1	1	1	1	1	1	1	1	1
2	1	1	1	1	1	2	2	2	2	2	2	2	2
3	1	1	2	2	2	1	1	1	1	2	2	2	2
4	1	1	2	2	2	2	2	2	2	1	1	1	1
5	1	2	1	2	2	1	1	2	2	1	1	2	2
6	1	2	1	2	2	2	2	1	1	2	2	1	1
7	1	2	2	1	1	1	1	2	2	2	2	1	1
8	1	2	2	1	1	2	2	1	1	1	1	2	2
9	2	2	2	1	2	1	2	1	2	1	2	1	2
10	2	2	2	1	2	2	1	2	1	2	1	2	1
11	2	2	3	2	1	1	2	1	2	2	1	2	1
12	2	2	3	2	1	2	1	2	1	1	2	1	2
13	2	3	2	2	1	1	2	2	1	1	2	2	1
14	2	3	2	2	1	2	1	1	2	2	1	1	2
15	2	3	3	1	2	1	2	2	1	2	1	1	2
16	2	3	3	1	2	2	1	1	2	1	2	2	1

（17） L_{16} $(3^3 \times 2^9)$

试验号	列　号											
	1	2	3	4	5	6	7	8	9	10	11	12
1	1	1	1	1	1	1	1	1	1	1	1	1
2	1	1	1	1	1	2	2	2	2	2	2	2
3	1	1	2	2	2	1	1	1	2	2	2	2
4	1	1	2	2	2	2	2	2	1	1	1	1
5	1	2	1	2	2	1	2	2	1	1	2	2
6	1	2	1	2	2	2	1	1	2	2	1	1
7	1	2	2	1	1	1	2	2	2	1	1	1
8	1	2	2	1	1	2	1	1	1	2	2	2
9	2	2	2	1	2	2	1	2	1	2	1	2
10	2	2	2	1	2	3	2	1	2	1	2	1
11	2	2	3	2	1	2	1	2	2	1	2	1
12	2	2	3	2	1	3	2	1	1	2	1	2
13	2	3	2	2	1	2	2	1	1	2	2	1
14	2	3	2	2	1	3	1	2	2	1	1	2
15	2	3	3	1	2	2	2	1	2	1	1	2
16	2	3	3	1	2	3	1	2	1	2	2	1

（18）L_{18}（$2^1 \times 3^2$）

试验号	列　　　号							
	1	2	3	4	5	6	7	8
1	1	1	1	1	1	1	1	1
2	1	1	2	2	2	2	2	2
3	1	1	3	3	3	3	3	3
4	1	2	1	1	2	2	3	3
5	1	2	2	2	3	3	1	1
6	1	2	3	3	1	1	2	2
7	1	3	1	2	1	3	2	3
8	1	3	2	3	2	1	3	1
9	1	3	3	1	3	2	1	2
10	2	1	1	3	3	2	2	1
11	2	1	2	1	1	3	3	2
12	2	1	3	2	2	1	1	3
13	2	2	1	2	3	1	3	2
14	2	2	2	3	1	2	1	3
15	2	2	3	1	2	3	2	1
16	2	3	1	3	2	3	1	2
17	2	3	2	1	3	1	2	3
18	2	3	3	2	1	2	3	1

注：将第 1 列划去，便是非标准表 L_{18}（3^7）。

（19）L_{18}（$6^1 \times 3^6$）

试验号	列　　号						
	1	2	3	4	5	6	7
1	1	1	1	1	1	1	1
2	1	2	2	2	2	2	2
3	1	3	3	3	3	3	3
4	2	1	1	2	2	3	3
5	2	2	2	3	3	1	1
6	2	3	3	1	1	2	2
7	3	1	2	1	3	2	3
8	3	2	3	2	1	3	1
9	3	3	1	3	2	1	2
10	4	1	3	3	2	2	1
11	4	2	1	1	3	3	2

续表

试验号	列　号						
	1	2	3	4	5	6	7
12	4	3	2	2	1	1	3
13	5	1	2	3	1	3	2
14	5	2	3	1	2	1	3
15	5	3	1	2	3	2	1
16	6	1	3	2	3	1	2
17	6	2	1	3	1	2	3
18	6	3	2	1	2	3	1

（20）U_{20}^*（20^7）

试验号	列　号						
	1	2	3	4	5	6	7
1	1	4	5	10	13	16	19
2	2	8	10	20	5	11	17
3	3	10	15	9	18	6	15
4	4	16	20	19	10	1	13
5	5	20	4	8	2	17	11
6	6	3	9	18	15	12	9
7	7	7	14	7	7	7	7
8	8	11	19	17	20	2	5
9	9	15	3	6	12	18	3
10	10	19	8	16	4	13	1
11	11	2	13	5	17	8	20
12	12	6	18	15	9	3	18
13	13	10	2	4	1	19	16
14	14	14	7	14	14	14	14
15	15	18	12	3	6	9	12
16	16	1	17	13	19	4	10
17	17	5	1	2	11	20	8
18	18	9	6	12	3	15	6
19	19	13	11	1	16	10	4
20	20	17	16	11	8	5	2

U_{20}^{*}（20^7）使用表

s		列　　　号					D
2	1	5					0.0947
3	1	2	3				0.1363
4	1	4	5	6			0.1915
5	1	2	4	5	6		0.2012
6	1	2	4	5	6	7	0.2010

（21）U_{21}（21^6）

试验号	列　号					
	1	2	3	4	5	6
1	1	4	10	13	16	19
2	2	8	20	5	11	17
3	3	12	9	18	6	15
4	4	16	19	10	1	13
5	5	20	8	2	17	11
6	6	2	18	15	12	9
7	7	7	7	7	7	7
8	8	11	17	20	2	5
9	9	15	6	12	18	3
10	10	19	6	12	18	3
11	11	2	5	17	8	20
12	12	6	15	9	3	18
13	13	10	4	1	19	16
14	14	14	14	14	14	14
15	15	18	3	6	9	12
16	16	1	13	19	4	10
17	17	5	2	11	20	8
18	18	9	12	3	15	6
19	19	13	1	16	10	4
20	20	17	11	8	5	2
21	21	21	21	21	21	21

附录 19 均匀设计表

附表 19   **均匀设计表**

（1） U_5 （5^3）

试验号	列　　号		
	1	2	3
1	1	2	4
2	2	4	3
3	3	1	2
4	4	3	1
5	5	5	5

U_5 （5^3） 使用表

s	列　　号			D
2	1	2		0.3100
3	1	2	3	0.4570

（2） U_6^* （6^4）

试验号	列　　号			
	1	2	3	4
1	1	2	3	6
2	2	4	6	5
3	3	6	2	4
4	4	1	5	3
5	5	3	1	2
6	6	5	4	1

U_6^* （6^4） 使用表

s	列　　号				D
2	1	3			0.1875
3	1	2	3		0.2656
4	1	2	3	4	0.2990

（3）U_7（7^6）

试验号	列　号					
	1	2	3	4	5	6
1	1	2	3	4	5	6
2	2	4	6	1	3	5
3	3	6	2	5	1	4
4	4	1	5	2	6	3
5	5	3	1	6	4	2
6	6	5	4	3	2	1
7	7	7	7	7	7	7

U_7（7^6）使用表

s	列　号				D
2	1	3			0.2398
3	1	2	3		0.3721
4	1	2	3	6	0.4760

（4）U_7^*（7^4）

试验号	列　号			
	1	2	3	4
1	1	3	5	7
2	2	6	2	6
3	3	1	7	5
4	4	4	4	4
5	5	7	1	3
6	6	2	6	2
7	7	5	3	1

U_7^*（7^4）使用表

s	列　号			D
2	1	3		0.1582
3	2	3	4	0.2132

(5) U_8^* (8^5)

试验号	列 号				
	1	2	3	4	5
1	1	2	4	7	8
2	2	4	8	5	7
3	3	6	3	3	6
4	4	8	7	1	5
5	5	1	2	8	4
6	6	3	6	6	3
7	7	5	1	4	2
8	8	7	5	2	1

U_8^* (8^5) 使用表

s	列 号				D
2	1	3			0.1445
3	1	3	4		0.2000
4	1	2	3	5	0.2709

(6) U_9 (9^6)

试验号	列 号					
	1	2	3	4	5	6
1	1	2	4	5	7	8
2	2	4	8	1	5	7
3	3	6	3	6	3	6
4	4	8	7	2	1	5
5	5	1	2	7	8	4
6	6	3	6	3	6	3
7	7	5	1	8	4	2
8	8	7	5	4	2	1
9	9	9	9	9	9	9

U_9 (9^6) 使用表

s	列 号				D
2	1	3			0.1944
3	1	3	5		0.3102
4	1	2	3	6	0.4066

（7）U_9^*（9^4）

试验号	列　号			
	1	2	3	4
1	1	3	7	9
2	2	6	4	8
3	3	9	1	7
4	4	2	8	6
5	5	5	5	5
6	6	8	2	4
7	7	1	9	3
8	8	4	6	2
9	9	7	3	1

U_9^*（9^4）使用表

s	列　号			D
2	1	2		0. 1574
3	2	3	4	0. 1980

（8）U_{10}^*（10^8）

试验号	列　号							
	1	2	3	4	5	6	7	8
1	1	2	3	4	5	7	9	10
2	2	4	6	8	10	3	7	9
3	3	6	9	1	4	10	5	8
4	4	8	1	5	9	6	3	7
5	5	10	4	9	3	2	1	6
6	6	1	7	2	8	9	10	5
7	7	3	10	6	2	5	8	4
8	8	5	2	10	7	1	6	3
9	9	7	5	3	1	8	4	2
10	10	9	8	7	6	4	2	1

U_{10}^* （10^6） 使用表

s	列　号						D
2	1	6					0.1125
3	1	5	6				0.1681
4	1	3	4	5			0.2236
5	1	3	4	5	7		0.2414
6	1	2	3	5	6	8	0.2994

（9） U_{11} （11^{10}）

试验号	列　号									
	1	2	3	4	5	6	7	8	9	10
1	1	2	3	4	5	6	7	8	9	10
2	2	4	6	8	10	1	3	5	7	9
3	3	6	9	1	4	7	10	2	5	8
4	4	8	1	5	9	2	6	10	3	7
5	5	10	4	9	3	8	2	7	1	6
6	6	1	7	2	8	3	9	4	10	5
7	7	3	10	6	2	9	5	1	8	4
8	8	5	2	10	7	4	1	9	6	3
9	9	7	5	3	1	10	8	6	4	2
10	10	9	8	7	6	5	4	3	2	1
11	11	11	11	11	11	11	11	11	11	11

U_{11} （11^{10}） 使用表

s	列　号						D
2	1	7					0.1634
3	1	5	7				0.2649
4	1	2	5	7			0.3528
5	1	2	3	5	7		0.4286
6	1	2	3	5	7	10	0.4942

（10）U_{11}^*（11^4）

试验号	列　　号			
	1	2	3	4
1	1	5	7	11
2	2	10	2	10
3	3	3	9	9
4	4	8	4	8
5	5	1	11	7
6	6	6	6	6
7	7	11	1	5
8	8	4	8	4
9	9	9	3	3
10	10	2	10	2
11	11	7	5	1

U_{11}^*（11^4）使用表

s	列　　号			D
2	1	2		0.1136
3	2	3	4	0.2307

（11）U_{12}^*（12^{10}）

试验号	列　　号									
	1	2	3	4	5	6	7	8	9	10
1	1	2	3	4	5	6	8	9	10	12
2	2	4	6	8	10	12	3	5	7	11
3	3	6	9	12	2	5	11	1	4	10
4	4	8	12	3	7	11	6	10	1	9
5	5	10	2	7	12	4	1	6	11	8
6	6	12	5	11	4	10	9	2	8	7
7	7	1	8	2	9	3	4	11	5	6
8	8	3	11	6	1	9	12	7	2	5
9	9	5	1	10	6	2	7	3	12	4
10	10	7	4	1	11	8	2	12	9	3
11	11	9	7	5	3	1	10	8	6	2
12	12	11	10	9	8	7	5	4	3	1

U_{12}^*（12^{10}）使用表

s		列 号						D
2	1	5						0.1163
3	1	6	9					0.1838
4	1	6	7	9				0.2233
5	1	3	4	8	10			0.2272
6	1	2	6	7	8	9		0.2670
7	1	2	6	7	8	9	10	0.2768

（12）U_{13}（13^{12}）

试验号	列 号											
	1	2	3	4	5	6	7	8	9	10	11	12
1	1	2	3	4	5	6	7	8	9	10	11	12
2	2	4	6	8	10	12	1	3	5	7	9	11
3	3	6	9	12	2	5	8	11	1	4	7	10
4	4	8	12	3	7	11	2	6	10	1	5	9
5	5	10	2	7	11	4	9	1	6	11	3	8
6	6	12	5	11	4	10	3	9	2	8	1	7
7	7	1	8	2	9	3	10	4	11	5	12	6
8	8	3	11	6	1	9	4	12	7	2	10	5
9	9	5	1	10	6	2	11	7	3	12	8	4
10	10	7	4	1	11	8	5	2	12	9	6	3
11	11	9	7	5	3	1	12	10	8	6	4	2
12	12	11	10	9	8	7	6	5	4	3	2	1
13	13	13	13	13	13	13	13	13	13	13	13	13

U_{13}（13^{12}）使用表

s		列 号						D
2	1	5						0.1405
3	1	3	4					0.2308
4	1	6	8	10				0.3107
5	1	6	8	9	10			0.3814
6	1	2	6	8	9	10		0.4439
7	1	2	6	8	9	10	12	0.4992

(13) U_{13}^{*} (13^4)

试验号	列 号			
	1	2	1	4
1	1	5	9	11
2	2	10	4	8
3	3	1	13	5
4	4	6	8	2
5	5	11	3	13
6	6	2	12	10
7	7	7	7	7
8	8	12	2	4
9	9	3	11	1
10	10	8	6	12
11	11	13	1	9
12	12	4	10	6
13	13	9	5	3

U_{13}^{*} (13^4) 使用表

s	列 号				D
2	1	3			0.0962
3	1	3	4		0.1442
4	1	2	3	4	0.2076

(14) U_{14}^{*} (14^5)

试验号	列 号				
	1	2	3	4	5
1	1	4	7	11	13
2	2	8	14	7	11
3	3	12	6	3	9
4	4	1	13	14	7
5	5	5	5	10	5
6	6	9	12	6	3
7	7	13	4	2	1
8	8	2	11	13	14
9	9	6	3	9	12
10	10	10	10	5	10
11	11	14	2	1	8
12	12	3	9	12	6
13	13	7	1	8	4
14	14	11	8	4	2

U_{14}^*（14^5）使用表

s		列　号			D
2	1	4			0.0957
3	1	2	3		0.1455
4	1	2	3	5	0.2091

（15）U_{15}（15^5）

试验号	列　　号				
	1	2	3	4	5
1	1	4	7	11	13
2	2	8	14	7	11
3	3	12	6	3	9
4	4	1	13	14	7
5	5	5	5	10	5
6	6	9	12	6	3
7	7	13	4	2	1
8	8	2	11	13	14
9	9	6	3	9	12
10	10	10	10	5	10
11	11	14	2	1	8
12	12	3	9	12	6
13	13	7	1	8	4
14	14	11	8	4	2
15	15	15	15	15	15

U_{15}（15^5）使用表

s		列　号			D
2	1	4			0.1233
3	1	2	3		0.2043
4	1	2	3	5	0.2772

（16）U_{15}^{*}（15^7）

试验号	列　号						
	1	2	3	4	5	6	7
1	1	5	7	9	11	13	15
2	2	10	14	2	6	10	14
3	3	15	5	11	1	7	13
4	4	4	12	4	12	4	12
5	5	9	3	13	7	1	11
6	6	14	10	6	2	14	10
7	7	3	1	15	13	11	9
8	8	8	8	8	8	8	8
9	9	13	15	1	3	5	7
10	10	2	6	10	14	2	6
11	11	7	13	3	9	15	5
12	12	12	4	12	4	12	4
13	13	1	11	5	15	9	3
14	14	6	2	14	10	6	2
15	15	11	9	7	5	3	1

U_{15}^{*}（15^7）使用表

s	列　号					D
2	1	3				0.0833
3	1	2	6			0.1361
4	1	2	4	6		0.1511
5	2	3	4	5	7	0.2090

（17）U_{16}^{*}（16^{12}）

试验号	列　号											
	1	2	3	4	5	6	7	8	9	10	11	12
1	1	2	4	5	6	8	9	10	13	14	15	16
2	2	4	8	10	12	16	1	3	9	11	13	15
3	3	6	12	15	1	7	10	13	5	8	11	14
4	4	8	16	3	7	15	2	6	1	5	9	13
5	5	10	3	8	13	6	11	16	14	2	7	12
6	6	12	7	13	2	14	3	9	10	16	5	11
7	7	14	11	1	8	5	12	2	6	13	3	10

续表

试验号	列　号											
	1	2	3	4	5	6	7	8	9	10	11	12
8	8	16	15	6	14	13	4	12	2	10	1	9
9	9	1	2	11	3	4	13	5	15	7	16	8
10	10	3	6	16	9	12	5	15	11	4	14	7
11	11	5	10	4	15	3	14	8	7	1	12	6
12	12	7	14	9	4	11	6	1	3	15	10	5
13	13	9	1	14	10	2	15	11	16	12	8	4
14	14	11	5	2	16	10	7	4	12	9	6	3
15	15	13	9	7	5	1	16	14	8	6	4	2
16	16	15	13	12	11	9	8	7	4	3	2	1

U_{16}^*（16^{12}）使用表

s	列　号							D
2	1	8						0.0908
3	1	4	6					0.1262
4	1	4	5	6				0.1705
5	1	4	5	6	9			0.2070
6	1	3	5	8	10	11		0.2518
7	1	2	3	6	9	11	12	0.2769

（18）U_{17}（17^8）

试验号	列　号							
	1	2	3	4	5	6	7	8
1	1	4	6	9	10	11	14	15
2	2	8	12	1	3	5	11	13
3	3	12	1	10	13	16	8	11
4	4	16	7	2	6	10	5	9
5	5	3	13	11	16	4	2	7
6	6	7	2	3	9	15	16	5
7	7	11	8	12	2	9	13	3
8	8	15	14	4	12	3	10	1
9	9	2	3	13	5	14	7	16
10	10	2	3	13	5	14	7	16

续表

试验号	列　号							
	1	2	3	4	5	6	7	8
11	11	10	15	14	8	2	1	12
12	12	14	4	6	1	13	15	10
13	13	1	10	15	11	7	12	8
14	14	5	16	7	4	1	9	6
15	15	9	5	16	14	12	6	4
16	16	13	11	8	7	6	3	2
17	17	17	17	17	17	17	17	17

U_{17}（17^8）使用表

s	列　号							D
2	1	6						0.1099
3	1	5	8					0.1832
4	1	5	7	8				0.2501
5	1	2	5	7	8			0.3111
6	1	2	3	5	7	8		0.3667
7	1	2	3	4	5	7	8	0.4174

（19）U_{17}^*（17^5）

试验号	列　号				
	1	2	3	4	5
1	1	7	11	13	17
2	2	14	4	8	16
3	3	3	15	3	15
4	4	10	8	16	14
5	5	17	1	11	13
6	6	6	12	6	12
7	7	13	5	1	11
8	8	2	16	14	10
9	9	9	9	9	9
10	10	16	2	4	8
11	11	5	13	17	7
12	12	12	6	12	6

续表

试验号	列 号				
	1	2	3	4	5
13	13	1	17	7	5
14	14	8	10	2	4
15	15	15	3	15	3
16	16	4	14	10	2
17	17	11	7	5	1

U_{17}^*（17^5）使用表

s	列 号				D
2	1	2			0.0856
3	1	2	4		0.1331
4	2	3	4	5	0.1785

（20）U_{18}^*（18^{11}）

试验号	列 号										
	1	2	3	4	5	6	7	8	9	10	11
1	1	3	4	5	6	7	8	9	11	15	16
2	2	6	8	10	12	14	16	18	3	11	13
3	3	9	12	15	18	2	5	8	14	7	10
4	4	12	16	1	5	9	13	17	6	3	7
5	5	15	1	6	11	16	2	7	17	18	4
6	6	18	5	11	17	4	10	16	9	14	1
7	7	2	9	16	4	11	18	6	1	10	17
8	8	5	13	2	10	18	7	15	12	6	14
9	9	8	17	7	16	6	15	5	4	2	11
10	10	11	2	12	3	13	4	14	15	17	8
11	11	14	6	17	9	1	12	4	7	13	5
12	12	17	10	3	15	8	1	13	18	9	2
13	13	1	14	8	2	15	9	3	10	5	18
14	14	4	18	13	8	3	17	12	2	1	15
15	15	7	3	18	14	10	6	2	13	16	12
16	16	10	7	4	1	17	14	11	5	12	9
17	17	13	11	9	7	5	3	1	16	8	6
18	18	16	15	14	13	12	11	10	8	4	3

U_{18}^* （18^{11}） 使用表

s	列 号							D
2	1	7						0. 0779
3	1	4	8					0. 1394
4	1	4	6	8				0. 1754
5	1	3	6	8	11			0. 2047
6	1	2	4	7	8	10		0. 2245
7	1	4	5	6	8	9	11	0. 2247

（21） U_{19}^* （19^7）

试验号	列 号						
	1	2	3	4	5	6	7
1	1	3	7	9	11	13	19
2	2	6	14	18	2	6	18
3	3	9	1	7	13	19	17
4	4	12	8	16	4	12	16
5	5	15	15	5	15	5	15
6	6	18	2	14	6	18	14
7	7	1	9	3	17	11	13
8	8	4	16	12	8	4	12
9	9	7	3	1	19	17	11
10	10	10	10	10	10	10	10
11	11	13	17	19	1	3	9
12	12	16	4	8	12	16	8
13	13	19	11	17	3	9	7
14	14	2	18	6	14	2	6
15	15	5	5	15	5	15	5
16	16	8	12	4	16	8	4
17	17	11	19	13	7	1	3
18	18	14	6	2	18	14	2
19	19	17	13	11	9	7	1

U_{19}^* （19^7） 使用表

s	列 号					D
2	1	4				0. 0755
3	1	5	6			0. 1372
4	1	2	3	5		0. 1807
5	3	4	5	6	7	0. 1897

(22) U_{20}^* (20^7)

试验号	列 号						
	1	2	3	4	5	6	7
1	1	4	5	10	13	16	19
2	2	8	10	20	5	11	17
3	3	10	15	9	18	6	15
4	4	16	20	19	10	1	13
5	5	20	4	8	2	17	11
6	6	3	9	18	15	12	9
7	7	7	14	7	7	7	7
8	8	11	19	17	20	2	5
9	9	15	3	6	12	18	3
10	10	19	8	16	4	13	1
11	11	2	13	5	17	8	20
12	12	6	18	15	9	3	18
13	13	10	2	4	1	19	16
14	14	14	7	14	14	14	14
15	15	18	12	3	6	9	12
16	16	1	17	13	19	4	10
17	17	5	1	2	11	20	8
18	18	9	6	12	3	15	6
19	19	13	11	1	16	10	4
20	20	17	16	11	8	5	2

U_{20}^* (20^7) 使用表

s	列 号						D
2	1	5					0.0947
3	1	2	3				0.1363
4	1	4	5	6			0.1915
5	1	2	4	5	6		0.2012
6	1	2	4	5	6	7	0.2010

（23）U_{21}（21^6）

试验号	列　号					
	1	2	3	4	5	6
1	1	4	10	13	16	19
2	2	8	20	5	11	17
3	3	12	9	18	6	15
4	4	16	19	10	1	13
5	5	20	8	2	17	11
6	6	2	18	15	12	9
7	7	7	7	7	7	7
8	8	11	17	20	2	5
9	9	15	6	12	18	3
10	10	19	6	12	18	3
11	11	2	5	17	8	20
12	12	6	15	9	3	18
13	13	10	4	1	19	16
14	14	14	14	14	14	14
15	15	18	3	6	9	12
16	16	1	13	19	4	10
17	17	5	2	11	20	8
18	18	9	12	3	15	6
19	19	13	1	16	10	4
20	20	17	11	8	5	2
21	21	21	21	21	21	21

U_{21}（21^6）使用表

s	列　号						D
2	1	4					0.0947
3	1	3	5				0.1581
4	1	3	4	5			0.2089
5	1	2	3	4	5		0.2620
6	1	2	3	4	5	6	0.3113

(24) U_{21}^* (21^7)

试验号	列 号						
	1	2	3	4	5	6	7
1	1	5	7	9	13	17	19
2	2	10	14	18	4	12	16
3	3	15	21	5	17	7	13
4	4	20	6	15	8	2	10
5	5	3	13	1	21	19	7
6	6	8	20	10	12	14	4
7	7	13	5	19	3	9	1
8	8	18	12	6	16	4	20
9	9	1	19	15	7	21	17
10	10	6	4	2	20	16	14
11	11	11	11	11	11	11	11
12	12	16	18	20	2	6	8
13	13	21	3	7	15	1	5
14	14	4	10	16	6	18	2
15	15	9	17	3	19	13	21
16	16	14	2	12	10	8	18
17	17	19	9	21	1	3	15
18	18	2	16	8	14	20	12
19	19	7	1	17	5	15	9
20	20	12	8	4	18	10	6
21	21	17	15	13	9	5	3

U_{21}^* (21^7) 使用表

s	列 号					D
2	1	5				0.0679
3	1	3	4			0.1121
4	1	2	3	5		0.1381
5	1	4	5	6	7	0.1759

（25）U_{22}^{*}（22^{11}）

试验号	列 号										
	1	2	3	4	5	6	7	8	9	10	11
1	1	5	6	8	9	11	13	14	17	20	21
2	2	10	12	16	18	22	3	5	11	17	19
3	3	15	18	1	4	10	16	19	5	14	17
4	4	20	1	9	13	21	6	10	22	11	15
5	5	2	7	17	22	9	19	1	16	8	13
6	6	7	13	2	8	20	9	15	10	5	11
7	7	12	19	10	17	8	22	6	4	2	9
8	8	17	2	18	3	19	12	20	21	22	7
9	9	22	8	3	12	7	2	11	15	19	5
10	10	4	14	11	21	18	15	2	9	16	3
11	11	9	20	19	7	6	5	16	3	13	1
12	12	14	3	4	16	17	18	7	20	10	22
13	13	19	9	12	2	5	8	21	14	7	20
14	14	1	15	20	11	16	21	12	8	4	18
15	15	6	21	5	20	4	11	3	2	1	16
16	16	11	4	13	6	15	1	17	19	21	14
17	17	16	10	21	15	3	14	8	13	18	12
18	18	21	16	6	1	14	4	22	7	15	10
19	19	3	22	14	10	2	17	13	1	12	8
20	20	8	5	22	19	13	7	4	18	9	6
21	21	13	11	7	5	1	20	18	12	6	4
22	22	18	17	15	14	12	10	9	6	3	2

U_{22}^{*}（22^{11}）使用表

s	列 号							D
2	1	5						0.0677
3	1	7	9					0.1108
4	1	7	8	9				0.1392
5	1	4	7	8	9			0.1827
6	1	4	7	8	9	11		0.1930
7	1	2	3	5	6	7	10	0.2195

（26） U_{23}^* （23^7）

试验号	列 号						
	1	2	3	4	5	6	7
1	1	7	11	13	17	19	23
2	2	14	22	2	10	14	22
3	3	21	9	15	3	9	21
4	4	4	20	4	20	4	20
5	5	11	7	17	13	23	19
6	6	18	18	6	6	18	18
7	7	1	5	19	23	13	17
8	8	8	16	8	16	8	16
9	9	15	3	21	9	3	15
10	10	22	14	10	2	22	14
11	11	5	1	23	19	17	13
12	12	12	12	12	12	12	12
13	13	19	23	1	5	7	11
14	14	2	10	14	22	2	10
15	15	9	21	3	15	21	9
16	16	16	8	16	8	16	8
17	17	23	19	5	1	11	7
18	18	6	6	18	18	6	6
19	19	13	17	7	11	1	5
20	20	20	4	20	4	20	4
21	21	3	15	9	21	15	3
22	22	10	2	22	14	10	2
23	23	17	13	11	7	5	1

U_{23}^* （23^7） 使用表

s	列 号					D
2	1	5				0.0638
3	3	5	6			0.1029
4	1	2	4	6		0.1310
5	3	4	5	6	7	0.1691

（27）U_{24}^*（24^9）

试验号	列　号								
	1	2	3	4	5	6	7	8	9
1	1	3	6	7	9	11	12	16	19
2	2	6	12	14	18	22	24	7	13
3	3	9	18	21	2	8	11	23	7
4	4	12	24	3	11	19	23	14	1
5	5	15	5	10	20	5	10	5	20
6	6	18	11	17	4	16	22	21	14
7	7	21	17	24	13	2	9	12	8
8	8	24	23	6	22	13	21	3	2
9	9	2	4	13	6	24	8	19	21
10	10	5	10	20	15	10	20	10	15
11	11	8	16	2	24	21	7	1	9
12	12	111	22	9	8	7	19	17	3
13	13	14	3	16	17	18	6	8	22
14	14	17	9	23	1	4	18	24	16
15	15	20	15	5	10	15	5	15	10
16	16	23	21	12	19	1	17	6	4
17	17	1	2	19	3	12	4	22	23
18	18	4	8	1	12	23	16	13	17
19	19	7	14	8	21	9	3	4	11
20	20	10	20	15	5	20	15	20	5
21	21	13	1	22	14	6	2	11	24
22	22	16	7	4	23	17	14	2	18
23	23	19	13	11	7	3	1	18	12
24	24	22	19	18	16	14	13	9	6

U_{24}^*（24^9）使用表

s	列　号							D
2	1	6						0.0586
3	1	3	6					0.1031
4	1	3	6	8				0.1441
5	1	2	6	7	9			0.1758
6	1	2	4	6	7	9		0.2064
7	1	2	4	5	6	7	9	0.2198

（28） U_{27}^* （27^{10}）

试验号	列 号									
	1	2	3	4	5	6	7	8	9	10
1	1	5	9	11	13	15	17	19	25	27
2	2	10	18	22	26	2	6	10	22	26
3	3	15	27	5	11	17	23	1	19	25
4	4	20	8	16	24	4	12	20	16	24
5	5	25	17	27	9	19	1	11	13	23
6	6	2	26	10	22	6	8	2	10	22
7	7	7	7	21	7	21	7	21	7	21
8	8	12	16	4	20	8	24	12	4	20
9	9	17	25	15	5	23	13	3	1	19
10	10	22	6	26	18	10	2	22	26	18
11	11	27	15	9	3	25	19	13	23	17
12	12	4	24	20	16	12	8	4	20	16
13	13	9	5	3	1	27	25	23	17	15
14	14	14	14	14	14	14	14	14	14	14
15	15	19	23	25	27	1	3	5	11	13
16	16	24	4	8	12	16	20	24	8	12
17	17	1	13	19	25	3	9	15	5	11
18	18	6	22	2	10	18	26	6	2	10
19	19	11	3	13	23	5	15	25	27	9
20	20	16	12	24	8	20	4	16	24	8
21	21	21	21	7	21	7	21	7	21	7
22	22	26	2	18	6	22	10	26	18	6
23	23	3	11	1	19	9	27	17	15	5
24	24	8	20	12	4	24	16	8	12	4
25	25	13	1	23	17	11	5	27	9	3
26	26	18	10	6	2	26	22	18	6	2
27	27	23	19	17	15	13	11	9	3	1

U_{27}^* （27^{10}） 使用表

s	列 号					D
2	1	4				0.0600
3	1	3	6			0.1009
4	1	4	6	9		0.1189
5	2	5	7	8	10	0.1378

（29） U_{30}^{*} （30^{13}）

试验号	列 号												
	1	2	3	4	5	6	7	8	9	10	11	12	13
1	1	4	6	9	10	11	14	18	19	22	25	28	29
2	2	8	12	18	20	22	28	5	7	13	19	25	27
3	3	12	18	27	30	2	11	23	26	4	13	22	25
4	4	16	24	5	9	13	25	10	14	26	7	19	23
5	5	20	30	14	19	24	8	28	2	17	1	16	21
6	6	24	5	23	29	4	22	15	21	8	26	13	19
7	7	28	11	1	8	15	5	2	9	30	20	10	17
8	8	1	17	10	18	26	19	20	28	21	14	7	15
9	9	5	23	19	28	6	2	7	16	12	8	4	13
10	10	9	29	28	7	17	16	25	4	3	2	1	11
11	11	13	4	6	17	28	30	12	23	25	27	29	9
12	12	17	10	15	27	8	13	30	11	16	21	26	7
13	13	21	16	24	6	19	27	17	30	7	15	23	5
14	14	25	22	2	16	30	10	4	18	29	9	20	3
15	15	29	28	11	26	10	24	22	6	20	3	17	1
16	16	2	3	20	5	21	7	9	25	11	28	14	30
17	17	6	9	29	15	1	21	27	13	2	22	11	28
18	18	10	15	7	25	12	4	14	1	24	16	8	26
19	19	14	21	16	4	23	18	1	20	15	10	5	24
20	20	18	27	25	14	3	1	19	8	6	4	2	22
21	21	22	2	3	24	14	15	6	27	28	28	30	20
22	22	26	8	12	3	25	29	24	15	19	23	27	18
23	23	30	14	21	13	5	12	11	3	10	17	24	16
24	24	3	20	30	23	16	26	29	22	1	11	21	14
25	25	7	26	8	2	27	9	16	10	23	5	18	12
26	26	11	1	17	12	7	23	3	29	14	30	15	10
27	27	15	7	26	22	18	6	21	17	5	24	12	8
28	28	19	13	4	1	29	20	8	5	27	18	9	6
29	29	23	19	13	11	9	3	26	24	18	12	6	4
30	30	27	25	22	21	20	17	13	12	19	6	3	2

U_{30}^{*} （30^{13}） 使用表

s	列 号							D
2	1	10						0.0519
3	1	9	10					0.0888
4	1	2	7	8				0.1325
5	1	2	5	7	8			0.1465
6	1	2	5	7	8	11		0.1621
7	1	2	3	4	6	12	13	0.1924

附录 20　拟水平构造混合水平均匀设计表的指导表

附表 20　　　　　　　　**拟水平构造混合水平均匀设计表的指导表**

(1) 由 U_6 (6^6) 构造

混合水平表 (3 列)	应选列号			混合水平表 (4 列)	应选列号			
U_6 (6×3^2)	1	2	3	U_6 $(6 \times 3^2 \times 2)$	1	2	3	6
U_6 $(6 \times 3 \times 2)$	1	2	3	U_6 $(6^2 \times 3 \times 2)$	1	2	3	5
U_6 $(6^2 \times 3)$	2	3	5	U_6 $(6^2 \times 3^2)$	1	2	3	5
U_6 $(6^2 \times 2)$	1	2	3	U_6 $(6^3 \times 3)$	1	2	3	4
U_6 $(3^2 \times 2)$	1	2	3	U_6 $(6^3 \times 2)$	1	2	3	4

(2) 由 U_8 (8^6) 构造

混合水平表 (3 列)	应选列号			混合水平表 (4 列)	应选列号			
U_8 (8×4^2)	1	4	5	U_8 (8×4^3)	1	2	3	6
U_8 $(8 \times 4 \times 2)$	1	2	6	U_8 $(8 \times 4^2 \times 2)$	1	2	3	5
U_8 $(8^2 \times 4)$	1	3	5	U_8 $(8^2 \times 4^2)$	1	2	4	5
U_8 $(8^2 \times 2)$	1	2	4	U_8 $(8^3 \times 4)$	1	2	3	4
				U_8 $(8^3 \times 2)$	1	2	3	4

(3) 由 U_{10} (10^{10}) 构造

混合水平表 (3 列)	应选列号			混合水平表 (4 列)	应选列号			
U_{10} $(5^2 \times 2)$	1	2	5	U_{10} (10×5^3)	1	2	4	10
U_{10} (10×5^2)	3	5	9	U_{10} $(10 \times 5^2 \times 2)$	1	2	4	10
U_{10} $(10 \times 5 \times 2)$	1	2	5	U_{10} $(10^2 \times 5^2)$	1	3	4	5
U_{10} $(10^2 \times 5)$	2	3	10	U_{10} $(10^2 \times 5 \times 2)$	1	2	3	4
U_{10} $(10^2 \times 2)$	1	2	3	U_{10} $(10^3 \times 5)$	1	3	8	10
				U_{10} $(10^3 \times 2)$	1	2	3	5

(4) 由 U_{12}（12^{12}）构造

混合水平表（3列）	应选列号			混合水平表（4列）	应选列号			
U_{12}（$6 \times 4 \times 3$）	1	3	4	U_{12}（$12 \times 6 \times 4^2$）	1	3	4	12
U_{12}（6×4^2）	1	3	4	U_{12}（$12 \times 6 \times 4 \times 3$）	1	2	3	12
U_{12}（$6^2 \times 4$）	8	10	12	U_{12}（$12 \times 6^2 \times 2$）	1	2	5	12
U_{12}（$4^2 \times 3$）	1	2	3	U_{12}（$12 \times 6^2 \times 4$）	1	3	5	12
U_{12}（12×4^2）	1	4	6	U_{12}（$12 \times 6^2 \times 4$）	1	3	4	12
U_{12}（$12 \times 4 \times 2$）	1	2	3	U_{12}（12×6^3）	1	3	4	11
U_{12}（$12 \times 4 \times 3$）	1	2	3	U_{12}（12×4^3）	1	2	5	6
U_{12}（$12 \times 6 \times 4$）	4	10	11	U_{12}（$12 \times 4^2 \times 3$）	1	2	5	6
U_{12}（$12 \times 6 \times 3$）	7	9	10	U_{12}（$12^2 \times 6 \times 2$）	1	2	3	5
U_{12}（12×6^2）	1	6	9	U_{12}（$12 \times 6^2 \times 3$）	1	2	5	7
U_{12}（$12^2 \times 2$）	1	3	4	U_{12}（$12 \times 6^2 \times 4$）	1	3	4	7
U_{12}（$12^2 \times 3$）	1	3	5	U_{12}（$12^2 \times 6^2$）	1	8	10	11
U_{12}（$12^2 \times 4$）	1	4	5	U_{12}（$12^2 \times 4 \times 3$）	1	2	3	9
U_{12}（$12^2 \times 6$）	1	6	8	U_{12}（$12^3 \times 4^2$）	1	3	4	6
				U_{12}（$12^3 \times 2$）	1	2	3	5
				U_{12}（$12^3 \times 3$）	1	3	5	7
				U_{12}（$12^3 \times 4$）	1	4	5	6
				U_{12}（$12^3 \times 6$）	2	8	9	10

注：U_6（6^6）、U_8（8^6）、U_{10}（10^{10}）和 U_{12}（12^{12}）分别由 U_7（7^6）、U_9（9^6）、U_{11}（11^{10}）和 U_{13}（13^{12}）去掉最后一行而得。

参考文献

［1］陈林林. 食品试验设计与数据处理［M］. 北京：中国轻工业出版社，2017.

［2］王钦德，杨坚. 食品试验设计与统计分析（第2版）［M］. 北京：中国农业大学出版社，2010.

［3］李云雁，胡传荣. 试验设计与数据处理［M］. 北京：化学工业出版社，2012.

［4］李志西，杜双奎. 试验优化设计与统计分析（第1版）［M］. 北京：科学出版社，2010.

［5］何为，薛卫东. 优化试验设计方法及数据分析（第1版）［M］. 北京：化学工业出版社，2012.

［6］明道绪. 生物统计附试验设计（第4版）［M］. 北京：中国农业出版社，2008.

［7］杨坚，王钦德. 食品试验设计与统计分析［M］. 北京：中国农业大学出版社，2003.

［8］章银良. 食品与生物试验设计与数据分析（高校教材）［M］. 北京：中国轻工业出版社，2010.

［9］黄亚群. 试验设计与统计分析学习指［M］. 北京：中国农业出版社，2008.

［10］欧阳叙向. 生物统计附试验设计［M］. 重庆：重庆大学出版社，2011.

［11］迟全勃. 试验设计与统计分析［M］. 重庆：重庆大学出版社，2015.

［12］苏胜宝. 试验设计与生物统计［M］. 北京：中央广播电视大学出版社，2010.

［13］王宝山. 试验统计方法. 北京：中国农业出版社，2012.

［14］盖钧. 镒试验统计方法. 北京：中国农业出版社，2000.

［15］方萍. 实用农业试验设与统计分析指南. 北京：中国农业出版社，2000.

［16］陆建身，赖麟. 生物统计学［M］. 北京：高等教育出版社，2003.

［17］宋素芳，秦豪荣，赵聘. 生物统计学［M］. 北京：中国农业大学出版社，2008.

［18］张勤，张启能. 生物统计学［M］. 北京：中国农业大，2002.

［19］明道绪. 田间试验与统计分析［M］. 第二版. 北京：科学出版社，2008.